高等数学

上册

主编

刘树德　任永　郭明乐

中国教育出版传媒集团

高等教育出版社 · 北京

内容提要

本书从工科类各专业学生的实际出发，内容深度符合全国硕士研究生招生考试数学考试大纲，基本涵盖了其中第一篇高等数学的全部内容。全书分上、下两册。上册内容为函数、极限与连续、导数与微分、微分中值定理及其应用、不定积分、定积分及其应用、常微分方程，并配备一定数量的习题，以数字资源形式给出习题参考答案与提示。

本书编写注重思路创新、内容新颖、简明扼要、通俗易懂，基本概念和基本方法讲述清楚，简化理论证明，以激发学生阅读兴趣，增强自主学习的效果，有利于促进教师教学和学生学习。

本书可供高等学校工科类各专业学生使用，也可供工程技术人员参考。

图书在版编目（ＣＩＰ）数据

高等数学. 上册 / 刘树德，任永，郭明乐主编. -- 北京：高等教育出版社，2024.1
ISBN 978-7-04-061322-3

Ⅰ. ①高… Ⅱ. ①刘… ②任… ③郭… Ⅲ. ①高等数学-高等学校-教材 Ⅳ. ①O13

中国国家版本馆 CIP 数据核字（2023）第 213681 号

Gaodeng Shuxue

策划编辑	李晓鹏	责任编辑	朱 瑾	封面设计	姜 磊	版式设计	杜微言
责任绘图	易斯翔	责任校对	刘娟娟	责任印制	刁 毅		

出版发行	高等教育出版社	咨询电话	400-810-0598
社　　址	北京市西城区德外大街 4 号	网　　址	http://www.hep.edu.cn
邮政编码	100120		http://www.hep.com.cn
印　　刷	天津嘉恒印务有限公司	网上订购	http://www.hepmall.com.cn
			http://www.hepmall.com
开　　本	787mm×1092mm　1/16		http://www.hepmall.cn
印　　张	15	版　　次	2024 年 1 月第 1 版
字　　数	320 千字	印　　次	2024 年 1 月第 1 次印刷
购书热线	010-58581118	定　　价	37.50 元

我国本科教育已进入新时代，"以本为本""四个回归"已成为本科教育领域的热词。本书正是乘新时代东风，参照"工科类本科数学基础课程教学基本要求（修订稿）"，在多年教学实践的基础上编写而成的，适合高等院校工科类各专业学生使用。

千里之行，始于足下。我们从精心梳理本课程的教学内容做起，坚持高起点、高标准和严要求，把握课程难度，拓展课程深度，切实服务于课程教学实践。既汲取国内外一些教材和论文中的新观点，又加入我们在教学实践中积累的点滴思考，努力提升课程的高阶性，突出课程的创新性，增加课程的挑战度。科学"增负"，让学生体验"跳一跳才能够得着"的学习挑战。

本书分上、下两册。上册内容包括函数、极限与连续、导数与微分、微分中值定理及其应用、不定积分、定积分及其应用、常微分方程；下册内容包括向量代数与空间解析几何、多元函数微分学、重积分、曲线积分与曲面积分、无穷级数。全书内容深度符合全国硕士研究生招生考试数学考试大纲，有利于促进教师教学和学生学习，可作为硕士研究生招生考试的参考书。

本书由刘树德、任永、郭明乐担任主编。其中第一、二、七章由刘树德编写，第三、四章由任永编写，第五、六章由郭明乐编写。主编作了认真细致的修改和统稿。张明望、宋卫东、束立生等教授分别审阅了原稿，提出了许多宝贵的改进意见，使本书的质量进一步得到提高，在此一并致谢！

限于编者水平，且编写的时间比较仓促，书中不妥之处敬请广大读者批评指正。

编者
2023 年 4 月

第一章 函 数

函数是中学数学的重点内容,也是初等数学与高等数学衔接的枢纽.本章在中学数学的基础上,进一步阐明函数的一般定义、函数的简单性质以及与函数概念有关的一些基本知识.

§1.1 集合

一、集合及其运算

不论在数学或是在日常生活中,我们经常会遇到"集"这个概念.

所谓**集**或**集合**就是指一些特定事物的全体,其中各个事物称为集的**元素**.常用大写字母 $A,B,C,\cdots$ 表示集,用小写字母 $a,b,c,\cdots$ 表示集中的元素.若 a 是集 A 的元素,则称 a **属于** A,记作 $a\in A$,反之就称 a **不属于** A,记作 $a\notin A$.

可以用列举集中的元素来表示集,例如含元素 a,b,c 的集合可表示为 $\{a,b,c\}$. 也可以用描述集中元素的特征性质来表示集,例如 $\{0,1,2,3\}$ 可以表示为 $\{n\mid n$ 是整数,$0\leqslant n\leqslant 3\}$.

数学中常见的一些集及其记号如下:

全体自然数组成的集 $\{0,1,2,\cdots,n,\cdots\}$ 称为**自然数集**,记作 $\mathbf{N}$;

全体整数组成的集 $\{0,\pm 1,\pm 2,\pm 3,\cdots\}$ 称为**整数集**,记作 $\mathbf{Z}$,其中**正整数集**记作 $\mathbf{Z}_+$ 或 $\mathbf{N}_+$;

全体有理数组成的集 $\left\{\dfrac{p}{q}\;\middle|\;p\in\mathbf{Z},q\in\mathbf{N}_+,p\text{ 与 }q\text{ 互素}\right\}$ 称为**有理数集**,记作 $\mathbf{Q}$;

全体实数组成的集称为**实数集**,记作 $\mathbf{R}$.

如果集 A 的元素只有有限个,那么称 A 为**有限集**;不含任何元素的集称为**空集**,记作 $\varnothing$;一个非空集,如果不是有限集,那么称为**无限集**.

如果集 A 中的元素都是集 B 中的元素,那么称 A 是 B 的**子集**,记作 $B\supset A$ 或 $A\subset B$,读作 B **包含** A 或 A **包含于** B. 例如,$\mathbf{N}\subset\mathbf{Z},\mathbf{Z}\subset\mathbf{Q},\mathbf{Q}\subset\mathbf{R}$. 如果集 A 与集 B 中的元素相同,即 $A\supset B$ 且 $B\supset A$,那么称 A 与 B **相等**,记作 $A=B$.

易知下列关系成立:

(1) $A\subset A$;$\varnothing\subset A$.

(2) $A\subset B$ 且 $B\subset C\Rightarrow A\subset C$.

设 A,B 是两个集合,由所有属于 A 或属于 B 的元素所组成的集称为 A 与 B 的**并集**,记作 $A\cup B$,即

$$A\cup B=\{x\mid x\in A\text{ 或 }x\in B\};$$

由所有属于 A 且属于 B 的元素所组成的集称为 A 与 B 的**交集**,记作 $A \cap B$,即
$$A \cap B = \{x \mid x \in A \text{ 且 } x \in B\};$$
由所有属于 A 而不属于 B 的元素所组成的集称为 A 与 B 的**差集**,记作 $A \backslash B$,即
$$A \backslash B = \{x \mid x \in A \text{ 且 } x \notin B\}.$$

设 I 是某个给定的集合,若所研究的其他集合都是 I 的子集,则称 I 为**全集**,称 $I \backslash A$ 为 A 的**余集**或**补集**,记作 A^c. 例如,在实数集 **R** 中,集 $A = \{x \mid 0 \leqslant x < 1\}$ 的余集为
$$A^c = \{x \mid x < 0 \text{ 或 } x \geqslant 1\}.$$

本书是在实数范围内研究函数,经常用到实数集 **R** 的两类特殊子集——区间与邻域.

▶▶ 二、区间

设 $a, b \in \mathbf{R}, a < b$,称数集 $\{x \mid a < x < b\}$ 为**开区间**,数集 $\{x \mid a \leqslant x \leqslant b\}$ 为**闭区间**,分别记作 (a, b) 和 $[a, b]$,即
$$(a, b) = \{x \mid a < x < b\},$$
$$[a, b] = \{x \mid a \leqslant x \leqslant b\}.$$
这里 $a, b \notin (a, b)$,但 $a, b \in [a, b]$.

从几何上看,开区间 (a, b) 表示数轴上以 a, b 为端点但不包括 a, b 的线段上点的全体(如图 1.1(a)所示),而闭区间 $[a, b]$ 则表示数轴上以 a, b 为端点且包括 a, b 两端点的线段上点的全体(如图 1.1(b)所示).

图 1.1

类似可以定义**左开右闭区间**
$$(a, b] = \{x \mid a < x \leqslant b\}$$
与**左闭右开区间**
$$[a, b) = \{x \mid a \leqslant x < b\}.$$
上述四种区间统称为**有限区间**,下列区间统称为**无限区间**:
$$(-\infty, a) = \{x \mid -\infty < x < a\},$$
$$(-\infty, a] = \{x \mid -\infty < x \leqslant a\},$$
$$(a, +\infty) = \{x \mid a < x < +\infty\},$$
$$[a, +\infty) = \{x \mid a \leqslant x < +\infty\},$$
$$(-\infty, +\infty) = \{x \mid -\infty < x < +\infty\} = \mathbf{R}.$$
这里符号 $-\infty$ 和 $+\infty$ 分别读作**负无穷大**和**正无穷大**.

▶▶ 三、邻域

设 $a, \delta \in \mathbf{R}$,且 $\delta > 0$,称开区间 $(a - \delta, a + \delta)$ 为 a 的 δ **邻域**,记作 $U(a, \delta)$. a 和 δ 分别称为这邻域的**中心**和**半径**. 由于 $x \in (a - \delta, a + \delta)$ 当且仅当 $a - \delta < x < a + \delta$,即 $|x - a| < \delta$,因此有

$$U(a,\delta) = \{x \mid |x - a| < \delta\}.$$

把上述邻域的中心 a 去掉,得到的点集称为 a 的**去心 δ 邻域**,记作 $\overset{\circ}{U}(a,\delta)$,即

$$\overset{\circ}{U}(a,\delta) = \{x \mid 0 < |x - a| < \delta\}.$$

这里邻域的半径 δ 没有规定其大小,使用中一般取为很小的正数. 在不需要指明 δ 大小的情形下,也把 a 的邻域和 a 的去心邻域分别简化记为 $U(a)$ 和 $\overset{\circ}{U}(a)$.

习题 1.1

1. 用区间表示下列不等式的解集:

(1) $|x+1| \leqslant 2$;

(2) $|2-x| < 3$;

(3) $|3-2x| \leqslant 5$;

(4) $\left|1+\dfrac{x}{4}\right| \geqslant 1$;

(5) $|x^2-3| \geqslant 2$;

(6) $|x| > x+1$.

2. 解下列不等式:

(1) $\dfrac{x+1}{x-2} \leqslant 0$;

(2) $\dfrac{2x-1}{x+2} \leqslant 1$;

(3) $\left|\dfrac{3x-1}{2}\right| \leqslant 1$;

(4) $\dfrac{3x-2}{x-1} > \dfrac{x+4}{x+1}$;

习题参考答案
与提示 1.1

(5) $|x^2-3x+2| \geqslant x^2-3x+2$;

(6) $1 \leqslant (x-2)^2 \leqslant 4$.

3. 证明:对于任意 $a,b \in \mathbf{R}$,有如下的**三角形不等式**成立:

$$|a| - |b| \leqslant |a \pm b| \leqslant |a| + |b|.$$

---

§1.2 函数概念

▶▶ 一、常量与变量

大千世界处在不停的运动与变化之中,在考察某个自然现象、社会经济现象或生产过程时,常常会遇到一些不同的量,如长度、面积、体积、时间、速度、温度等. 我们遇到的量一般可以分为两种,一种在过程进行中一直保持不变,这种量称为**常量**;另一种在过程进行中不断变化着,这种量称为**变量**. 例如,若一个物体做匀速直线运动,则速度是常量,而时间与位移的大小都是变量. 又如,一块金属圆板,由于热胀冷缩,它的半径与面积在受热的过程中不断变大,在冷却的过程中又不断变小. 因此,圆板的半径与面积都是变量. 但在整个过程中,面积与半径的平方之比,即圆周率 π 始终不变,是一个常量.

通常用字母 $a,b,c,\alpha,\beta,\gamma,\cdots$ 表示常量,用字母 $x,y,z,t,u,v,\cdots$ 表示变量.

▶▶ 二、函数的定义

在具体研究某一自然现象或实际问题的过程中,我们还会发现问题中的变量并不是独立变化的,它们之间往往存在着相互依赖关系.

例 **1** 自由落体问题

一个自由下落的物体,从开始下落时算起,经过的时间(单位:s)设为t,在这段时间中物体下落的距离(单位:m)设为s.由于只考虑重力对物体的作用,忽略空气阻力等其他外力的影响,故根据物理学可知s与t之间有如下关系:

$$s = \frac{1}{2}gt^2, \tag{1.1}$$

其中g为重力加速度(通常取$g=9.8\text{m/s}^2$).

如果物体从开始下落到着地所需的时间为T,那么变量t的变化范围(或称变域)为
$$0 \leqslant t \leqslant T.$$
当t在变域内任取一值时,由(1.1)可求出s的对应值.例如

$$当 t = 1 时, \quad s = \frac{1}{2} \times 9.8 \times 1^2 = 4.9;$$

$$当 t = 2 时, \quad s = \frac{1}{2} \times 9.8 \times 2^2 = 19.6.$$

例2 用热气球探测高空气象,热气球从海拔$1\,800\text{m}$处的某地升空,它上升过程中到达的海拔高度(单位:m)h与上升时间(单位:min)t的关系记录如下:

时间 t/min	0	1	2	3	4	5	6	7	⋯
海拔高度 h/m	1 800	1 830	1 860	1 890	1 920	1 950	1 980	2 010	⋯

可以看出:热气球升空的前7min内是匀速上升的,每分钟升高30m.

例3 图1.2是气温自动记录仪描出的某一天的温度变化曲线,它给出了时间(单位:h)t与气温(单位:℃)T之间的关系.

时间t的变域是$0 \leqslant t \leqslant 24$,当$t$在这范围内任取一值时,可从图1.2中的曲线找出气温T的对应值.例如当$t=14$时,$T=25$℃为一天中的最高温度.

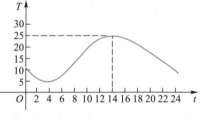

图 1.2

以上的例子所描述的问题虽各不相同,但却有共同的特征:它们都表达了两个变量之间的相互依赖关系,当一个变量在它的变域中任取定一值时,另一个变量按一定法则就有唯一的一个值与之对应.把这种确定的依赖关系抽象出来,就是函数的概念.

定义 1.2.1 设D是实数集$\mathbf{R}$的非空子集,f是一个对应法则.若对于D中的每一个x,按照对应法则f,都有唯一的$y \in \mathbf{R}$与之对应,则称f为定义在D上的**函数**.集D称为函数f的**定义域**,与D中x相对应的y称为f在x处的**函数值**,记作$y=f(x)$.全体函数值的集合
$$f(D) = \{y \mid y = f(x), x \in D\}$$
称为函数f的**值域**.

如果把x、y分别看作D、$\mathbf{R}$中的变量,那么称x为**自变量**,y为**因变量**.

关于函数概念作以下几点补充说明:

（1）函数 f 与函数值 $f(x)$ 是两个截然不同的概念,前者是确定自变量 x 与因变量 y 之间数值对应的一个法则,后者表示函数 f 在 x 处的值.由定义 1.2.1 可知,决定一个函数必须知道它的定义域 D、对应法则 f 和值域 $f(D)$.但当 D 与 f 确定之后,$f(D)$ 也就随之确定.因此定义域 D 和对应法则 f 是决定函数的两个要素.在高等数学中,为了突出表现函数的这两个要素,我们习惯于用

$$y = f(x), \quad x \in D$$

来表示一个函数.函数的这种表示使得 x 与 y 这两个变量之间的对应关系简单明了,运算方便.熟练之后也不致引起函数与函数值之间的混淆.

（2）自然定义域与实际定义域.如果给出一个函数,它的对应法则由数学表达式表示且未标明定义域,其含义是:它的定义域就是使得这个表达式有意义的自变量 x 全体之集,这样的定义域也称为**自然定义域**,可以省略不写.例如,若给出函数 $y = \dfrac{1}{x}$,它的定义域显然是 $x \neq 0$ 的一切实数.又如,给出函数 $y = \sqrt{1-x^2}$,它显然是定义在闭区间 $[-1,1]$ 上.

在实际问题中,函数的定义域往往要受到具体条件的限制.例如函数 $y = cx^2$,若变量 x 与 y 不受具体问题含意的限制,它的定义域应是无限区间 $(-\infty, +\infty)$.但若取 $c = \pi$,x 与 y 分别表示圆的半径与面积,则这个函数表达式就是圆的面积公式,当 $x \leqslant 0$ 时,不再有实际意义,因此函数的定义域就变为区间 $(0, +\infty)$.若取 $c = \dfrac{1}{2}g$,这里 g 为重力加速度,x 与 y 分别表示自由落体所经过的时间 t 与路程 s,则这个函数表达式就是例 1 中的公式(1.1),其定义域应为闭区间 $[0, T]$,其中 T 为物体着地的时刻.我们把这种由实际问题所确定的函数定义域也称为**实际定义域**.

（3）两个函数相同或相等,是指它们有相同的定义域和相同的对应法则(即在相同的定义域中,每个 x 所对应的函数值总相同).例如 $y = x$ 与 $y = \sqrt{x^2}$ 是不相同的两个函数,因为它们的对应法则不相同.又如 $y = 1$ 与 $y = \dfrac{x}{x}$,虽然在它们共同有定义的范围内对应法则相同,但因为它们的定义域不同,所以也是两个不相同的函数.两个相同的函数,其对应法则的表达形式也可能不同,例如 $y = 1$ 与 $y = \sin^2 x + \cos^2 x$,从表达形式上看不相同,但却是同一个函数.

▶▶ 三、函数的表示法

函数的表示法就是用来确定函数的对应法则的方法.从上面所举的三个例子,我们看到:例 1 中函数的对应法则是用一个公式或者说解析式来表示,这种表示法称为**解析法**.例 2 中函数的对应法则用一个表格来表示,这种表示法称为**表格法**.例 3 中函数的对应法则是通过坐标平面上的一段曲线来表示,这种表示法称为**图形法**.

我们可以把函数 $y = f(x), x \in D$,看作一个有序数对的集:

$$C = \{(x, y) \mid y = f(x), x \in D\},$$

集 C 中的每一个元素在坐标平面上都表示一个点,从而由点集 C 可描出这个函数的**图形**或**图像**(图 1.3).

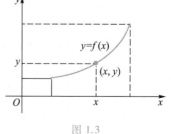

图 1.3

上述表示函数的三种方法各有其特点:解析法形式简明,便于作理论研究和数学计算;表格法可以直接查用;图形法形象直观.解析法是我们最常用的函数的表示法.

一个函数也可以在其定义域的不同部分用不同的解析式来表示,通常称这种形式的函数为**分段函数**,例如**符号函数**

$$y = \operatorname{sgn} x = \begin{cases} -1, & x < 0, \\ 0, & x = 0, \\ 1, & x > 0 \end{cases}$$

和**取整函数**

$$y = [x] = n, \quad n \leqslant x < n+1, \quad n = 0, \pm 1, \pm 2, \cdots$$

都是分段函数. 它们的图形如图 1.4 和图 1.5 所示.

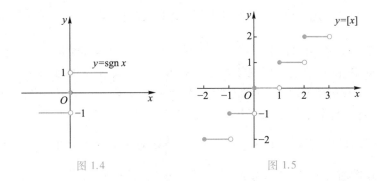

图 1.4   图 1.5

习题 1.2

1. 求下列函数的定义域:

(1) $y = \sqrt{2-3x^2}$;

(2) $y = \dfrac{x}{x^2-3x+2}$;

(3) $y = \dfrac{x}{\sqrt{x^2-1}}$;

(4) $y = \dfrac{1}{\sqrt[3]{x^2-9}}$;

(5) $y = \lg(1-x) + \dfrac{1}{\sqrt{x+4}}$;

(6) $y = \arcsin \dfrac{1}{x}$;

(7) $y = \sqrt{3-x} + \arctan \dfrac{1}{x}$;

(8) $y = \begin{cases} \dfrac{1}{5-x}, & x < 0, \\ x, & 0 \leqslant x < 1, \\ 2, & x \geqslant 1. \end{cases}$

2. 判断下列函数是不是相同的函数,并说明理由:

(1) $f(x) = x, g(x) = 2^{\log_2 x}$;

(2) $f(x) = 2\lg x, g(x) = \lg x^2$;

(3) $f(x) = |x|, g(x) = \sqrt{x^2}$;

(4) $f(x) = \sqrt{1+\cos 2x}, g(x) = \sqrt{2}\cos x$;

(5) $f(x)=\ln(x^2-1)$,$g(x)=\ln(x+1)+\ln(x-1)$;

(6) $y=f(x)$,$x=f(y)$.

3. 设

$$\varphi(x)=\begin{cases} |\sin x|, & |x|<\dfrac{\pi}{3}, \\[2mm] 0, & |x|\geqslant\dfrac{\pi}{3}, \end{cases}$$

求 $\varphi\left(\dfrac{\pi}{6}\right)$,$\varphi\left(\dfrac{\pi}{4}\right)$,$\varphi\left(-\dfrac{\pi}{6}\right)$,$\varphi(-3\pi)$,并作出函数 $\varphi(x)$ 的图形.

4. 设 $f(x)$ 的定义域 $D=[0,1]$,求下列函数的定义域:

(1) $f(x+1)$;   (2) $f(x^2-1)$;

(3) $f(\cos x)$;   (4) $f(x+2)+f(x-2)$.

习题参考答案
与提示 1.2

▶ §1.3　函数的几种特性

▶▶ 一、有界性

设函数 $f(x)$ 的定义域为 D,集 $X\subset D$. 若存在常数 K_1(或 K_2),使对任意 $x\subset X$,有
$$f(x)\leqslant K_1 \quad (或 f(x)\geqslant K_2),$$
则称 $f(x)$ 在 X 上有上界(或有下界). 若存在正数 M,使对任意 $x\in X$ 有
$$|f(x)|\leqslant M,$$
则称 $f(x)$ 在 X 上有界. 若这样的 M 不存在,则称 $f(x)$ 在 X 上无界,即对任给的正数 M,总存在 $x_1\in X$,使 $|f(x_1)|>M$.

函数的有界性与集 X 有关. 例如 $f(x)=\dfrac{1}{x}$ 在 $[1,+\infty)$ 上有界,因为存在 $M=1$,使对任意 $x\in[1,+\infty)$ 有 $\left|\dfrac{1}{x}\right|\leqslant 1$.但它在 $(0,1)$ 内却是无界的,因为对任给的正数 $M>1$,总存在 $x_1=\dfrac{1}{2M}$ $\in(0,1)$,使 $|f(x_1)|=\left|\dfrac{1}{x_1}\right|=2M>M$.

一个函数如果在其定义域上有界,就称它为有界函数. 有界函数的图形必位于两条直线 $y=M$ 与 $y=-M$ 之间. 例如,$y=\sin x$ 是有界函数,因为在它的定义域 $(-\infty,+\infty)$ 内,$|\sin x|\leqslant 1$.从图 1.6(a)不难看出,函数 $y=x^3$ 在 $(-\infty,+\infty)$ 内无界. 从图 1.6(b)可以看出,函数 $y=x^2$ 在 $(-\infty,+\infty)$ 内仅有下界. 因此它们都是无界函数.

▶▶ 二、单调性

设函数 $f(x)$ 的定义域为 D,区间 $I\subset D$. 若对任意 x_1,$x_2\in I$,当 $x_1<x_2$ 时,总有
$$f(x_1)<f(x_2) \quad (或 f(x_1)>f(x_2)),$$
则称 $f(x)$ 在 I 上单调增加(或单调减少),简称单增(或单减).

单增和单减的函数统称为单调函数.

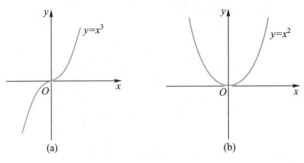

图 1.6

例如函数 $f(x) = x^3$ 在 $(-\infty, +\infty)$ 内是单增的,因为对任意 $x_1, x_2 \in \mathbf{R}$,有
$$f(x_1) - f(x_2) = x_1^3 - x_2^3 = (x_1 - x_2)(x_1^2 + x_1 x_2 + x_2^2).$$
当 $x_1 < x_2$ 时,由于 $x_1 - x_2 < 0$,而
$$x_1^2 + x_1 x_2 + x_2^2 = \left(x_1 + \frac{x_2}{2}\right)^2 + \frac{3}{4} x_2^2 > 0,$$
故总有 $f(x_1) - f(x_2) < 0$,即 $f(x_1) < f(x_2)$.

又如函数 $g(x) = x^2$ 在区间 $(-\infty, 0]$ 上单减,在区间 $[0, +\infty)$ 上单增,但在整个区间 $(-\infty, +\infty)$ 内却不是单调的. 这说明函数的单调性与区间 I 有关.

▶▶ 三、奇偶性

设函数 $f(x)$ 的定义域 D 关于原点对称,即当 $x \in D$ 时,有 $-x \in D$. 若对任意 $x \in D$,总有
$$f(-x) = -f(x) \quad (\text{或} f(-x) = f(x)),$$
则称 $f(x)$ 为**奇函数**(或**偶函数**).

例如,$f(x) = x^3$ 是奇函数,$g(x) = x^2$ 是偶函数,因为对任意 $x \in \mathbf{R}$,总有
$$f(-x) = (-x)^3 = -x^3 = -f(x),$$
$$g(-x) = (-x)^2 = x^2 = g(x).$$
又如三角函数中,正弦函数 $y = \sin x$ 是奇函数,余弦函数 $y = \cos x$ 是偶函数,而 $y = \sin x + \cos x$ 既不是奇函数,也不是偶函数.

在坐标平面上,偶函数的图形关于 y 轴对称,奇函数的图形关于原点对称.

▶▶ 四、周期性

设函数 $f(x)$ 的定义域为 D. 若存在 $l > 0$,使对任意 $x \in D$,有 $x \pm l \in D$,且
$$f(x + l) = f(x),$$
则称 $f(x)$ 为**周期函数**,l 称为 $f(x)$ 的一个周期.

显然,若 l 为 $f(x)$ 的一个周期,则 $nl(n$ 为正整数$)$ 也都是它的周期. 所以一个周期函数一定有无穷多个周期.

若周期函数 $f(x)$ 的所有周期中有一个最小的周期,则称此最小周期为 $f(x)$ 的**基本周期**,简称**周期**.

例如,函数 $y=x-[x]$ 是周期为 1 的周期函数(图 1.7).

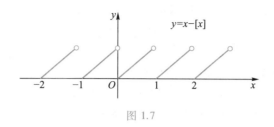

图 1.7

又如三角函数中, $y=\sin x$ 和 $y=\cos x$ 是周期为 2π 的周期函数, $y=\tan x$ 和 $y=\cot x$ 是周期为 π 的周期函数.

但并非任何周期函数都有基本周期. 例如常量函数 $f(x)=C$ 是周期函数,任何正数都是它的一个周期,但不存在基本周期.

习题 1.3

1. 讨论下列函数在指定区间上是否有界? 若有界,给出它的一个上界和下界:

(1) $f(x)=-x^2-2x$,   (a) $x\in(-\infty,+\infty)$, (b) $x\in[-1,1]$;

(2) $f(x)=\arctan x$,   (a) $x\in(-\infty,+\infty)$, (b) $x\in[-1,1]$.

2. 设函数 $f(x)$ 在集 X 上有定义. 证明:$f(x)$ 在 X 上有界的充要条件是它在 X 上既有上界又有下界.

3. 讨论函数 $f(x)=2x+\ln x$ 在区间 $(0,+\infty)$ 内的单调性.

4. 判断下列函数的奇偶性:

(1) $y=3x^3-5\sin 2x$;   (2) $y=x^4-x^2+1$;

(3) $y=\lg\dfrac{1+x}{1-x}, x\in(-1,1)$;   (4) $y=\lg(x+\sqrt{x^2+1})$.

5. 下列函数是不是周期函数? 如果是,指出它的周期:

(1) $y=1+\sin 2x$;   (2) $y=\cos^2 x$;

(3) $y=x\cos x$;   (4) $y=\cos(x-1)$.

习题参考答案
与提示 1.3

▶▶ §1.4   反函数

在函数 $y=f(x)$ 中, x 是自变量, y 是因变量, x 可以独立取值, y 却按确定的法则随 x 而定. 换句话说,函数 $y=f(x)$ 所要反映的是 y 怎样随 x 而定的法则. 当然,我们也可以考察 x 随 y 而定的法则. 由此引出如下反函数的概念.

定义 1.4.1   设函数 $y=f(x)$, $x\in D$. 若对于值域 $f(D)$ 中的每一个值 y, D 中有且只有一个值 x,使得 $f(x)=y$,则按此对应法则得到一个定义在 $f(D)$ 上的函数,称它为函数 $y=f(x)$ 的**反函数**,记作

$$x=f^{-1}(y), \quad y\in f(D). \tag{1.2}$$

相对于反函数 $x=f^{-1}(y)$ 来说,原来的函数 $y=f(x)$ 称为**直接函数**.

由定义 1.4.1 可知,反函数 $x=f^{-1}(y)$ 的定义域和值域分别是它的直接函数 $y=f(x)$ 的值域和定义域. 因此也可以说两者互为反函数.

例如,函数 $y=x^3$ 的反函数是 $x=\sqrt[3]{y}$,$y=\dfrac{1}{x}$ 的反函数是 $x=\dfrac{1}{y}$.

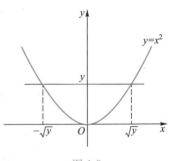

由于我们所说的函数总是指单值函数,从这个意义上来说,并不是任何一个函数都有反函数. 例如 $y=x^2$ 就没有反函数,因为对值域 $[0,+\infty)$ 上任一正数 y,在其定义域 $(-\infty,+\infty)$ 内有两个互为相反数的 x 值与之对应(图 1.8). 但若把 x 限制在 $[0,+\infty)$ 上取值,则有反函数 $x=\sqrt{y}$,即 $x=\sqrt{y}$ 是函数 $y=x^2$,$x\in[0,+\infty)$ 的反函数,称它为 $y=x^2$ 的一个单值支,另一个单值支为 $x=-\sqrt{y}$.

图 1.8

从上述例子得到启示,若函数的图形与任一平行于 x 轴的直线至多有一个交点,则它有反函数. 单调函数就具有这种特性.

定理 1.4.1 单增(或单减)函数必有反函数,且反函数也是单增(或单减)的.

证 设 $y=f(x)$,$x\in D$ 是单增函数,值域为 $f(D)$,则对于 $f(D)$ 中任一值 y_0,有 $x_0\in D$,使 $f(x_0)=y_0$. 由 $f(x)$ 在 D 上单增可知,对于 D 中任一 $x_1\neq x_0$,当 $x_1<x_0$ 时,有 $f(x_1)<f(x_0)$,当 $x_1>x_0$ 时,有 $f(x_1)>f(x_0)$,因此只有一个 $x_0\in D$,使 $f(x_0)=y_0$,从而推出 $y=f(x)$ 的确存在反函数 $x=f^{-1}(y)$,$y\in f(D)$.

今任取 $y_1,y_2\in f(D)$,且 $y_1<y_2$. 记 $x_1=f^{-1}(y_1)$,$x_2=f^{-1}(y_2)$,有 $y_1=f(x_1)$,$y_2=f(x_2)$,且 $f(x_1)<f(x_2)$. 于是又由 $f(x)$ 的单增性推出,必有 $x_1<x_2$. 所以反函数 $x=f^{-1}(y)$,$y\in f(D)$ 也是单增的.

单减函数的情形可以类似证明. □

注意到 $y=f(x)$ 与 $x=f^{-1}(y)$ 是变量 x 与 y 的同一个方程,所以在同一个坐标平面内它们有同一个图形.

由于函数的确定在于它规定的对应法则,而与变量记号的使用无关,因此按照通常的习惯,若以 x 为自变量,y 为因变量,则 $y=f(x)$,$x\in D$ 的反函数(1.2)可改写为

$$y=f^{-1}(x),\quad x\in f(D). \tag{1.3}$$

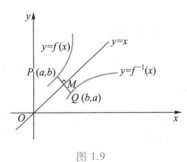

不难说明,同一坐标平面内,$y=f(x)$ 与 $y=f^{-1}(x)$ 的图形是关于直线 $y=x$ 对称的(图 1.9). 设 $P(a,b)$ 为 $y=f(x)$ 的图形上任一点,则 $b=f(a)$,随之有 $a=f^{-1}(b)$,即在 $y=f^{-1}(x)$ 的图形上必有一点 $Q(b,a)$ 与 $P(a,b)$ 对应,反之亦然. 经过 P、Q 两点的直线斜率为 $k=\dfrac{a-b}{b-a}=-1$,它与直线 $y=x$ 的斜率 1 互为负倒数. 且线段 PQ 的中点 $M\left(\dfrac{a+b}{2},\dfrac{a+b}{2}\right)$ 在直线 $y=x$ 上,由此推出直线 $y=x$ 垂直且平分线段 PQ. 换句话说,P、Q

图 1.9

两点关于直线 $y=x$ 对称.

利用这个性质, 由 $y=f(x)$ 的图形容易作出它的反函数 $y=f^{-1}(x)$ 的图形. 求函数 $y=f(x)$ 的反函数, 通常是指求出反函数 (1.3). 当从理论上研究有关反函数的性质时, 则需要考虑反函数 (1.2).

例 1 求函数 $y=\dfrac{ax+b}{cx+d}(ad-bc\neq 0)$ 的反函数. 当 a、b、c、d 满足什么条件时, 反函数与直接函数相同?

解 由 $y=\dfrac{ax+b}{cx+d}$ 得

$$(cx+d)y=ax+b,$$

移项得

$$(cy-a)x=-dy+b,$$

所以

$$x=\frac{-dy+b}{cy-a}.$$

反函数是

$$y=\frac{-dx+b}{cx-a}.$$

考虑反函数与直接函数相同的条件: 当 $c=0$ 时, 它们的定义域均为一切实数, 为使两函数相同, 只要对任意 $x\in\mathbf{R}$, 有

$$\frac{ax+b}{d}=\frac{-dx+b}{-a}.$$

由此推出 $a=-d$ 或 $b=0$ 且 $a=d\neq 0$.

当 $c\neq 0$ 时, 两函数仅当 $a=-d$ 时有相同的定义域, 这时对应法则亦相同.

综上所述, 当 $a=-d$ 或 $b=c=0$ 且 $a=d\neq 0$ 时, 反函数与直接函数相同.

习题 1.4

1. 求下列函数的反函数:

(1) $y=1+\sin 2x$;

(2) $y=\ln(1-2x)$;

(3) $y=\sqrt{9-x^2}$;

(4) $y=\dfrac{e^x+e^{-x}}{2}$;

(5) $y=f(x)=\begin{cases}x+1, & x<0,\\ x^2, & x\geqslant 0;\end{cases}$

(6) $y=\dfrac{1-x}{1+x}$.

习题参考答案
与提示 1.4

▶▶ §1.5 复合函数

在自由落体运动中, 下落物体的动能 E 是速度 v 的函数

$$E=\frac{1}{2}mv^2,$$

其中 m 为物体的质量. 物体下落的速度 v 是时间 t 的函数

$$v = gt.$$

因此, 如果要研究动能与时间的关系, 就得把 $v = gt$ 代入 $E = \frac{1}{2}mv^2$. 得到

$$E = \frac{1}{2}mg^2t^2.$$

由此看到 E 与 t 的对应关系是由两个函数 $E = \frac{1}{2}mv^2$ 与 $v = gt$ 复合而成的.

一般地有如下定义.

定义 1.5.1　已知两个函数

$$y = f(u), \quad u \in D_1,$$
$$u = g(x), \quad x \in D_2.$$

若 $D_2^* = \{x \mid g(x) \in D_1, x \in D_2\} \neq \varnothing$, 则对每个 $x \in D_2^*$, 通过函数 $u = g(x)$ 有唯一的值 $u \in D_1$ 与之对应, 通过函数 $y = f(u)$ 有唯一的值 y 与 u 对应, 从而得到一个以 x 为自变量, y 为因变量, 定义在 D_2^* 上的函数, 称它为由函数 $y = f(u)$ 与 $u = g(x)$ 构成的**复合函数**, 记作

$$y = f[g(x)], \quad x \in D_2^*,$$

其中 $y = f(u)$ 称为**外函数**, $u = g(x)$ 称为**内函数**, u 称为**中间变量**.

由定义 1.5.1 可知, 当 $D_2^* \neq \varnothing$, 即外函数的定义域与内函数的值域的交集非空时, 两个函数才能复合. 例如, 函数 $y = \cos^2 u$ 与 $u = x^2$ 可以构成复合函数

$$y = \cos^2 x^2,$$

函数 $y = \sqrt{u}$ 与 $u = 1 - x^2$ 可以构成复合函数

$$y = \sqrt{1 - x^2},$$

但函数 $y = \sqrt{u-2}$ 与 $u = \sin x$ 就不能进行复合, 因为外函数的定义域 $[2, +\infty)$ 与内函数的值域 $[-1, 1]$ 不相交.

两个函数复合, 其实就是用内函数表达式来代替外函数表达式中的自变量, 从而得到复合函数的表达式. 这里涉及外函数、内函数和复合函数, 当已知其中某两个函数时, 通过其复合关系可以求出另一个函数.

例 1　设 $f(x) = \begin{cases} 1+x, & x < 0, \\ 1, & x \geq 0, \end{cases}$ 求 $f[f(x)]$.

解　$f[f(x)] = \begin{cases} 1+f(x), & f(x) < 0, \\ 1, & f(x) \geq 0. \end{cases}$

易知当 $x < -1$ 时, $f(x) = 1+x < 0$, 有 $f[f(x)] = 1+f(x) = 1+(1+x) = 2+x$. 当 $x \geq -1$ 时, 无论 $-1 \leq x < 0$ 或 $x \geq 0$, 均有 $f(x) \geq 0$, 从而 $f[f(x)] = 1$. 所以

$$f[f(x)] = \begin{cases} 2+x, & x < -1, \\ 1, & x \geq -1. \end{cases}$$

例 2　已知 $f\left(\dfrac{1}{x}\right) = x + \sqrt{1+x^2}$, 求 $f(x)$.

解　令 $\dfrac{1}{x}=t$，则 $x=\dfrac{1}{t}$，代入已知函数表达式，得

$$f(t) = \frac{1}{t} + \sqrt{1 + \left(\frac{1}{t}\right)^2} = \frac{1}{t} + \frac{\sqrt{1+t^2}}{|t|},$$

所以

$$f(x) = \frac{1}{x} + \frac{\sqrt{1+x^2}}{|x|}.$$

复合函数也可以由两个以上的函数构成. 例如，由三个函数 $y=5^u, u=v^3, v=2x-1$ 复合而成的函数为

$$y = 5^{(2x-1)^3}.$$

反过来也能将一个比较复杂的函数分解成几个简单函数的复合. 例如，函数 $y = \log_2\sqrt{1+x^2}$ 可以看作由以下三个函数

$$y = \log_2 u, \quad u = \sqrt{v}, \quad v = x^2 + 1$$

复合而成.

习题 1.5

1. 已知

$$f(x) = \begin{cases} x^2 - 2x, & x \leqslant 0, \\ 1, & x > 0, \end{cases}$$

求 $f(x+1)$ 和 $f(x)+f(-x)$.

2. 已知

$$f\left(x + \frac{1}{x}\right) = x^2 + \frac{1}{x^2},$$

求 $f\left(x - \dfrac{1}{x}\right)$.

习题参考答案
与提示 1.5

3. 在下列各题中，求由给定函数复合而成的复合函数：

（1）$y=u^3, u=\ln v, v=\sin x$；　　　　（2）$y=\sqrt{u}, u=1+v^2, v=\mathrm{e}^x$；

（3）$y=\sin u, u=1+x^2$；　　　　（4）$y=\arcsin u, u=2-x^2$.

§1.6　初等函数

在自然科学和工程技术中，最常见的函数是初等函数. 而六类基本初等函数（常量函数、指数函数、对数函数、幂函数、三角函数、反三角函数）则是构成初等函数的基础. 本节对这几类函数的性质做些介绍.

一、基本初等函数

1. 常量函数

$$y = C \quad (C \text{ 为常数}).$$

其定义域为 $(-\infty, +\infty)$，图形是一条平行于 x 轴的直线（图 1.10）

2. 指数函数

$$y = a^x \quad (a > 0, a \neq 1).$$

其定义域为 $(-\infty, +\infty)$. 任意 $x \in \mathbf{R}$，总有 $a^x > 0$，且 $a^0 = 1$，所以指数函数的图形位于 x 轴的上方，且通过点 $(0,1)$，值域为 $(0, +\infty)$. 当 $a > 1$ 时，为单增函数；当 $0 < a < 1$ 时，为单减函数（图 1.11）.

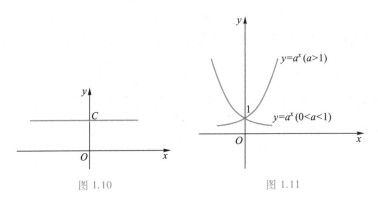

图 1.10   图 1.11

在今后的学习中，常用的指数函数是 $y = e^x$，其中 $e = 2.718\,281\,828\,4\cdots$ 为无理数.

3. 对数函数

$$y = \log_a x \quad (a > 0, a \neq 1).$$

它是指数函数 $y = a^x$ 的反函数. 其定义域为 $(0, +\infty)$，值域为 $(-\infty, +\infty)$. 当 $a > 1$ 时，为单增函数；当 $0 < a < 1$ 时，为单减函数. 函数的图形位于 y 轴的右方，且通过点 $(1,0)$（图 1.12）.

工程数学中常常用到以 e 为底的对数函数 $y = \log_e x$，称为**自然对数**，并简记为 $y = \ln x$.

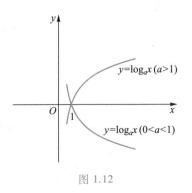

图 1.12

4. 幂函数

$$y = x^{\mu} \quad (\mu \in \mathbf{R}, \mu \neq 0).$$

当 μ 是正整数时，其定义域为 $(-\infty, +\infty)$，当 μ 是负整数时，其定义域为不为零的一切实数，当 μ 是有理数或无理数时，情况比较复杂. 但不论 μ 为何值，幂函数在 $(0, +\infty)$ 内总有定义. 这时可以把它看作指数函数 $y = e^u$ 与对数函数 $u = \mu \ln x$ 的复合函数

$$x^{\mu} = e^{\mu \ln x}, \quad 0 < x < +\infty.$$

并且它的图形总经过点 $(1,1)$.

$\mu = -1, -2, \dfrac{1}{2}, \dfrac{1}{3}$ 的图形如图 1.13(a)(b)(c)(d) 所示.

5. 三角函数

三角函数有以下六种类型：

正弦函数 $y = \sin x, -\infty < x < +\infty$；

余弦函数 $y = \cos x, -\infty < x < +\infty$；

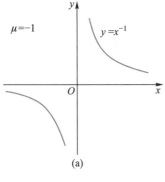

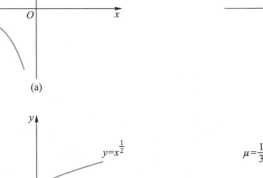

图 1.13

正切函数　$y=\tan x, x\neq(2k+1)\dfrac{\pi}{2}\,(k\in\mathbf{Z})$；

余切函数　$y=\cot x, x\neq k\pi\,(k\in\mathbf{Z})$；

正割函数　$y=\sec x, x\neq(2k+1)\dfrac{\pi}{2}\,(k\in\mathbf{Z})$；

余割函数　$y=\csc x, x\neq k\pi\,(k\in\mathbf{Z})$.

这些函数都是周期函数.

（1）正弦函数与余弦函数都是以 2π 为周期的周期函数. 正弦函数为奇函数, 余弦函数为偶函数. 由于
$$|\sin x|\leqslant 1,\quad |\cos x|\leqslant 1,$$
所以它们是有界函数, 其图形位于两条平行直线 $y=1$ 与 $y=-1$ 之间（图 1.14（a）（b））.

（2）正切函数与余切函数都是以 π 为周期的函数. 它们都是奇函数, 其图形关于原点对称. 正切函数在区间 $\left(-\dfrac{\pi}{2},\dfrac{\pi}{2}\right)$ 内单增, 余切函数在区间 $(0,\pi)$ 内单减（图 1.15（a）（b））.

（3）正割函数与余割函数也都是以 2π 为周期的周期函数. 正割函数为偶函数, 余割函数为奇函数. 由于 $\sec x=\dfrac{1}{\cos x}$, $\csc x=\dfrac{1}{\sin x}$, 故可以将它们分别转化为对余弦函数和正弦函数的讨论.

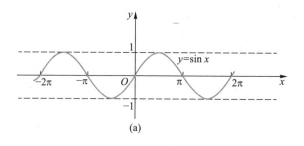

(a)

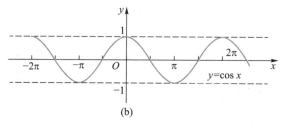

(b)

图 1.14

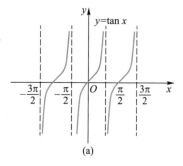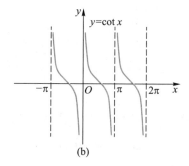

(a)　　　　　　　　　　(b)

图 1.15

6. 反三角函数

由于三角函数都是周期函数,故对于其值域的每个 y 值,与之对应的 x 值有无穷多个,因此在三角函数的定义域上,其反函数是不存在的. 为了避免多值性,我们在各个三角函数中适当选取它们的一个单调区间,由此得出的反函数称之为反三角函数的**主值支**,简称**主值**. 分别为

反正弦函数　$y = \arcsin x, x \in [-1, 1], y \in \left[-\dfrac{\pi}{2}, \dfrac{\pi}{2}\right]$;

反余弦函数　$y = \arccos x, x \in [-1, 1], y \in [0, \pi]$;

反正切函数　$y = \arctan x, x \in (-\infty, +\infty), y \in \left(-\dfrac{\pi}{2}, \dfrac{\pi}{2}\right)$;

反余切函数　$y = \operatorname{arccot} x, x \in (-\infty, +\infty), y \in (0, \pi)$.

它们的图形如图 1.16(a)(b)(c)(d)所示.

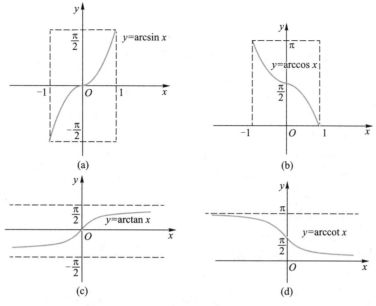

图 1.16

由基本初等函数经过有限次四则运算与复合运算所得到的函数称为**初等函数**.

例如函数

$$y = \sqrt{1 + x^2}, y = 3\sin\left(2x + \frac{2}{3}\pi\right), \quad y = x2^{\sin x} - \frac{1}{x} - \log_2(1 + 2x^2)$$

都是初等函数.

又如函数

$$f(x) = \begin{cases} x, & x \geqslant 0, \\ -x, & x < 0 \end{cases}$$

也是初等函数,它可以写为 $f(x) = \sqrt{x^2}$.

不是初等函数的函数称为**非初等函数**. 例如,符号函数 $y = \operatorname{sgn} x$,取整函数 $y = [x]$ 都是非初等函数.

习题 1.6

1. 指出下列函数是由哪些基本初等函数经复合运算或四则运算得到的:

(1) $y = \arccos\sqrt{x}$；　　　　(2) $y = \ln \sin^2(1+x^2)$；

(3) $y = x^{\sin x}$；　　　　　　(4) $y = \arctan \mathrm{e}^{\sqrt{x+1}}$；

(5) $y = \tan^3(1-3x)$；　　　　(6) $y = (\sin \sqrt{1-2x})^2$.

2. 设 $g(x)=\log_a x$ （$a>0, a\neq 1$），证明：

（1） $g(x)+g(y)=g(xy)$；　　　（2） $g(x)-g(y)=g\left(\dfrac{x}{y}\right)$.

3. 下列两个函数分别称为**双曲正弦函数**和**双曲余弦函数**：

$$\sinh x = \frac{1}{2}(e^x - e^{-x}); \quad \cosh x = \frac{1}{2}(e^x + e^{-x}).$$

证明：

习题参考答案
与提示 1.6

（1） $\cosh^2 x - \sinh^2 x = 1$；

（2） $\sinh(x\pm y) = \sinh x\cosh y \pm \cosh x\sinh y$；

（3） $\cosh(x\pm y) = \cosh x\cosh y \pm \sinh x\sinh y$；

（4） $\sinh 2x = 2\sinh x\cosh x$；

（5） $\cosh 2x = \cosh^2 x + \sinh^2 x$.

▶▶ §1.7　建立函数关系举例

运用数学工具去解决实际问题，往往需要找出问题中变量之间的函数关系，然后对它加以研究. 函数关系的建立并无一定的法则可循，只能根据具体问题作具体分析和处理.

下面我们通过几个实例来了解建立函数关系的过程，这也是培养我们综合运用知识以及分析问题和解决问题能力不可缺少的基本训练之一.

例 1　已知一个球的半径为 R，作外切于球的圆锥（图 1.17），试将圆锥的体积表示为圆锥高 h 的函数.

解　设圆锥的体积为 V，底面半径为 r，由立体几何学可知

$$V = \frac{1}{3}\pi r^2 h.$$

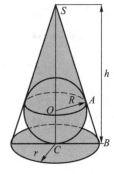

如图所示 $\text{Rt}\triangle SBC \backsim \text{Rt}\triangle SOA$，且 $SB=\sqrt{h^2+r^2}$，$SO=h-R$，故得

$$\frac{\sqrt{h^2+r^2}}{h-R} = \frac{r}{R},$$

计算可得

$$r^2 = \frac{R^2 h}{h-2R}.$$

图 1.17

因此，所求的函数为

$$V = \frac{\pi R^2 h^2}{3(h-2R)}, \quad 2R < h < +\infty.$$

例 2　已知一物体与地面的摩擦系数为 μ，物体所受重力为 P. 设有一与水平方向夹角为 α 的拉力 F，使物体做匀速直线运动（图 1.18）. 求物体开始移动时，F 与 α 之间的函数关系式.

解　由力的分解可知，物体对地面的垂直压力为 $P-F\sin\alpha$，此时物体所受的摩擦力为 $\mu(P-F\sin\alpha)$，它的值等于拉力的水平分力 $F\cos\alpha$，即

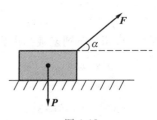

图 1.18

$$\mu(P - F\sin\alpha) = F\cos\alpha.$$

整理得

$$F = \frac{\mu P}{\cos\alpha + \mu\sin\alpha}, \quad 0 < \alpha < \frac{\pi}{2}.$$

例 3 给定一根两端固定的拉紧的均匀柔软的弦,其长为 l,两端点固定在 $x=0$ 和 $x=l$ 处,今用一抛物线形凸件将弦顶出,其顶点位于弦的中点处,使弦的中点位移为 h(图 1.19),然后抽开凸件,任弦作微小横振动. 试将弦的初位移 y(即抽开凸件瞬间弦的位移)表示为 x 的函数.

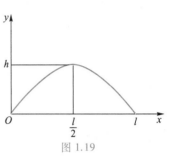

图 1.19

解 由题意,弦的初位移满足抛物线方程

$$y = a\left(x - \frac{l}{2}\right)^2 + h,$$

其中 a 为待定常数. 因为点 $O(0,0)$ 在抛物线上,所以它的坐标应满足方程,从而有

$$0 = \frac{al^2}{4} + h,$$

由此得

$$a = -\frac{4h}{l^2}.$$

所求函数为

$$y = -\frac{4h}{l^2}\left(x - \frac{l}{2}\right)^2 + h, \quad 0 \leqslant x \leqslant l,$$

即

$$y = -\frac{4h}{l^2}x^2 + \frac{4h}{l}x, \quad 0 \leqslant x \leqslant l.$$

例 4 校田径队某队员在教练指导下进行 3 000m 跑步训练,训练计划要求是

(1)起跑后匀加速,10s 时达到 5m/s 的速度,然后匀速跑到 2min;

(2)然后开始均匀减速,到第 5min 时减到 4m/s,再保持匀速跑 4min;

(3)然后在 1min 之内,均匀加速达到 5m/s,保持匀速继续跑;

(4)最后 200m,均匀加速冲刺,使撞线时的速度达到 8m/s.

试写出跑步速度关于时间 t 的函数.

解 设速度 $v = v(t)$. 当 $0 \leqslant t \leqslant 10$ 时,$v = v_0 + at$,a 是加速度. 由于 $v_0 = v(0) = 0$,$v(10) = 5$,代入上式得

$$5 = 10a, \quad 即 \quad a = \frac{1}{2},$$

所以

$$v = \frac{t}{2}.$$

当 $120 < t \leqslant 300$ 时,$v = 5 + b(t - 120)$. 由 $v(300) = 4$,得出 $b = -\frac{1}{180}$. 所以

$$v = 5 - \frac{1}{180}(t - 120) = -\frac{t}{180} + \frac{17}{3}.$$

当 $540 < t \leqslant 600$ 时, $v = 4 + c(t - 540)$. 由 $v(600) = 5$, 得出 $c = \frac{1}{60}$.

所以

$$v = 4 + \frac{1}{60}(t - 540) = \frac{t}{60} - 5.$$

由此可算出各时间段的位移 s, 列表如下:

t/s	$[0,10]$	$(10,120]$	$(120,300]$	$(300,540]$	$(540,600]$	$(600,637]$	$\left(637,667\frac{10}{13}\right]$
s/m	25	550	810	960	270	185	200

当 $637 \leqslant t \leqslant 667\frac{10}{13}$ 时, $v = 5 + k(t - 637)$. 由 $v\left(667\frac{10}{13}\right) = 8$, 得出 $k = \frac{39}{400}$.

所以

$$v = 5 + \frac{39}{400}(t - 637) = \frac{1}{400}(39t - 22\,843).$$

因此速度 v 关于时间 t 的函数为

$$v = \begin{cases} \dfrac{t}{2}, & 0 \leqslant t \leqslant 10, \\ 5, & 10 < t \leqslant 120, \\ -\dfrac{t}{180} + \dfrac{17}{3}, & 120 < t \leqslant 300, \\ 4, & 300 < t \leqslant 540, \\ \dfrac{t}{60} - 5, & 540 < t \leqslant 600, \\ 5, & 600 < t \leqslant 637, \\ \dfrac{1}{400}(39t - 22\,843), & 637 < t \leqslant 667\dfrac{10}{13}. \end{cases}$$

习题 1.7

1. 根据材料力学知道, 横梁强度 I 与它的矩形截面的宽 x 和高的平方成正比. 现把直径为 $2a$ 的圆木锯成以 $2a$ 为对角线的矩形横梁, 矩形截面对角线与宽之间的夹角为 θ 如图 1.20 所示. 试把横梁强度 I

（1）表示为 x 的函数;　　　　　　　（2）表示为 θ 的函数.

2. 一矩形内接于半径为 R、圆心角为 2φ 的扇形中, 矩形的一对对边垂直于扇形中心角的平分线,如图 1.21 所示. 试将矩形的面积 A 表示为 θ 的函数.

3. 把一半径为 R 的圆形铁片自圆心处剪去一扇形,如图 1.22 所示. 剩余部分卷成一无底圆锥. 试将这圆锥的容积 V 表示为未剪去部分圆心角 θ 的函数.

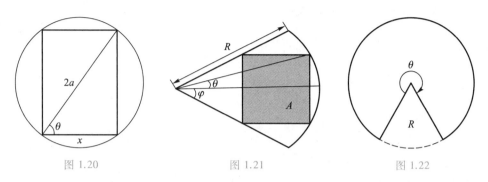

图 1.20   图 1.21   图 1.22

4. 某运输公司规定某种货物的运输收费标准为:不超过 200km,每吨千米收费 6 元;200km 以上,但不超过 500km,每吨千米收费 4 元;500km 以上,每吨千米收费 3 元. 试将每吨货物的运费表示为路程的函数.

习题参考答案
与提示 1.7

总习题一

1. 单项选择题:

(1) 设在区间 $(-\infty, +\infty)$ 内函数 $f(x) > 0$,且 $f(x+k) = \dfrac{1}{f(x)}$ $(k > 0)$,则在区间 $(-\infty, +\infty)$ 内,函数 $f(x)$ 是 ( ).

A. 奇函数   B. 偶函数   C. 周期函数   D. 单调函数

(2) 设 $f(x) = x|\sin x|, x \in \left(-\dfrac{\pi}{2}, \dfrac{\pi}{2}\right)$,则 $f(x)$ ( ).

A. 在 $\left(-\dfrac{\pi}{2}, \dfrac{\pi}{2}\right)$ 内单增

B. 在 $\left(-\dfrac{\pi}{2}, \dfrac{\pi}{2}\right)$ 内单减

C. 在 $\left(-\dfrac{\pi}{2}, 0\right)$ 内单增,而在 $\left(0, \dfrac{\pi}{2}\right)$ 内单减

D 在 $\left(-\dfrac{\pi}{2}, 0\right)$ 内单减,而在 $\left(0, \dfrac{\pi}{2}\right)$ 内单增.

(3) 设函数 $f(x) = e^{\sin x} - e^{-\sin x}$,则在区间 $(-\infty, +\infty)$ 内 $f(x)$ 是( ).

A. 奇函数   B. 偶函数   C. 单增函数   D. 单减函数

(4) 函数 $y = \sin \dfrac{1}{x}$ 在定义域内是( ).

A. 周期函数   B. 单调函数   C. 偶函数   D. 有界函数

(5) 设 $f(x) = \dfrac{x+2}{x-1}$ 与 $g(x)$ 的图形关于直线 $y = x$ 对称,则 $g(x) = ($).

A. $\dfrac{x+2}{x-1}$ B. $\dfrac{x-2}{x+1}$ C. $\dfrac{x+1}{x-1}$ D. $\dfrac{x-1}{x+1}$

2. 填空题:

(1) 函数 $f(x)=\ln\ln\ln x+\sqrt{100-x^2}$ 的定义域为_____.

(2) 设函数 $f(x)=\begin{cases}x\sin\dfrac{1}{x}, & x\neq 0 \\ 1, & x=0,\end{cases}$ 则 $f\left(\dfrac{2}{\pi}\right)=$_____.

(3) 函数 $y=\ln\left(x+\sqrt{x^2+1}\right)$ 的反函数为_____.

(4) 设 $f(x)=\dfrac{1-x}{1+x}$,则 $f[f(x)]=$_____.

(5) 已知 $f(x)=\dfrac{x}{x-1}$,则 $f\left[\dfrac{1}{f(x)-1}\right]=$_____.

3. 设 $f\left(\dfrac{x+1}{x-1}\right)=3f(x)-2x$,求 $f(x)$.

4. 设对一切不等于 0 和 -1 的实数 x,恒有

$$2f(x)+x^2f\left(\dfrac{1}{x}\right)=\dfrac{x^2+2x}{x+1},$$

(1) 证明:$f(x)+2x^2f\left(\dfrac{1}{x}\right)=\dfrac{2x^2+x}{x+1}$;

(2) 求 $f(x)$.

5. 设函数对任意实数 x、y 满足关系式:$f(x+y)=f(x)+f(y)$,求出 $f(0)$ 并判断函数 $f(x)$ 的奇偶性.

6. 求常数 a,b,c,使

$$\dfrac{x+3}{x(x-1)^2}=\dfrac{a}{x}+\dfrac{b}{x-1}+\dfrac{c}{(x-1)^2}.$$

7. 设 $f(x)$ 为定义在 $(-l,l)$ 内的奇函数,若 $f(x)$ 在 $(0,l)$ 内单调增加,证明:$f(x)$ 在 $(-l,0)$ 内也单调增加.

8. 证明:两个偶函数之积(之和)仍为偶函数;两个奇函数之积为偶函数;两个奇函数之和仍为奇函数.

9. 设 $f(x)$ 是定义在 $(-l,l)$ 内的任意函数. 证明:$f(x)$ 可以表示成一个奇函数与一个偶函数的和.

10. 若 $f(x),g(x),h(x)$ 都是单增函数,且对一切 $x\in\mathbf{R}$ 总有 $f(x)\leq g(x)\leq h(x)$,试证明:
$$f[f(x)]\leq g[g(x)]\leq h[h(x)].$$

11. 设函数

$$f(x)=\begin{cases}x-\dfrac{1}{x}, & x<-1, \\ x, & x\geq -1,\end{cases} \qquad g(x)=\begin{cases}-x, & x\leq 1, \\ x+\dfrac{1}{x}, & x>1,\end{cases}$$

求 $F(x)=f(x)g(x)$ 的表达式,并求 $F(0)$.

12. 每台收音机售价为 90 元,成本为 60 元. 厂方为鼓励销售商大量采购,决定凡是订购量超过 100 台的,每多订购 1 台,售价就降低 1 分,但最低价为每台 75 元. 试求:

(1) 将每台的实际售价 p 表示为订购量 x 的函数;

(2) 将厂方所获的利润 P 表示成订购量 x 的函数;

(3) 某一商行订购了 1 000 台,厂方可获利润多少?

13. 证明关于函数 $y=[x]$ 的如下不等式成立:

(1) 当 $x>0$ 时,$1-x<x\left[\dfrac{1}{x}\right]\leq 1$;

(2) 当 $x<0$ 时,$1\leq x\left[\dfrac{1}{x}\right]<1-x$.

习题参考答案
与提示一

第二章　极限与连续

极限概念是高等数学的理论基础. 本章先用浅显的例子阐明数列(整标函数)的极限概念,再比照数列极限,讲述函数极限及其性质. 然后在此基础上讨论函数的连续性.

§2.1　数列极限

一、数列极限的定义

一个以正整数集 $\mathbf{N}_+$ 为定义域的函数

$$y = f(n), \quad n \in \mathbf{N}_+$$

称为**整标函数**. 当自变量 n 按正整数增大的顺序依次取值时,我们特别把对应的函数值 $f(n)$ 记作 $a_n(n=1,2,3,\cdots)$,所得到的一列有序的数

$$a_1, a_2, \cdots, a_n, \cdots$$

就称为**数列**,记作 $\{a_n\}$,其中的每一个数称为这个数列的**项**,a_n 称为它的**一般项**或**通项**. 例如整标函数 $\dfrac{1}{2^n}, 1+\dfrac{(-1)^{n-1}}{n}, n^3, (-1)^n$ 所对应的数列分别为

$$\frac{1}{2}, \frac{1}{4}, \frac{1}{8}, \cdots, \frac{1}{2^n}, \cdots; \tag{2.1}$$

$$2, \frac{1}{2}, \frac{4}{3}, \cdots, 1+\frac{(-1)^{n-1}}{n}, \cdots; \tag{2.2}$$

$$1, 8, 27, \cdots, n^3, \cdots; \tag{2.3}$$

$$-1, 1, -1, \cdots, (-1)^n, \cdots. \tag{2.4}$$

战国时期哲学家庄周所著的《庄子·天下篇》中有句名言:"一尺之棰,日取之半,万世不竭." 意思是,一根长为一尺的木棍,每天截去一半,这样的过程可以一直进行下去. 把每天截后剩下部分的长度记录下来,所得到的数列就是(2.1). 不难看出,当 n 不断增大时,数列(2.1)无限地接近于 0. 但是,不论 n 多么大,$\dfrac{1}{2^n}$ 总不等于 0 ("万世不竭").

考察数列(2.2),随着 n 的无限增大,一般项 $1+\dfrac{(-1)^{n-1}}{n}$ 无限地接近于 1.

这两个数列其实也反映了一类数列的某种公共特性,即对于数列 $\{a_n\}$,存在某个常数 a,随着 n 无限增大,a_n 无限地接近于这个常数 a. 换句话说,要使 a_n 与 a 差的绝对值 $|a_n-a|$ 任意地小,只需正整数 n 足够地大. 称这类数列为**收敛数列**,a 称为收敛数列的极限.

我们用 ε 表示任意小的正数,N 表示足够大的正整数,运用 ε-N 的关系给出收敛数列及其极限的精确定义.

定义 2.1.1(数列极限的 ε-N 定义) 设 $\{a_n\}$ 是一个数列,a 是一个确定的数,若对任给的正数 ε,存在正整数 N,使得当 $n > N$ 时,总有

$$|a_n - a| < \varepsilon,$$

则称数列 $\{a_n\}$ **收敛于** a,数 a 称为数列 $\{a_n\}$ 的**极限**,记作

$$\lim_{n \to \infty} a_n = a \quad \text{或} \quad a_n \to a(n \to \infty).$$

若数列 $\{a_n\}$ 没有极限,则称它是**发散**的或**发散数列**.

对于数列极限的定义,我们应注意体会以下几点:

(1) ε 的**任意性**. ε 是任意给定的正数,用来衡量 a_n 与 a 接近的程度. 只有 ε 任意小,才能使不等式 $|a_n - a| < \varepsilon$ 精确地刻画出 a_n 无限接近于 a 的实质. 但 ε 除了它的任意性还具有相对的固定性,ε 一经给出,就应暂时看作固定的,以便根据它来求出相应的 N.

(2) N 的**存在性**. N 是与 ε 有关的正整数,表示从第 N 项起之后的项均满足不等式 $|a_n - a| < \varepsilon$. 因此通常也把 N 写成 $N(\varepsilon)$ 来强调 N 依赖于 ε. 但这种写法并不意味着 N 是由 ε 所唯一确定的. 因为对给定的 ε,若 N 是一个能满足要求的正整数,则任何一个大于 N 的正整数 $N+1, N+2, \cdots$ 自然也都能满足要求. 定义中的正整数 N 也不一定要求是最小的一个,重要的是它的存在性. 因此,当我们直接解不等式 $|a_n - a| < \varepsilon$ 求 N 感到困难时,可以考虑适当放大 $|a_n - a|$,使得放大后的式子仍能随 n 的无限增大而任意地小,并且放大后的式子比较简单,由它容易求出 N.

(3) ε-N 定义的一个**几何解释**. 如果用数轴上的点来表示收敛数列 $\{a_n\}$ 的各项,就不难发现:对于点 a 的任何 ε 邻域 $U(a, \varepsilon)$(无论多么小),总存在正整数 N,使得所有下标大于 N 的一切 a_n,即点 $a_{N+1},\quad a_{N+2}, \cdots$ 都落在邻域 $U(a, \varepsilon)$ 内,而只有有限个点(至多 N 个)在这邻域之外(如图 2.1 所示)

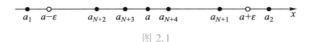

图 2.1

顺便指出,利用数列极限的几何解释不难看出:数列(2.3)

$$1, 8, 27, \cdots, n^3, \cdots$$

与数列(2.4)

$$-1, 1, -1, \cdots, (-1)^n, \cdots$$

都是发散的,因为表示它们各项的点(只有有限个点除外)皆不能落在某一定点的任意小邻域内.

下面举例说明怎样根据 ε-N 定义验证数列极限.

例 1 证明:$\lim\limits_{n \to \infty} \left[1 + \dfrac{(-1)^{n-1}}{n} \right] = 1$.

证 任给 $\varepsilon > 0$,取 $N = \left[\dfrac{1}{\varepsilon} \right] + 1$,则当 $n > N$ 时,$n > \dfrac{1}{\varepsilon}$. 于是

$$\left| \left[1 + \frac{(-1)^{n-1}}{n} \right] - 1 \right| = \frac{1}{n} < \varepsilon.$$

所以

$$\lim_{n \to \infty} \left[1 + \frac{(-1)^{n-1}}{n} \right] = 1. \qquad \square$$

例 2 证明：$\lim\limits_{n \to \infty} \dfrac{1}{2^n} = 0.$

证 任给 $\varepsilon > 0$，不妨设 $\varepsilon < \dfrac{1}{2}$，要使 $\left| \dfrac{1}{2^n} - 0 \right| = \dfrac{1}{2^n} < \varepsilon$，只要 $2^n > \dfrac{1}{\varepsilon}$，即 $n > \log_2 \dfrac{1}{\varepsilon}$. 取 $N = \left[\log_2 \dfrac{1}{\varepsilon} \right]$，则当 $n > N$ 时，就有

$$\left| \frac{1}{2^n} - 0 \right| < \varepsilon.$$

所以

$$\lim_{n \to \infty} \frac{1}{2^n} = 0. \qquad \square$$

例 3 证明：$\lim\limits_{n \to \infty} \dfrac{\sqrt{n^2 + a^2}}{n} = 1.$

证 任给 $\varepsilon > 0$，由于

$$\left| \frac{\sqrt{n^2 + a^2}}{n} - 1 \right| = \frac{\sqrt{n^2 + a^2} - n}{n} = \frac{a^2}{n(\sqrt{n^2 + a^2} + n)} < \frac{a^2}{n},$$

要使 $\left| \dfrac{\sqrt{n^2 + a^2}}{n} - 1 \right| < \varepsilon$，只要 $\dfrac{a^2}{n} < \varepsilon$，即 $n > \dfrac{a^2}{\varepsilon}$. 取 $N = \left[\dfrac{a^2}{\varepsilon} \right] + 1$，则当 $n > N$ 时，就有

$$\left| \frac{\sqrt{n^2 + a^2}}{n} - 1 \right| < \varepsilon.$$

所以

$$\lim_{n \to \infty} \frac{\sqrt{n^2 + a^2}}{n} = 1. \qquad \square$$

例 4 证明：$\lim\limits_{n \to \infty} \sqrt[n]{n} = 1.$

证 令 $\sqrt[n]{n} - 1 = \alpha_n$，则 $\alpha_n \geqslant 0$，且当 $n \geqslant 2$ 时，

$$n = (1 + \alpha_n)^n = 1 + n\alpha_n + \frac{n(n-1)}{2!} \alpha_n^2 + \cdots + \alpha_n^n > \frac{n(n-1)}{2} \alpha_n^2,$$

从而有

$$0 < \alpha_n < \sqrt{\frac{2}{n-1}}.$$

因此任给 $\varepsilon > 0$，可取 $N = \max\left\{ 2, \left[\dfrac{2}{\varepsilon^2} + 1 \right] \right\}$，则当 $n > N$ 时，就有

$$\left| \sqrt[n]{n} - 1 \right| = \alpha_n < \sqrt{\frac{2}{n-1}} < \varepsilon.$$

所以

$$\lim_{n \to \infty} \sqrt[n]{n} = 1. \qquad \square$$

例 4 在放大过程中,先取 $n \geqslant 2$,使不等式得以简化,然后在确定 N 时考虑这个条件,而取 $N = \max\left\{ 2, \left[\frac{2}{\varepsilon^2} + 1 \right] \right\}$,这是一种常用的简化方法.

▶▶ 二、收敛数列的性质

定理 2.1.1(唯一性) 若数列 $\{a_n\}$ 收敛,则它的极限是唯一的.

证 用反证法.假设 $\lim\limits_{n \to \infty} a_n = a$ 及 $\lim\limits_{n \to \infty} a_n = b$,且 $a \neq b$.取 $\varepsilon = \dfrac{|a-b|}{3}$,根据 ε-N 定义,应分别存在正整数 N_1 及 N_2,使得当 $n > N_1$ 时,有

$$|a_n - a| < \varepsilon; \tag{2.5}$$

而当 $n > N_2$ 时,有

$$|a_n - b| < \varepsilon. \tag{2.6}$$

取 $N = \max\{N_1, N_2\}$,则当 $n > N$ 时,(2.5)、(2.6) 两式同时成立. 从而推出

$$|a - b| = |(a_n - a - (a_n - b))| \leqslant |a_n - a| + |a_n - b| < 2\varepsilon = \frac{2}{3}|a - b|,$$

这是一个矛盾. 所以收敛数列的极限是唯一的. $\qquad \square$

定理 2.1.2(有界性) 若数列 $\{a_n\}$ 收敛,则它是有界的. 即存在正数 M,使对一切正整数 n,总有 $|a_n| \leqslant M$.

证 设 $\lim\limits_{n \to \infty} a_n = a$. 根据数列极限定义,当取 $\varepsilon = 1$ 时,存在相应的 N,使对一切 $n > N$,总有 $|a_n - a| < 1$,即

$$|a_n| = |a_n - a + a| \leqslant |a_n - a| + |a| < 1 + |a|,$$

令 $M = \max\{|a_1|, |a_2|, \cdots, |a_N|, 1 + |a|\}$,则对一切正整数 n,都有

$$|a_n| \leqslant M.$$

所以 $\{a_n\}$ 是有界数列. $\qquad \square$

利用收敛数列的有界性容易推出数列 $\{n^3\}$ 是发散数列.

因为对任给 $M > 0$,总存在 $n_1 \in \mathbf{N}_+$,使 $n_1^3 > M$. 所以 $\{n^3\}$ 是无界数列,故由定理 2.1.2 即知它是发散的.

但有界性只是数列收敛的必要条件,并非充分条件. 例如数列 $\{(-1)^n\}$ 有界,但它并不收敛.

定理 2.1.3(保号性) 设 $\lim\limits_{n \to \infty} a_n = a > 0$(或 <0),则对任何一个满足不等式 $a > c > 0$(或 $a < c < 0$)的 c,存在正整数 N,使得当 $n > N$ 时,总有

$$a_n > c > 0 \quad (\text{或 } a_n < c < 0).$$

证 设 $a > 0$,取 $\varepsilon = a - c$. 由数列极限的定义,存在正整数 N,使得当 $n > N$ 时,总有

$$a - \varepsilon < a_n < a + \varepsilon.$$

由上式左边的不等式即得

$$a_n > a - (a - c) = c > 0.$$

类似可以证明 $a<0$ 的情形.

推论 2.1.1 设 $\lim\limits_{n \to \infty} a_n = a$, 且存在正整数 N_0, 使得当 $n>N_0$ 时, 有 $a_n \geqslant 0$(或 $a_n \leqslant 0$), 则 $a \geqslant 0$(或 $a \leqslant 0$).

证 用反证法. 考虑当 $n>N_0$ 时, $a_n \geqslant 0$ 的情形, 假设此时 $\lim\limits_{n \to \infty} a_n = a<0$, 由定理 2.1.3, 应存在正整数 N_1, 使得当 $n>N_1$ 时, $a_n<0$. 取 $N = \max\{N_0, N_1\}$, 则当 $n>N$ 时, 有 $a_n \geqslant 0$ 与 $a_n<0$ 同时成立, 这是一个矛盾. 所以必有 $a \geqslant 0$. 类似可以证明 $a \leqslant 0$ 的情形.   □

定理 2.1.4(四则运算法则) 若 $\{a_n\}$ 和 $\{b_n\}$ 是收敛数列, 则 $\{a_n+b_n\}$, $\{a_n-b_n\}$, $\{a_n \cdot b_n\}$ 也都是收敛数列, 且有

(1) $\lim\limits_{n \to \infty} (a_n \pm b_n) = \lim\limits_{n \to \infty} a_n \pm \lim\limits_{n \to \infty} b_n$;

(2) $\lim\limits_{n \to \infty} (a_n \cdot b_n) = \lim\limits_{n \to \infty} a_n \cdot \lim\limits_{n \to \infty} b_n$.

(3) $\lim\limits_{n \to \infty} \dfrac{a_n}{b_n} = \dfrac{\lim\limits_{n \to \infty} a_n}{\lim\limits_{n \to \infty} b_n}$ ($\lim\limits_{n \to \infty} b_n \neq 0$).

证 我们只证(2)的情形, (1)和(3)的证明留作练习.

设 $\lim\limits_{n \to \infty} a_n = a$, $\lim\limits_{n \to \infty} b_n = b$. 由于

$$a_n b_n - ab = (a_n b_n - ab_n) + (ab_n - ab),$$

故有

$$|(a_n b_n - ab)| \leqslant |a_n - a||b_n| + |a||b_n - b|.$$

根据收敛数列的有界性, 存在正数 M, 对一切正整数 n, 有

$$|b_n| \leqslant M.$$

于是, 对任给的 $\varepsilon>0$, 由 $\lim\limits_{n \to \infty} a_n = a$ 与 $\lim\limits_{n \to \infty} b_n = b$ 可知, 分别存在正整数 N_1 与 N_2, 当 $n>N_1$ 时, 有

$$|a_n - a| < \frac{\varepsilon}{2M},$$

而当 $n>N_2$ 时, 有

$$|b_n - b| < \frac{\varepsilon}{2(|a| + 1)}.$$

取 $N = \max\{N_1, N_2\}$, 则当 $n>N$ 时, 就有

$$|a_n b_n - ab| < \frac{\varepsilon}{2M} \cdot M + |a| \cdot \frac{\varepsilon}{2(|a| + 1)} < \frac{\varepsilon}{2} + \frac{\varepsilon}{2} = \varepsilon.$$

所以

$$\lim\limits_{n \to \infty} (a_n \cdot b_n) = ab = \lim\limits_{n \to \infty} a_n \cdot \lim\limits_{n \to \infty} b_n.$$ □

定理 2.1.4 中(1)和(2)都不难推广到有限个收敛数列的情形. 由(2)还容易推出以下两个有用的结果:

(1) $\lim\limits_{n \to \infty} (ka_n) = k \lim\limits_{n \to \infty} a_n$, 其中 k 是一个常数;

（2）$\lim_{n\to\infty}(a_n)^m=(\lim_{n\to\infty}a_n)^m$，其中 m 是一个正整数.

推论 2.1.2　若 $\{a_n\}$ 和 $\{b_n\}$ 是收敛数列，且存在正整数 N_0，使得当 $n>N_0$ 时，有 $a_n\leqslant b_n$，则 $\lim_{n\to\infty}a_n\leqslant\lim_{n\to\infty}b_n$.

证　设 $\lim_{n\to\infty}a_n=a,\lim_{n\to\infty}b_n=b$，则

$$\lim_{n\to\infty}(a_n-b_n)=\lim_{n\to\infty}a_n-\lim_{n\to\infty}b_n=a-b.$$

由于当 $n>N_0$ 时，有 $a_n-b_n\leqslant 0$，故由推论 2.1.1 得知 $a-b\leqslant 0$，即

$$\lim_{n\to\infty}a_n\leqslant\lim_{n\to\infty}b_n.　　\square$$

例 5　设 $a_n\geqslant 0(n=1,2,\cdots)$，证明：若 $\lim_{n\to\infty}a_n=a$，则

$$\lim_{n\to\infty}\sqrt{a_n}=\sqrt{a}.\qquad\qquad(2.7)$$

证　由推论 2.1.1 可知 $a\geqslant 0$.

若 $a=0$，即 $\lim_{n\to\infty}a_n=0$，则对任给的 $\varepsilon>0$，存在 N，使得当 $n>N$ 时，有

$$a_n-0<\varepsilon^2 \text{或} \sqrt{a_n}<\varepsilon,$$

所以 $\lim_{n\to\infty}\sqrt{a_n}=0$，$(2.7)$ 式成立.

若 $a>0$，则

$$\left|\sqrt{a_n}-\sqrt{a}\right|=\frac{|a_n-a|}{\sqrt{a_n}+\sqrt{a}}\leqslant\frac{|a_n-a|}{\sqrt{a}}.$$

任给 $\varepsilon>0$，由 $\lim_{n\to\infty}a_n=a$ 可知，存在 N，当 $n>N$ 时，

$$|a_n-a|<\sqrt{a}\varepsilon.$$

随之有

$$\left|\sqrt{a_n}-\sqrt{a}\right|<\varepsilon,$$

故 (2.7) 式仍成立.　　$\square$

下面给出数列的子数列概念.

在数列 $\{a_n\}$ 中任意抽取无限多项，且保持这些项在 $\{a_n\}$ 中的先后次序而得到一个数列

$$a_{n_1},a_{n_2},\cdots,a_{n_k},\cdots,$$

称为数列 $\{a_n\}$ 的一个**子数列**（或**子列**），记作 $\{a_{n_k}\}$.

显然，$\{n_k\}$ 为正整数集 $\mathbf{N}_+$ 的无限子集，且 $n_1<n_2<\cdots<n_k<\cdots$. $\{a_{n_k}\}$ 中的第 k 项是 $\{a_n\}$ 中的第 n_k 项，故 $n_k\geqslant k$.

定理 2.1.5（收敛数列与其子数列间的关系）　若数列 $\{a_n\}$ 收敛，则它的任一子数列也收敛，且与 $\{a_n\}$ 有相同的极限.

证　设 $\lim_{n\to\infty}a_n=a$，$\{a_{n_k}\}$ 是 $\{a_n\}$ 的任一子数列. 任给 $\varepsilon>0$，应存在正整数 N，当 $n>N$ 时，有

$$|a_n-a|<\varepsilon.$$

取 $K=N$，则当 $k>K$ 时，$n_k>n_K=n_N\geqslant N$，从而有

$$|a_{n_k}-a|<\varepsilon.$$

所以 $\{a_{n_k}\}$ 收敛，且 $\lim_{k\to\infty}a_{n_k}=a$.

由定理 2.1.5 可知，若数列 $\{a_n\}$ 有一个子数列发散，或有两个子数列收敛但极限不相等，

则数列 $\{a_n\}$ 一定发散. 例如数列 $\{(-1)^n\}$,其奇数项组成的子数列 $\{(-1)^{2k-1}\}$ 收敛于 -1 ,而偶数项组成的子数列 $\{(-1)^{2k}\}$ 收敛于 1 ,所以 $\{(-1)^n\}$ 发散. 又如数列 $\left\{\sin\dfrac{n\pi}{2}\right\}$,其奇数项组成的子数列 $\left\{\sin\dfrac{(2k-1)\pi}{2}\right\}$ 写为

$$1, -1, \cdots, (-1)^{k-1}, \cdots,$$

它是发散的,故数列 $\left\{\sin\dfrac{n\pi}{2}\right\}$ 发散.

▶▶ **三、数列极限的存在性定理**

定理 2.1.6(夹逼定理)   设 $\lim\limits_{n\to\infty} b_n = \lim\limits_{n\to\infty} c_n = a$,若存在正整数 N_0 ,使得当 $n>N_0$ 时,有 $b_n \leqslant a_n \leqslant c_n$,则 $\lim\limits_{n\to\infty} a_n = a$.

证   由于 $\lim\limits_{n\to\infty} b_n = \lim\limits_{n\to\infty} c_n = a$,故对任给的 $\varepsilon>0$,存在正整数 N_1 及 N_2 ,当 $n>N_1$ 时,

$$a - \varepsilon < b_n < a + \varepsilon,$$

当 $n>N_2$ 时,

$$a - \varepsilon < c_n < a + \varepsilon,$$

取 $N = \max\{N_0, N_1, N_2\}$,则当 $n>N$ 时,就有

$$a - \varepsilon < b_n \leqslant a_n \leqslant c_n < a + \varepsilon,$$

即

$$|a_n - a| < \varepsilon,$$

所以 $\lim\limits_{n\to\infty} a_n = a$.

定理 2.1.6 不仅提供了一种判定数列收敛的方法,同时也给出一种求极限的方法.

例 6   求下列数列极限:

(1) $\lim\limits_{n\to\infty}\left(\dfrac{1}{\sqrt{n^2+1}} + \dfrac{1}{\sqrt{n^2+2}} + \cdots + \dfrac{1}{\sqrt{n^2+n}}\right)$;

(2) $\lim\limits_{n\to\infty}\sqrt[n]{a}$ ($a>0$ 为常数).

解   (1) 因为对任何正整数 n ,总有

$$\frac{n}{\sqrt{n^2+n}} \leqslant \frac{1}{\sqrt{n^2+1}} + \frac{1}{\sqrt{n^2+2}} + \cdots + \frac{1}{\sqrt{n^2+n}} \leqslant \frac{n}{\sqrt{n^2+1}},$$

且

$$\lim_{n\to\infty}\frac{n}{\sqrt{n^2+n}} = \lim_{n\to\infty}\frac{n}{\sqrt{n^2+1}} = 1,$$

所以由夹逼定理得

$$\lim_{n\to\infty}\left(\frac{1}{\sqrt{n^2+1}} + \frac{1}{\sqrt{n^2+2}} + \cdots + \frac{1}{\sqrt{n^2+n}}\right) = 1.$$

(2) 若 $a \geqslant 1$,则当 $n>a$ 时,有

$$1 \leqslant \sqrt[n]{a} \leqslant \sqrt[n]{n},$$

且 $\lim\limits_{n\to\infty}\sqrt[n]{n}=1$（见本节例4），故由夹逼定理得 $\lim\limits_{n\to\infty}\sqrt[n]{a}=1$.

若 $a<1$，则 $\dfrac{1}{a}>1$，从而有

$$\lim_{n\to\infty}\sqrt[n]{a}=\lim_{n\to\infty}\frac{1}{\sqrt[n]{\dfrac{1}{a}}}=1.$$

所以对常数 $a>0$，总有 $\lim\limits_{n\to\infty}\sqrt[n]{a}=1$.

与单调函数的概念相仿，若数列 $\{a_n\}$ 各项满足不等式

$$a_n \leqslant a_{n+1} \quad (\text{或 } a_n \geqslant a_{n+1}),$$

则称 $\{a_n\}$ 为**单增**（或**单减**）**数列**. 单增数列与单减数列统称为**单调数列**.

定理 2.1.7（单调有界定理）　单调有界数列必有极限.

证明略. 从几何图形上来看，它的正确性是显然的. 由于数列是单调的，所以它的各项所表示的点在数轴上都朝着一个方向移动. 这种移动只有两种可能，一种是沿着数轴无限远移，另一种是无限地接近一个定点 a. 但前一种是不可能的，因为数列有界，所以只能是后者. 换句话说，a 就是数列的极限. 更细致的说法是：单增有上界或单减有下界的数列必有极限. 数列 $\{a_n\}$ 单增有上界 M 的情形，如图 2.2 所示.

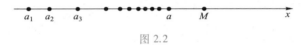

图 2.2

例 7　证明：$\lim\limits_{n\to\infty}\left(1+\dfrac{1}{n}\right)^n$ 存在.

证　先建立一个不等式，设 $b>a>0$，则对任一正整数 n，总有

$$b^{n+1}-a^{n+1}=(b-a)(b^n+b^{n-1}a+\cdots+a^n)<(n+1)b^n(b-a),$$

整理得

$$b^n[(n+1)a-nb]<a^{n+1}. \tag{2.8}$$

令 $a=1+\dfrac{1}{n+1},b=1+\dfrac{1}{n}$，则

$$(n+1)a-nb=(n+1)\left(1+\frac{1}{n+1}\right)-n\left(1+\frac{1}{n}\right)=1,$$

代入（2.8）有

$$\left(1+\frac{1}{n}\right)^n<\left(1+\frac{1}{n+1}\right)^{n+1}.$$

因此 $\left\{\left(1+\dfrac{1}{n}\right)^n\right\}$ 是单增数列.

再令 $a=1,b=1+\dfrac{1}{2n}$，则

$$(n+1)a - nb = (n+1) - n\left(1 + \frac{1}{2n}\right) = \frac{1}{2},$$

代入(2.8)有

$$\frac{1}{2}\left(1 + \frac{1}{2n}\right)^n < 1,$$

即

$$\left(1 + \frac{1}{2n}\right)^n < 2,$$

两边平方得

$$\left(1 + \frac{1}{2n}\right)^{2n} < 4.$$

由于 $\left\{\left(1 + \frac{1}{n}\right)^n\right\}$ 是单增数列,因此

$$\left(1 + \frac{1}{2n-1}\right)^{2n-1} < \left(1 + \frac{1}{2n}\right)^{2n} < 4,$$

从而对一切正整数 n,都有

$$\left(1 + \frac{1}{n}\right)^n < 4,$$

即数列 $\left\{\left(1 + \frac{1}{n}\right)^n\right\}$ 有上界. 根据单调有界定理,数列 $\left\{\left(1 + \frac{1}{n}\right)^n\right\}$ 必有极限,记

$$\lim_{n \to \infty}\left(1 + \frac{1}{n}\right)^n = e.$$

习题 2.1

1. 写出下列数列的前五项:

(1) $\left\{\dfrac{2n-1}{3n+2}\right\}$; (2) $\left\{\dfrac{\cos\dfrac{n\pi}{2}}{n}\right\}$;

(3) $\left\{\left(1+\dfrac{1}{n}\right)^n\right\}$; (4) $\left\{\dfrac{(-1)^{n-1}}{(2n-1)!}\right\}$.

2. 判断下列数列哪些收敛,哪些发散. 对于收敛数列,给出它们的极限:

(1) $\left\{\dfrac{1}{2^n+1}\right\}$; (2) $\left\{\dfrac{1}{2n+1}\right\}$;

(3) $\left\{\dfrac{1}{n}\sin\dfrac{\pi}{n}\right\}$; (4) $\left\{(-1)^n\dfrac{1}{2n}\right\}$;

(5) $\left\{n-\dfrac{1}{2n}\right\}$; (6) $\left\{\dfrac{2^n-1}{5^{n+1}}\right\}$.

3. 用 ε-N 定义证明:

（1）$\lim\limits_{n\to\infty}\dfrac{n}{n+1}=1$；

（2）$\lim\limits_{n\to\infty}\dfrac{3n^2+n}{2n^2-1}=\dfrac{3}{2}$；

（3）$\lim\limits_{n\to\infty}\sin\dfrac{\pi}{n}=0$；

（4）$\lim\limits_{n\to\infty}\dfrac{n!}{n^n}=0$.

4. 求下列极限：

（1）$\lim\limits_{n\to\infty}\dfrac{2n-3}{5n+4}$；

（2）$\lim\limits_{n\to\infty}\dfrac{3n^2+n+1}{n^3+4n^2-1}$；

（3）$\lim\limits_{n\to\infty}\left(\dfrac{2n-3}{3n+7}\right)^4$；

（4）$\lim\limits_{n\to\infty}(\sqrt{n^2+n}-n)$；

（5）$\lim\limits_{n\to\infty}\dfrac{1+2+\cdots+n}{n^2}$；

（6）$\lim\limits_{n\to\infty}\left[\dfrac{1}{1\times2}+\dfrac{1}{2\times3}+\cdots+\dfrac{1}{n(n+1)}\right]$.

5. 证明：若$\lim\limits_{n\to\infty}a_n=a$，则$\lim\limits_{n\to\infty}|a_n|=|a|$. 反之是否成立？（分$a=0$和$a\neq0$两种情形讨论）

6. 证明：若数列$\{a_n\}$有界，且$\lim\limits_{n\to\infty}b_n=0$，则$\lim\limits_{n\to\infty}a_nb_n=0$.

习题参考答案
与提示 2.1

§2.2 函数极限

因为数列是整标函数，所以讨论数列极限也就是讨论当自变量x取正整数且趋于无穷大时，函数$y=f(x)$的极限. 本节我们比照数列极限来研究函数极限.

一、自变量趋于无穷大时的函数极限

设函数$f(x)$定义在$[a,+\infty)$上，类似于数列的情形，研究当x无限增大时，对应的函数值$f(x)$是否无限接近于某一定数A. 例如，数列$a_n=\dfrac{1}{n}(n=1,2,\cdots)$，当$n\to\infty$时，$a_n\to0$. 类似地，函数$f(x)=\dfrac{1}{x}(x>0)$当$x$趋于正无穷大时，对应的函数值$f(x)$也必然无限接近于0. 确切地说，对任给的$\varepsilon>0$，无论多么小，总存在足够大的正数$X=\dfrac{1}{\varepsilon}$，只要$x>X$，就有$\left|\dfrac{1}{x}-0\right|=\dfrac{1}{x}<\varepsilon$. 精确定义如下：

定义 2.2.1（ε-X 定义） 设$f(x)$为定义在$[a,+\infty)$上的函数，A是一个确定的数. 若对任给的正数ε，存在正数$X(\geq a)$，使得当$x>X$时，有

$$|f(x)-A|<\varepsilon,$$

则称函数$f(x)$当$x\to+\infty$时以A为**极限**，记作

$$\lim\limits_{x\to+\infty}f(x)=A \quad 或 \quad f(x)=A(x\to+\infty).$$

定义 2.2.1 的几何意义如图 2.3 所示.

对于任给的$\varepsilon>0$，作平行于直线$y=A$的两条直线$y=A+\varepsilon$与$y=A-\varepsilon$，得到宽为2ε的带形区域. 不论这个带形区域多么地窄，总找到x轴上的一点X，使得曲线$y=f(x)$在直

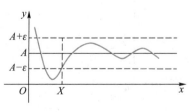

图 2.3

线 $x=X$ 右边的部分完全落在这带形区域之内.

类似定义函数 $f(x)$ 当 $x \to -\infty$ 及 $x \to \infty$ 时的极限,只要把上述定义中的 $[a, +\infty)$ 分别改为 $(-\infty, a]$ 及 $|x| \geq a(a \geq 0)$,把 $x > X(\geq a)$ 分别改为 $x < -X(\leq a)$ 及 $|x| \geq X(\geq a)$ 即可,且分别记作

$$\lim_{x \to -\infty} f(x) = A \quad \text{或} \quad f(x) = A \quad (x \to -\infty),$$

及

$$\lim_{x \to \infty} f(x) = A \quad \text{或} \quad f(x) = A \quad (x \to \infty).$$

例 1　证明: $\lim\limits_{x \to +\infty} \dfrac{1}{\sqrt{x}} = 0$.

证　任给 $\varepsilon > 0$,要使 $\left| \dfrac{1}{\sqrt{x}} - 0 \right| = \dfrac{1}{\sqrt{x}} < \varepsilon$,只要 $x > \dfrac{1}{\varepsilon^2}$ 即可. 取 $X = \dfrac{1}{\varepsilon^2}$,则当 $x > X$ 时,就有

$$\left| \dfrac{1}{\sqrt{x}} - 0 \right| < \varepsilon.$$

所以

$$\lim_{x \to +\infty} \dfrac{1}{\sqrt{x}} = 0. \qquad \square$$

例 2　证明: $\lim\limits_{x \to \infty} \dfrac{2x+1}{3x+2} = \dfrac{2}{3}$.

证　当 $|x| > 2$ 时,

$$|3x + 2| \geq 3|x| - 2 > 2|x|,$$

从而有

$$\left| \dfrac{2x + 1}{3x + 2} - \dfrac{2}{3} \right| = \dfrac{1}{3|3x + 2|} < \dfrac{1}{6|x|}.$$

任给 $\varepsilon > 0$,可取 $X = \max\left\{ 2, \dfrac{1}{6\varepsilon} \right\}$,则当 $|x| > X$ 时,就有

$$\left| \dfrac{2x + 1}{3x + 2} - \dfrac{2}{3} \right| < \varepsilon.$$

所以

$$\lim_{x \to \infty} \dfrac{2x + 1}{3x + 2} = \dfrac{2}{3}. \qquad \square$$

例 3　证明: $\lim\limits_{x \to -\infty} \arctan x = -\dfrac{\pi}{2}$; $\lim\limits_{x \to +\infty} \arctan x = \dfrac{\pi}{2}$.

证　任给 $0 < \varepsilon < \dfrac{\pi}{2}$,取 $X = \tan\left(\dfrac{\pi}{2} - \varepsilon \right) > 0$,当 $x < -X$ 时,

$$x < -\tan\left(\dfrac{\pi}{2} - \varepsilon \right) = \tan\left(-\dfrac{\pi}{2} + \varepsilon \right),$$

从而有

$$\arctan x < -\frac{\pi}{2} + \varepsilon, \tag{2.9}$$

又对一切 $x \in \mathbf{R}$,总有

$$\arctan x > -\frac{\pi}{2} > -\frac{\pi}{2} - \varepsilon. \tag{2.10}$$

综合 (2.9)、(2.10) 可知,只要 $x<-X$,就有

$$\left| \arctan x - \left(-\frac{\pi}{2} \right) \right| < \varepsilon,$$

所以

$$\lim_{x \to -\infty} \arctan x = -\frac{\pi}{2}.$$

类似可证

$$\lim_{x \to +\infty} \arctan x = \frac{\pi}{2}. \qquad\qquad \square$$

例 3 的结果也表明:当 $x \to \infty$ 时,函数 $f(x) = \arctan x$ 极限不存在.

▶▶ 二、自变量趋于有限值时函数的极限

考察函数 $f(x) = \dfrac{x^2-4}{3(x-2)}$ 当 x 趋于 2 时的变化趋势. 从图 2.4 不难看出,虽然 $f(x)$ 在 $x=2$ 处无定义,但当 $x \neq 2$ 且趋于 2 时,对应的函数值 $f(x) = \dfrac{1}{3}(x+2)$ 能无限接近定数 $\dfrac{4}{3}$. 因为当 $x \neq 2$ 时,有

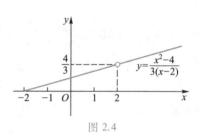

图 2.4

$$\left| f(x) - \frac{4}{3} \right| = \frac{1}{3} |x - 2|.$$

所以,要使 $\left| f(x) - \dfrac{4}{3} \right|$ 小于任给的任意小的正数 ε,只要 $\dfrac{1}{3}|x-2|<\varepsilon$ 即 $|x-2|<3\varepsilon$. 这里 3ε(记作 δ)描述了 x 与 2 接近的程度.

定义 2.2.2(ε-δ 定义) 设函数 $f(x)$ 在点 x_0 的某去心邻域 $\mathring{U}(x_0,r)$ 内有定义,A 是一个确定的数. 若对任给的正数 ε,存在正数 $\delta(\leqslant r)$,使得当 $0<|x-x_0|<\delta$ 时,有

$$|f(x) - A| < \varepsilon,$$

则称 $f(x)$ 当 $x \to x_0$ 时以 A 为**极限**,记作

$$\lim_{x \to x_0} f(x) = A \quad 或 \quad f(x) \to A(x \to x_0).$$

对 ε-δ 定义再作以下几点说明:

(1) ε 的**任意性**与 δ 的**存在性**. 与 ε-X 定义相同,ε 除限于正数外,不受任何限制. 定义中的 δ 相当于 ε-X 定义中的 X,它依赖于 ε. 其差异在于 δ 用来衡量自变量 x 与定数 x_0 的接近程度,应要求它足够地小. 但 δ 也不是由 ε 所唯一确定的,重要的是它的存在性. 若对于给

定的 ε,已找到某个相应的 $\delta=\delta_0$,则取 $\delta=\dfrac{\delta_0}{2},\dfrac{\delta_0}{3},\cdots$,当然也都符合要求.

（2）x_0 的**去心 δ 邻域** $\overset{\circ}{U}(x_0,\delta)$. 定义中只要求不等式 $|f(x)-A|<\varepsilon$ 对 $x\in\overset{\circ}{U}(x_0,\delta)$,即 $0<|x-x_0|<\delta$ 成立,也就是说我们只研究当 $x\to x_0$（但 $x\neq x_0$）时,函数的变化趋势,这正符合客观实际的需要. 例如从图 2.4 可看出,函数 $f(x)=\dfrac{x^2-4}{3(x-2)}$ 当 $x\to2$ 时,无限接近于 $\dfrac{4}{3}$,按上面的 ε-δ 定义,它的极限 $\left(\text{等于}\dfrac{4}{3}\right)$ 也确实存在,但如果一定要在定义中考虑 $x=2$ 的情形,那么因为 $f(2)$ 无意义,所以在 $x=2$ 处不满足 $\left|f(x)-\dfrac{4}{3}\right|<\varepsilon$,此时就变得"无极限"了,这样定义的极限概念显然缺乏普遍性.

（3）ε-δ 定义的**几何意义**. 如图 2.5 所示,任意画一个以直线 $y=A$ 为中心线、宽为 2ε 的水平带域（无论多么窄）,总存在以 $x=x_0$ 为中心线、宽为 2δ 的垂直带域,使得落在垂直带域内的函数图形全部落在水平带域内,但点 $(x_0,f(x_0))$ 可能例外（或无意义）.

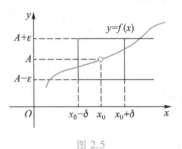

图 2.5

例 4 证明：$\lim\limits_{x\to x_0}C=C$（$C$ 为常数）.

证 因为 $|f(x)-C|=|C-C|=0$,所以对任给的 $\varepsilon>0$,可取任意正数为 δ,当 $0<|x-x_0|<\delta$ 时,总有
$$|f(x)-C|=|C-C|=0<\varepsilon,$$
所以
$$\lim_{x\to x_0}C=C.\qquad\qquad\square$$

例 5 证明：$\lim\limits_{x\to x_0}x=x_0$.

证 任给 $\varepsilon>0$,取 $\delta=\varepsilon$,当 $0<|x-x_0|<\delta$ 时,总有
$$|f(x)-x_0|=|x-x_0|<\delta=\varepsilon,$$
所以
$$\lim_{x\to x_0}x=x_0.\qquad\qquad\square$$

例 6 设在 x_0 的某去心邻域内,$f(x)>0$,证明：若 $\lim\limits_{x\to x_0}f(x)=A>0$,则
$$\lim_{x\to x_0}\sqrt{f(x)}=\sqrt{A}.$$

证 任给 $\varepsilon>0$,由 $\lim\limits_{x\to x_0}f(x)=A>0$ 可知,存在 $\delta>0$,当 $0<|x-x_0|<\delta$ 时,有 $|f(x)-A|<\sqrt{A}\,\varepsilon$,随之有
$$\left|\sqrt{f(x)}-\sqrt{A}\right|<\dfrac{|f(x)-A|}{\sqrt{f(x)}+\sqrt{A}}<\dfrac{|f(x)-A|}{\sqrt{A}}<\varepsilon,$$
所以
$$\lim_{x\to x_0}\sqrt{f(x)}=\sqrt{A}.\qquad\qquad\square$$

上面我们给出了函数 $f(x)$ 当 $x \to x_0$ 时的极限定义,其中自变量 x 是以任意方式趋于点 x_0 的. 但在有些问题中,函数仅在点 x_0 的某一侧有定义(如在其定义区间端点上)或者函数虽在点 x_0 的两侧皆有定义,但两侧的表达式不同(如分段函数的分段点),这时函数在这些点上的极限问题只能单侧地加以讨论.

如果函数 $f(x)$ 当 x 从点 x_0 的左侧(即 $x<x_0$)趋于 x_0 时以 A 为极限,那么 A 称为 $f(x)$ 在点 x_0 的**左极限**. 记作

$$\lim_{x \to x_0^-} f(x) = A \quad \text{或} \quad f(x_0^-) = A.$$

如果函数 $f(x)$ 当 x 从点 x_0 的右侧(即 $x>x_0$)趋于 x_0 时以 A 为极限,那么 A 称为 $f(x)$ 在点 x_0 的**右极限**. 记作

$$\lim_{x \to x_0^+} f(x) = A \quad \text{或} \quad f(x_0^+) = A.$$

左极限与右极限皆称为**单侧极限**,它与函数的极限(双侧极限)有如下关系:

定理 2.2 1(单侧极限与极限的关系) $\lim\limits_{x \to x_0} f(x) = A$ 的充要条件是

$$f(x_0^-) = f(x_0^+) = A.$$

证 (必要性)设 $\lim\limits_{x \to x_0} f(x) = A$,则对任给的 $\varepsilon>0$,存在 $\delta>0$,使得当 $0<|x-x_0|<\delta$ 时,有

$$|f(x) - A| < \varepsilon,$$

即当 $x_0-\delta<x<x_0$ 或 $x_0<x<x_0+\delta$ 时,皆有

$$|f(x) - A| < \varepsilon,$$

所以

$$f(x_0^-) = f(x_0^+) = A.$$

(充分性)设 $f(x_0^-) = f(x_0^+) = A$. 根据单侧极限的定义,对任给的 $\varepsilon>0$,应分别存在正数 δ_1 和 δ_2,当 $x_0-\delta_1<x<x_0$ 时,有 $|f(x)-A|<\varepsilon$,当 $x_0<x<x_0+\delta_2$ 时,亦有 $|f(x)-A|<\varepsilon$.

取 $\delta = \min\{\delta_1, \delta_2\}$,则当 $0<|x-x_0|<\delta$ 时,必有 $x_0-\delta_1<x<x_0$ 或 $x_0<x<x_0+\delta_2$,从而总有

$$|f(x) - A| < \varepsilon.$$

所以

$$\lim_{x \to x_0} f(x) = A. \qquad \square$$

例 7 证明:当 $x \to 0$ 时,符号函数 $y = \mathrm{sgn}\, x$ 的极限不存在.

证 $\lim\limits_{x \to 0^-} \mathrm{sgn}\, x = \lim\limits_{x \to 0^-}(-1) = -1$, $\lim\limits_{x \to 0^+} \mathrm{sgn}\, x = \lim\limits_{x \to 0^+} 1 = 1$.

因为

$$\lim_{x \to 0^-} \mathrm{sgn}\, x \neq \lim_{x \to 0^+} \mathrm{sgn}\, x,$$

所以当 $x \to 0$ 时,$y = \mathrm{sgn}\, x$ 的极限不存在. $\qquad \square$

例 8 设函数

$$f(x) = \begin{cases} x - 1, & x < 0, \\ 0, & x = 0, \\ x + 1, & x > 0, \end{cases}$$

讨论当 $x \to 0$ 时,$f(x)$ 的极限是否存在.

解 $f(0^-) = \lim\limits_{x \to 0^-}(x-1) = -1$, $f(0^+) = \lim\limits_{x \to 0^+}(x+1) = 1$.

因为

$$f(0^-) \neq f(0^+),$$

所以当 $x \to 0$ 时,$f(x)$ 极限不存在.

▶▶ 三、函数极限的性质

我们已经定义了六种类型的函数极限:

$$\lim_{x \to \infty} f(x), \quad \lim_{x \to +\infty} f(x), \quad \lim_{x \to -\infty} f(x);$$

$$\lim_{x \to x_0} f(x), \quad \lim_{x \to x_0^+} f(x), \quad \lim_{x \to x_0^-} f(x).$$

这些极限都具有与数列极限相类似的一些性质. 下面以其中的一种类型,例如 $\lim\limits_{x \to x_0} f(x)$,来叙述并证明这些性质. 至于其他类型的极限性质及其证明,只要相应作些修改即可得出.

定理 2.2.2(唯一性)   若极限 $\lim\limits_{x \to x_0} f(x)$ 存在,则它是唯一的.

证   用反证法. 假设当 $x \to x_0$ 时,同时有 $f(x) \to A$ 及 $f(x) \to B$,且 $A \neq B$. 根据 $\varepsilon\text{-}\delta$ 定义,对于 $\varepsilon = \dfrac{|A-B|}{3}$,应分别存在正数 δ_1 及 δ_2,使得当 $0 < |x-x_0| < \delta_1$ 时,有

$$|f(x) - A| < \varepsilon, \tag{2.11}$$

当 $0 < |x-x_0| < \delta_2$ 时,有

$$|f(x) - B| < \varepsilon. \tag{2.12}$$

取 $\delta = \min\{\delta_1, \delta_2\}$,则当 $0 < |x-x_0| < \delta$ 时,(2.11)、(2.12)两式同时成立. 从而推出

$$|A - B| = |f(x) - A - (f(x) - B)| \leqslant |f(x) - A| + |f(x) - B| < 2\varepsilon = \frac{2}{3}|A - B|,$$

这是一个矛盾,所以证得只有一个极限.   □

定理 2.2.3(局部有界性)   若 $\lim\limits_{x \to x_0} f(x)$ 存在,则存在点 x_0 的某去心邻域 $\mathring{U}(x_0)$,使得 $f(x)$ 在 $\mathring{U}(x_0)$ 内有界.

证   设 $\lim\limits_{x \to x_0} f(x) = A$,取 $\varepsilon = 1$,则存在 $\delta > 0$,使得对一切 $x \in \mathring{U}(x_0, \delta)$,有

$$|f(x) - A| < 1,$$

于是

$$|f(x)| = |f(x) - A + A| \leqslant |f(x) - A| + |A| < 1 + |A|.$$

所以函数 $f(x)$ 在 $\mathring{U}(x_0, \delta)$ 内有界.   □

定理 2.2.4(局部保号性)   若 $\lim\limits_{x \to x_0} f(x) = A > 0$(或 < 0),则对任何正数 $C < A$(或 $C < -A$),存在点 x_0 的某去心邻域 $\mathring{U}(x_0)$,使得对一切 $x \in \mathring{U}(x_0)$,有 $f(x) > C > 0$(或 $f(x) < -C < 0$).

证   设 $A > 0$,取 $\varepsilon = A - C > 0$. 则存在 $\delta > 0$. 使得对一切 $x \in \mathring{U}(x_0, \delta)$,有

$$A - \varepsilon < f(x) < A + \varepsilon.$$

由上式左边的不等式即得

$$f(x) > A - (A - C) = C > 0.$$

类似可以证明 $A<0$ 的情形.

推论 2.2.1 若 $\lim\limits_{x \to x_0} f(x) = A$,且存在点 x_0 的某去心邻域 $\overset{\circ}{U}(x_0, r)$,使得在 $\overset{\circ}{U}(x_0, r)$ 内, $f(x) \geq 0$(或 $f(x) \leq 0$),则 $A \geq 0$(或 $A \leq 0$).

证 用反证法. 考虑在 $\overset{\circ}{U}(x_0, r)$ 内 $f(x) \geq 0$ 的情形,假设此时 $\lim\limits_{x \to x_0} f(x) = A < 0$,由定理 2.2.4 可知,存在正数 δ_1,使得在 $\overset{\circ}{U}(x_0, \delta_1)$ 内 $f(x) < 0$. 取 $\delta = \min\{r, \delta_1\}$,则在 $\overset{\circ}{U}(x_0, \delta)$ 内有 $f(x) \geq 0$ 与 $f(x) < 0$ 同时成立,这是一个矛盾. 所以必有 $A \geq 0$.

类似地可以证明 $f(x) \leq 0$ 的情形.

定理 2.2.5(夹逼定理) 设 $\lim\limits_{x \to x_0} g(x) = \lim\limits_{x \to x_0} h(x) = A$,且在点 x_0 的某去心邻域 $\overset{\circ}{U}(x_0, r)$ 内有

$$g(x) \leq f(x) \leq h(x),$$

则

$$\lim_{x \to x_0} f(x) = A.$$

本定理的证明类似于数列极限中的相应定理的证明,留给读者作为练习. □

定理 2.2.6(函数极限与数列极限的关系) 设函数 $f(x)$ 在 $\overset{\circ}{U}(x_0, r)$ 内有定义,若 $\lim\limits_{x \to x_0} f(x)$ 存在,则对任何含于 $\overset{\circ}{U}(x_0, r)$ 且以 x_0 为极限的数列 $\{x_n\}$, $\lim\limits_{n \to \infty} f(x_n)$ 都存在,且

$$\lim_{n \to \infty} f(x_n) = \lim_{x \to x_0} f(x).$$

证 设 $\lim\limits_{x \to x_0} f(x) = A$,则对任给的 $\varepsilon > 0$,存在 $\delta, 0 < \delta < r$,使得当 $0 < |x - x_0| < \delta$ 时,

$$|f(x) - A| < \varepsilon.$$

若数列 $\{x_n\} \subset \overset{\circ}{U}(x_0, r)$ 且 $\lim\limits_{n \to \infty} x_n = x_0$,则对上述的 $\delta > 0$,存在正整数 N,使得当 $n > N$ 时,有

$$0 < |x_n - x_0| < \delta,$$

从而有

$$|f(x_n) - A| < \varepsilon.$$

所以

$$\lim_{n \to \infty} f(x_n) = A.$$

□

习题 2.2

1. 由函数 $y = 3^{-x}$ 的图形考察下列极限:
$$\lim_{x \to +\infty} 3^{-x}, \quad \lim_{x \to -\infty} 3^{-x}, \quad \lim_{x \to 0} 3^{-x}, \quad \lim_{x \to 1} 3^{-x}, \quad \lim_{x \to -1} 3^{-x}.$$

2. 根据极限的定义证明:

(1) $\lim\limits_{x \to 1} (3x - 2) = 1$;

(2) $\lim\limits_{x \to +\infty} \dfrac{3x+1}{x} = 3$.

3. 求下列函数在分段点处的极限:

$(1) f(x) = \begin{cases} \mathrm{e}^x, & x > 0, \\ 0, & x = 0, \\ 1 + x^2, & x < 0; \end{cases}$
$\qquad (2) g(x) = \begin{cases} \dfrac{x^2 - 1}{x - 1}, & x < 1, \\ x^2 + \dfrac{1}{2}, & x \geqslant 1. \end{cases}$

4. 证明夹逼定理:设 $\lim\limits_{x \to x_0} g(x) = \lim\limits_{x \to x_0} h(x) = A$,且在点 x_0 的某去心邻域 $\overset{\circ}{U}(x_0, r)$ 内,有

$$g(x) \leqslant f(x) \leqslant h(x),$$

则

$$\lim_{x \to x_0} f(x) = A.$$

习题参考答案
与提示 2.2

▶▶ §2.3 函数极限的运算法则

定理 2.3.1(四则运算法则) 若极限 $\lim\limits_{x \to x_0} f(x)$ 与 $\lim\limits_{x \to x_0} g(x)$ 都存在,则当 $x \to x_0$ 时, $f(x) \pm g(x), f(x) \cdot g(x)$ 的极限也存在,且

(1) $\lim\limits_{x \to x_0} [f(x) \pm g(x)] = \lim\limits_{x \to x_0} f(x) \pm \lim\limits_{x \to x_0} g(x)$;

(2) $\lim\limits_{x \to x_0} f(x) \cdot g(x) = \lim\limits_{x \to x_0} f(x) \cdot \lim\limits_{x \to x_0} g(x)$;

若 $\lim\limits_{x \to x_0} g(x) \neq 0$,则当 $x \to x_0$ 时, $\dfrac{f(x)}{g(x)}$ 的极限也存在,且

(3) $\lim\limits_{x \to x_0} \dfrac{f(x)}{g(x)} = \dfrac{\lim\limits_{x \to x_0} f(x)}{\lim\limits_{x \to x_0} g(x)}$.

证 (1)、(2)的证明留作练习. 为了证明(3),利用(2)的结果,先证明 $\lim\limits_{x \to x_0} \dfrac{1}{g(x)} = \dfrac{1}{B}$,其中 $B = \lim\limits_{x \to x_0} g(x) \neq 0$. 利用局部保号性定理,对 $K = \dfrac{|B|}{2}$,存在 $\delta_1 > 0$,使得当 $0 < |x - x_0| < \delta_1$ 时,有

$$|g(x)| > K, \tag{2.13}$$

又由 $\varepsilon\text{-}\delta$ 定义可知,对任给的 $\varepsilon > 0$,存在 $\delta_2 > 0$,使得当 $0 < |x - x_0| < \delta_2$ 时,有

$$|g(x) - B| < K|B|\varepsilon, \tag{2.14}$$

取 $\delta = \min\{\delta_1, \delta_2\}$,则当 $0 < |x - x_0| < \delta$ 时,(2.13)、(2.14)两式同时成立. 从而有

$$\left| \frac{1}{g(x)} - \frac{1}{B} \right| = \frac{|g(x) - B|}{|g(x)| \cdot |B|} < \frac{K|B|\varepsilon}{K|B|} = \varepsilon,$$

所以

$$\lim_{x \to x_0} \frac{1}{g(x)} = \frac{1}{B} = \frac{1}{\lim\limits_{x \to x_0} g(x)}.$$

于是

$$\lim_{x \to x_0} \frac{f(x)}{g(x)} = \lim_{x \to x_0} f(x) \cdot \frac{1}{g(x)} = \lim_{x \to x_0} f(x) \cdot \lim_{x \to x_0} \frac{1}{g(x)} = \lim_{x \to x_0} f(x) \cdot \frac{1}{\lim\limits_{x \to x_0} g(x)} = \frac{\lim\limits_{x \to x_0} f(x)}{\lim\limits_{x \to x_0} g(x)}. \qquad \square$$

推论 2.3.1 若 $\lim\limits_{x \to x_0} f(x)$ 与 $\lim\limits_{x \to x_0} g(x)$ 都存在,且在点 x_0 的某去心邻域 $\mathring{U}(x_0)$ 内有 $f(x) \leqslant g(x)$,则 $\lim\limits_{x \to x_0} f(x) \leqslant \lim\limits_{x \to x_0} g(x)$.

证 设 $\lim\limits_{x \to x_0} f(x) = A$,$\lim\limits_{x \to x_0} g(x) = B$,则

$$\lim_{x \to x_0} [f(x) - g(x)] = \lim_{x \to x_0} f(x) - \lim_{x \to x_0} g(x) = A - B.$$

由于在 $\mathring{U}(x_0)$ 内有 $f(x) - g(x) \leqslant 0$,故由推论 2.2.1 得知 $A - B \leqslant 0$,即

$$\lim_{x \to x_0} f(x) \leqslant \lim_{x \to x_0} g(x). \qquad \square$$

定理 2.3.2(复合函数的极限运算法则) 设复合函数 $f[g(x)]$ 在点 x_0 的某去心邻域 $\mathring{U}(x_0, r)$ 内有定义,当 $x \to x_0$ 时,函数 $u = g(x)$ 极限存在且等于 a,但在 $\mathring{U}(x_0, r)$ 内 $g(x) \neq a$,又设 $\lim\limits_{u \to a} f(u) = A$,则当 $x \to x_0$ 时,复合函数 $f[g(x)]$ 极限存在,且

$$\lim_{x \to x_0} f[g(x)] = \lim_{u \to a} f(u) = A.$$

证 任给 $\varepsilon > 0$,由于 $\lim\limits_{u \to a} f(u) = A$,故存在相应的 $\eta > 0$,使得当 $0 < |u - a| < \eta$ 时,有

$$|f(u) - A| < \varepsilon,$$

又由于 $\lim\limits_{x \to x_0} g(x) = a$,故对上述 $\eta > 0$,存在相应的 $\delta_1 > 0$,使得当 $0 < |x - x_0| < \delta_1$ 时,有

$$|g(x) - a| < \eta,$$

取 $\delta = \min\{r, \delta_1\}$,则当 $0 < |x - x_0| < \delta$ 时,$|g(x) - a| < \eta$ 与 $|g(x) - a| \neq 0$ 同时成立,即 $0 < |g(x) - a| < \eta$ 成立,从而有

$$|f[g(x)] - A| = |f(u) - A| < \varepsilon,$$

所以

$$\lim_{x \to x_0} f[g(x)] = \lim_{u \to a} f(u) = A. \qquad \square$$

利用函数极限的运算法则,就可以从一些简单的函数极限出发,求出较复杂的函数极限.

例 1 求下列极限:

(1) $\lim\limits_{x \to 0} (x^3 - 3\cos x + \sin x + 4)$;

(2) $\lim\limits_{x \to \infty} \left(1 + \dfrac{1}{x}\right)\left(2 - \dfrac{1}{x^2}\right)$;

(3) $\lim\limits_{x \to 1} \left(\dfrac{1}{1-x} - \dfrac{3}{1-x^3}\right)$;

(4) $\lim\limits_{x \to 0} \dfrac{\sqrt{1+x} - 1}{x}$.

解 (1) $\lim\limits_{x \to 0} (x^3 - 3\cos x + \sin x + 4) = \lim\limits_{x \to 0} x^3 - 3\lim\limits_{x \to 0}\cos x + \lim\limits_{x \to 0}\sin x + \lim\limits_{x \to 0} 4$
$$= 0 - 3 \times 1 + 0 + 4 = 1.$$

(2) $\lim\limits_{x \to \infty} \left(1 + \dfrac{1}{x}\right)\left(2 - \dfrac{1}{x^2}\right) = \lim\limits_{x \to \infty} \left(1 + \dfrac{1}{x}\right) \cdot \lim\limits_{x \to \infty} \left(2 - \dfrac{1}{x^2}\right)$

$$= \left(1 + \lim_{x \to \infty} \dfrac{1}{x}\right) \cdot \left(2 - \lim_{x \to \infty} \dfrac{1}{x^2}\right) = 1 \times 2 = 2.$$

$$(3) \lim_{x \to 1}\left(\frac{1}{1-x}-\frac{3}{1-x^3}\right)=\lim_{x \to 1}\frac{x^2+x-2}{1-x^3}$$

$$=\lim_{x \to 1}\frac{(x-1)(x+2)}{(1-x)(1+x+x^2)}=\lim_{x \to 1}\frac{-(x+2)}{1+x+x^2}=-1.$$

$$(4) \lim_{x \to 0}\frac{\sqrt{1+x}-1}{x}=\lim_{x \to 0}\frac{x}{x(\sqrt{1+x}+1)}=\lim_{x \to 0}\frac{1}{\sqrt{1+x}+1}=\frac{1}{2}.$$

习题 2.3

1. 求下列极限：

$(1)\ \lim\limits_{x \to 1}\dfrac{2x+1}{3x}$;

$(2)\ \lim\limits_{x \to 3}\dfrac{x^2-9}{x-3}$;

$(3)\ \lim\limits_{x \to \frac{1}{2}}(2x-1)\sin\dfrac{1}{2x-1}$;

$(4)\ \lim\limits_{x \to 4}\dfrac{\sqrt{x}-2}{\sqrt{x+5}-3}$;

$(5)\ \lim\limits_{x \to 0}\dfrac{\sqrt{1+x}-\sqrt{1+x^2}}{\sqrt{x+1}-1}$;

$(6)\ \lim\limits_{x \to \infty}\dfrac{(2x-1)^{30}(3x-2)^{20}}{(2x+1)^{50}}$;

$(7)\ \lim\limits_{x \to -\infty}\dfrac{x-\cos x}{x}$;

$(8)\ \lim\limits_{x \to 0}\dfrac{|x|}{x}\cdot\dfrac{1}{1+x^n}$.

习题参考答案
与提示 2.3

2. 试确定常数 a，使得 $\lim\limits_{x \to \infty}(\sqrt[3]{1-x^3}-ax)=0$.

§2.4 两个重要极限

一、$\lim\limits_{x \to 0}\dfrac{\sin x}{x}=1$

证　作单位圆如图 2.6 所示，则

$$\sin x = CB, \quad \tan x = AD.$$

当 $0<x<\dfrac{\pi}{2}$ 时，有

$$S_{\triangle AOB} < S_{扇形AOB} < S_{\triangle AOD}.$$

易知

$$S_{\triangle AOB}=\frac{1}{2}\sin x,\ S_{扇形AOB}=\frac{x}{2},\ S_{\triangle AOD}=\frac{1}{2}\tan x,$$

由此可得

$$\sin x < x < \tan x,$$

即

$$\cos x < \frac{\sin x}{x} < 1.$$

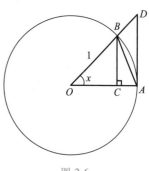

图 2.6

又当 $0 < x < \dfrac{\pi}{2}$ 时,有

$$1 - \cos x = 2\left(\sin \frac{x}{2}\right)^2 < 2\left(\frac{x}{2}\right)^2 = \frac{x^2}{2},$$

即

$$\cos x > 1 - \frac{x^2}{2},$$

于是当 $0 < x < \dfrac{\pi}{2}$ 时,有

$$1 - \frac{x^2}{2} < \cos x < \frac{\sin x}{x} < 1. \tag{2.15}$$

注意到,当用 $-x$ 代替 x 时,$\dfrac{\sin x}{x}$ 的值不变,因此 (2.15) 式对满足不等式 $0 < |x| < \dfrac{\pi}{2}$ 的一切 x 成立. 也就是说,当 $0 < |x| < \dfrac{\pi}{2}$ 时,有

$$1 - \frac{x^2}{2} < \cos x < \frac{\sin x}{x} < 1,$$

由于 $\lim\limits_{x \to 0}\left(1 - \dfrac{x^2}{2}\right) = 1$,故由夹逼定理得

$$\lim_{x \to 0} \frac{\sin x}{x} = 1. \qquad\qquad \square$$

同时我们也证明了 $\lim\limits_{x \to 0}\cos x = 1$. 函数 $y = \dfrac{\sin x}{x}$ 的图形如图 2.7 所示.

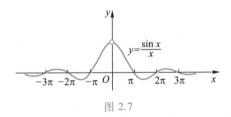

图 2.7

例 1 求下列极限:

(1) $\lim\limits_{x \to 0} \dfrac{\tan x}{x}$;

(2) $\lim\limits_{x \to 0} \dfrac{1 - \cos x}{x^2}$;

(3) $\lim\limits_{x \to 0} \dfrac{\arcsin x}{x}$;

(4) $\lim\limits_{x \to 0} \dfrac{\arctan x}{x}$.

解 (1) $\lim\limits_{x \to 0} \dfrac{\tan x}{x} = \lim\limits_{x \to 0}\left(\dfrac{\sin x}{x} \cdot \dfrac{1}{\cos x}\right) = \lim\limits_{x \to 0} \dfrac{\sin x}{x} \cdot \lim\limits_{x \to 0} \dfrac{1}{\cos x} = 1.$

(2) $\lim\limits_{x \to 0} \dfrac{1 - \cos x}{x^2} = \lim\limits_{x \to 0}\left(\dfrac{\sin^2 x}{x^2} \cdot \dfrac{1}{1 + \cos x}\right)$

$$= \lim_{x \to 0} \left(\frac{\sin x}{x} \right)^2 \cdot \lim_{x \to 0} \frac{1}{1 + \cos x} = \frac{1}{2}.$$

（3）令 $t = \arcsin x$，则 $x = \sin t$，且当 $x \to 0$ 时，$t \to 0$. 于是

$$\lim_{x \to 0} \frac{\arcsin x}{x} = \lim_{t \to 0} \frac{t}{\sin t} = 1.$$

（4）令 $t = \arctan x$，则 $x = \tan t$，且当 $x \to 0$ 时，$t \to 0$. 于是

$$\lim_{x \to 0} \frac{\arctan x}{x} = \lim_{t \to 0} \frac{t}{\tan t} = 1.$$

▶▶ 二、$\lim\limits_{x \to \infty} \left(1 + \dfrac{1}{x} \right)^x = \mathrm{e}$

证　先利用数列极限 $\lim\limits_{n \to \infty} \left(1 + \dfrac{1}{n} \right)^n = \mathrm{e}$，证明 $\lim\limits_{x \to +\infty} \left(1 + \dfrac{1}{x} \right)^x = \mathrm{e}$.

当 $n \leqslant x < n+1$ 时，有

$$1 + \frac{1}{n+1} < 1 + \frac{1}{x} \leqslant 1 + \frac{1}{n},$$

及

$$\left(1 + \frac{1}{n+1} \right)^n < \left(1 + \frac{1}{x} \right)^x \leqslant \left(1 + \frac{1}{n} \right)^{n+1}.$$

由于

$$\lim_{n \to \infty} \left(1 + \frac{1}{n+1} \right)^n = \lim_{n \to \infty} \frac{\left(1 + \dfrac{1}{n+1} \right)^{n+1}}{1 + \dfrac{1}{n+1}} = \mathrm{e},$$

$$\lim_{n \to \infty} \left(1 + \frac{1}{n} \right)^{n+1} = \lim_{n \to \infty} \left(1 + \frac{1}{n} \right)^n \left(1 + \frac{1}{n} \right) = \mathrm{e}.$$

且当 $x \to +\infty$ 时，$n \to \infty$，故由夹逼定理得

$$\lim_{x \to +\infty} \left(1 + \frac{1}{x} \right)^x = \mathrm{e}.$$

再证 $\lim\limits_{x \to -\infty} \left(1 + \dfrac{1}{x} \right)^x = \mathrm{e}$. 令 $x = -y$，则

$$\left(1 + \frac{1}{x} \right)^x = \left(1 - \frac{1}{y} \right)^{-y} = \left(1 + \frac{1}{y-1} \right)^y,$$

且当 $x \to -\infty$ 时，$y \to +\infty$，于是有

$$\lim_{x \to -\infty} \left(1 + \frac{1}{x} \right)^x = \lim_{y \to +\infty} \left(1 + \frac{1}{y-1} \right)^y = \lim_{y \to +\infty} \left(1 + \frac{1}{y-1} \right)^{y-1} \left(1 + \frac{1}{y-1} \right) = \mathrm{e},$$

因此

$$\lim_{x \to \infty} \left(1 + \frac{1}{x} \right)^x = \mathrm{e}. \tag{2.16}$$

（2.16）的另一种形式是

$$\lim_{x\to 0}(1 + x)^{\frac{1}{x}} = e.$$

因为若令 $x = \dfrac{1}{t}$，则当 $x\to 0$ 时，$t\to\infty$，从而有

$$\lim_{x\to 0}(1 + x)^{\frac{1}{x}} = \lim_{t\to\infty}\left(1 + \frac{1}{t}\right)^{t} = e. \qquad\qquad\square$$

例 2　求 $\lim\limits_{x\to 0}\left(1+\dfrac{1}{2x}\right)^{\frac{1}{x}}$.

解　$\lim\limits_{x\to 0}(1+2x)^{\frac{1}{x}} = \lim\limits_{x\to 0}\left[(1+2x)^{\frac{1}{2x}}\cdot(1+2x)^{\frac{1}{2x}}\right] = e^{2}.$

例 3　求 $\lim\limits_{x\to\infty}\left(1-\dfrac{1}{x}\right)^{x}$.

解　令 $t=-x$，则当 $x\to\infty$ 时，$t\to\infty$. 于是

$$\lim_{x\to\infty}\left(1 - \frac{1}{x}\right)^{x} = \lim_{t\to\infty}\left(1 + \frac{1}{t}\right)^{-t} = \frac{1}{e}.$$

在极限运算中，有时需要通过变量代换来进行化简，或把所求极限变成某个已知的极限. 例如，若函数 $u=\varphi(x)\neq 0$，当 $x\to x_0$ 时，$u\to 0$，则利用两个重要极限 $\lim\limits_{u\to 0}\dfrac{\sin u}{u}=1$ 和 $\lim\limits_{u\to 0}(1+u)^{\frac{1}{u}}=e$ 及复合函数的极限性质就有

$$\lim_{x\to x_0}\frac{\sin\varphi(x)}{\varphi(x)}=1,\qquad \lim_{x\to x_0}\left[1+\varphi(x)\right]^{\frac{1}{\varphi(x)}}=e.$$

例 4　求下列极限：

$(1)\ \lim\limits_{x\to 0}\dfrac{\sin(\sin x)}{x}$; $\qquad\qquad (2)\ \lim\limits_{x\to\infty}\left(\dfrac{x+n}{x-n}\right)^{x}$.

解　$(1)\ \lim\limits_{x\to 0}\dfrac{\sin(\sin x)}{x}=\lim\limits_{x\to 0}\dfrac{\sin(\sin x)}{\sin x}\cdot\dfrac{\sin x}{x}$

$\qquad\qquad =\lim\limits_{x\to 0}\dfrac{\sin(\sin x)}{\sin x}\cdot\lim\limits_{x\to 0}\dfrac{\sin x}{x}=1\times 1=1.$

$(2)\ \lim\limits_{x\to\infty}\left(\dfrac{x+n}{x-n}\right)^{x}=\lim\limits_{x\to\infty}\left[\left(1+\dfrac{2n}{x-n}\right)^{\frac{x-n}{2n}}\right]^{2n}\left(1+\dfrac{2n}{x-n}\right)^{n}=e^{2n}\cdot 1=e^{2n}.$

习题 2.4

1. 求下列极限：

$(1)\ \lim\limits_{x\to 0}\dfrac{\tan 3x}{x}$; $\qquad\qquad (2)\ \lim\limits_{x\to 0}\dfrac{\sqrt{1-\cos x}}{x}$;

$(3)\ \lim\limits_{x\to 0}\dfrac{\sin 3x}{\tan 5x}$; $\qquad\qquad (4)\ \lim\limits_{x\to\pi}\dfrac{\sin x}{\pi-x}$;

$(5)\ \lim\limits_{x\to 0}(1-2x)^{\frac{1}{x}}$; $\qquad\qquad (6)\ \lim\limits_{x\to\infty}\left(\dfrac{x}{1+x}\right)^{x}$;

$(7) \lim\limits_{x \to \infty} \left(\dfrac{3-2x}{2-2x} \right)^x ;$ $\qquad$ $(8) \lim\limits_{x \to \infty} \left(\dfrac{x^2}{x^2-1} \right)^x ;$

$(9) \lim\limits_{x \to \alpha} \dfrac{\sin x - \sin \alpha}{x - \alpha} ;$ $\qquad$ $(10) \lim\limits_{x \to \infty} \dfrac{\sqrt{2+\tan x} - \sqrt{2+\sin x}}{x^3} .$

习题参考答案
与提示 2.4

2. 设 $f(x) = (1 + 2^x + 3^x)^{\frac{1}{x}}$,求 $\lim\limits_{x \to +\infty} f(x)$.

§2.5 无穷小与无穷大

一、无穷小

设 $y = f(x)$ 在点 x_0 的某去心邻域 $\overset{\circ}{U}(x_0)$ 内有定义,若

$$\lim\limits_{x \to x_0} f(x) = 0,$$

则称 y 是当 $x \to x_0$ 时的**无穷小量**,简称**无穷小**.

类似地可以给出在 x 的其他变化过程中 $f(x)$ 为无穷小,以及当 $n \to \infty$ 时,数列 $\{a_n\}$ 为无穷小(也称为**无穷小数列**)的定义.

例如,x^n(n 为正整数)、$\sin x$、$1 - \cos x$ 当 $x \to 0$ 时极限都等于零,所以这些函数都是当 $x \to 0$ 时的无穷小. 同样,函数 $1 - x^2$ 是当 $x \to 1$ 时的无穷小,$\dfrac{1}{x}$ 是当 $x \to \infty$ 时的无穷小. 又如,数列 $\left\{ \dfrac{1}{n} \right\}$,$\left\{ \dfrac{1}{2^n} \right\}$ 当 $n \to \infty$ 时都以零为极限,所以它们都是当 $n \to \infty$ 时的无穷小数列.

可见,除了数列只有 $n \to \infty$ 一种类型,对于定义在区间上的函数而言,单说此函数是无穷小是不行的,还必须指明自变量 x 的变化过程,包括 $x \to +\infty$、$x \to -\infty$、$x \to \infty$、$x \to x_0^+$,$x \to x_0^-$ 及 $x \to x_0$ 六种类型. 下面仍以 $\lim\limits_{x \to x_0} f(x)$ 的极限类型来讨论有关无穷小的性质和定理,其他类型(包括数列情形)可以作类似讨论,相应的结论也是成立的.

定理 2.5.1(无穷小的性质) 在自变量的同一变化过程中,

(1) 有限个无穷小的代数和仍是一个无穷小;

(2) 有限个无穷小的乘积仍是一个无穷小;

(3) 无穷小与有界量(函数)的乘积是无穷小.

证 定理中的(1)和(2)只需考虑两个无穷小的情形.

设 $\lim\limits_{x \to x_0} f(x) = \lim\limits_{x \to x_0} g(x) = 0$,由极限的四则运算法则,有

$$\lim\limits_{x \to x_0} [f(x) \pm g(x)] = \lim\limits_{x \to x_0} f(x) \pm \lim\limits_{x \to x_0} g(x) = 0,$$

$$\lim\limits_{x \to x_0} [f(x) g(x)] = \left[\lim\limits_{x \to x_0} f(x) \right] \left[\lim\limits_{x \to x_0} g(x) \right] = 0,$$

所以 $f(x) + g(x)$,$f(x) - g(x)$ 和 $f(x) g(x)$ 都是当 $x \to x_0$ 时的无穷小.

(3) 设 $f(x)$ 是当 $x \to x_0$ 时的无穷小,$h(x)$ 在点 x_0 的某去心邻域 $\overset{\circ}{U}(x_0, r)$ 内有界,即存在正数 M,使对一切 $x \in \overset{\circ}{U}(x_0, r)$ 都有

$$|h(x)| \leqslant M.$$

任给 $\varepsilon > 0$，由于 $\lim\limits_{x \to x_0} f(x) = 0$，应存在 $\delta_1 > 0$，使得当 $0 < |x - x_0| < \delta_1$ 时，有

$$|f(x)| < \frac{\varepsilon}{M}.$$

取 $\delta = \min\{r, \delta_1\}$，则当 $0 < |x - x_0| < \delta$ 时，就有

$$|f(x)h(x)| \leqslant M|f(x)| < \varepsilon.$$

所以

$$\lim_{x \to x_0} f(x)h(x) = 0,$$

即 $f(x)h(x)$ 是当 $x \to x_0$ 时的无穷小. □

例 1 求下列极限：

(1) $\lim\limits_{x \to 0} x \sin \dfrac{1}{x}$; (2) $\lim\limits_{x \to 0} x \left[\dfrac{1}{x} \right]$.

解 （1）因为 x 是当 $x \to 0$ 时的无穷小，且对一切 $x \neq 0$，总有 $\left| \sin \dfrac{1}{x} \right| \leqslant 1$，即 $\sin \dfrac{1}{x}$ 是有界函数，所以 $x \sin \dfrac{1}{x}$ 是当 $x \to 0$ 时的无穷小，即

$$\lim_{x \to 0} x \sin \frac{1}{x} = 0.$$

（2）记 $\left(\dfrac{1}{x} \right) = \dfrac{1}{x} - \left[\dfrac{1}{x} \right]$，则 $0 \leqslant \left(\dfrac{1}{x} \right) < 1$，即 $\left(\dfrac{1}{x} \right)$ 是有界量. 从而有 $\lim\limits_{x \to 0} x \left(\dfrac{1}{x} \right) = 0$. 所以

$$\lim_{x \to 0} x \left[\frac{1}{x} \right] = \lim_{x \to 0} x \left(\frac{1}{x} - \left(\frac{1}{x} \right) \right) = 1 - \lim_{x \to 0} x \left(\frac{1}{x} \right) = 1.$$

定理 2.5.2（无穷小与函数极限的关系） $\lim\limits_{x \to x_0} f(x) = A$ 的充要条件是 $f(x) = A + \alpha(x)$，其中 $\alpha(x)$ 是当 $x \to x_0$ 时的无穷小.

证 先证必要性. 设 $\lim\limits_{x \to x_0} f(x) = A$，令 $\alpha(x) = f(x) - A$，则

$$\lim_{x \to x_0} \alpha(x) = \lim_{x \to x_0} [f(x) - A] = \lim_{x \to x_0} f(x) - A = A - A = 0,$$

所以 $\alpha(x)$ 是当 $x \to x_0$ 时的无穷小.

再证充分性. 设 $f(x) = A + \alpha(x)$，其中 $\alpha(x)$ 是当 $x \to x_0$ 时的无穷小，则有

$$\lim_{x \to x_0} f(x) = \lim_{x \to x_0} [A + \alpha(x)] = A + \lim_{x \to x_0} \alpha(x) = A.$$ □

▶▶ **二、无穷小的比较**

在自变量的同一变化过程中，两个无穷小的和、差及乘积仍是无穷小，但两个无穷小的商却会出现不同的情况. 例如 $2x, x^2$ 和 $\sin x$ 都是当 $x \to 0$ 时的无穷小，由于 $\lim\limits_{x \to 0} \dfrac{x^2}{2x} = 0$，故 $\dfrac{x^2}{2x}$ 仍是当 $x \to 0$ 时的无穷小. 但 $\lim\limits_{x \to 0} \dfrac{\sin x}{2x} = \dfrac{1}{2}$，即 $\dfrac{\sin x}{2x}$ 不再是当 $x \to 0$ 时的无穷小. 原因在于当 $x \to 0$ 时，各个无穷小趋于零的速度快慢不一样，x^2 要比 $2x$ 趋于零快得多，而 $\sin x$ 与 $2x$ 趋于零的

快慢大致相同. 因此, 考察两个无穷小的比, 可以对它们的收敛速度作出判断.

定义 2.5.1 设 $\alpha(x)$ 与 $\beta(x)$ 是当 $x \to x_0$ 时的无穷小, 且在 $\overset{\circ}{U}(x_0)$ 内 $\beta(x) \neq 0$,

(1) 若 $\lim\limits_{x \to x_0} \dfrac{\alpha(x)}{\beta(x)} = 0$, 则称当 $x \to x_0$ 时 $\alpha(x)$ 是比 $\beta(x)$ **高阶的无穷小**, 记作

$$\alpha(x) = o(\beta(x)) \quad (x \to x_0);$$

(2) 若 $\lim\limits_{x \to x_0} \dfrac{\alpha(x)}{\beta(x)} = c \neq 0$, 则称 $\alpha(x)$ 与 $\beta(x)$ 是当 $x \to x_0$ 时的**同阶无穷小**;

(3) 若 $\lim\limits_{x \to x_0} \dfrac{\alpha(x)}{\beta(x)} = 1$, 则称 $\alpha(x)$ 与 $\beta(x)$ 是当 $x \to x_0$ 时的**等价无穷小**, 记作

$$\alpha(x) \sim \beta(x) \quad (x \to x_0).$$

例如, $x^2 = o(2x)(x \to 0)$, $\sin x \sim x(x \to 0)$. 又由 §2.4 例 1 可知, 当 $x \to 0$ 时, 有

$$\tan x \sim x, \arcsin x \sim x, \arctan x \sim x, 1 - \cos x \sim \frac{x^2}{2}.$$

例 2 证明: 当 $x \to 0$ 时, $\sqrt[n]{1+x} - 1 \sim \dfrac{1}{n}x$.

证 令 $\sqrt[n]{1+x} = t$, 则 $x = t^n - 1$, 且当 $x \to 0$ 时, $t \to 1$. 于是

$$\lim_{x \to 0} \frac{\sqrt[n]{1+x} - 1}{\frac{1}{n}x} = \lim_{t \to 1} \frac{t - 1}{\frac{1}{n}(t^n - 1)} = \lim_{t \to 1} \frac{n}{t^{n-1} + t^{n-2} + \cdots + t + 1} = 1.$$

所以

$$\sqrt[n]{1+x} - 1 \sim \frac{1}{n}x \quad (x \to 0). \qquad \qquad \square$$

下面, 我们叙述并证明关于等价无穷小的两个性质.

定理 2.5.3 设 $\alpha(x)$ 与 $\beta(x)$ 是当 $x \to x_0$ 时的无穷小, 且在 $\overset{\circ}{U}(x_0)$ 内 $\beta(x) \neq 0$. $\alpha(x) \sim \beta(x)(x \to x_0)$ 的充要条件是 $\alpha(x) = \beta(x) + o(\beta(x))(x \to x_0)$.

证 先证必要性. 若 $\alpha(x) \sim \beta(x)(x \to x_0)$, 则 $\lim\limits_{x \to x_0} \dfrac{\alpha(x)}{\beta(x)} = 1$. 从而有

$$\lim_{x \to x_0} \frac{\alpha(x) - \beta(x)}{\beta(x)} = \lim_{x \to x_0} \left[\frac{\alpha(x)}{\beta(x)} - 1 \right] = \lim_{x \to x_0} \frac{\alpha(x)}{\beta(x)} - 1 = 0,$$

所以 $\alpha(x) - \beta(x) = o(\beta(x))(x \to x_0)$, 即

$$\alpha(x) = \beta(x) + o(\beta(x)) \quad (x \to x_0).$$

再证充分性. 若 $\alpha(x) = \beta(x) + o(\beta(x))(x \to x_0)$, 则

$$\lim_{x \to x_0} \frac{\alpha(x)}{\beta(x)} = \lim_{x \to x_0} \frac{\beta(x) + o(\beta(x))}{\beta(x)} = \lim_{x \to x_0} \left[1 + \frac{o(\beta(x))}{\beta(x)} \right] = 1.$$

所以 $\alpha(x) \sim \beta(x)(x \to x_0)$.

定理 2.5.4 设 $\alpha(x), \beta(x)$ 和 $\gamma(x)$ 在 $\overset{\circ}{U}(x_0)$ 内有定义, 且 $\alpha(x) \sim \beta(x)(x \to x_0)$,

(1) 若 $\lim\limits_{x \to x_0} \alpha(x)\gamma(x) = A$, 则 $\lim\limits_{x \to x_0} \beta(x)\gamma(x) = A$;

（2）若 $\lim\limits_{x\to x_0}\dfrac{\gamma(x)}{\alpha(x)}=A$，则 $\lim\limits_{x\to x_0}\dfrac{\gamma(x)}{\beta(x)}=A$.

证　（1）$\lim\limits_{x\to x_0}\beta(x)\gamma(x)=\lim\limits_{x\to x_0}\dfrac{\beta(x)}{\alpha(x)}\cdot\alpha(x)\gamma(x)=\lim\limits_{x\to x_0}\dfrac{\beta(x)}{\alpha(x)}\cdot\lim\limits_{x\to x_0}\alpha(x)\gamma(x)=A.$

类似可证（2）的情形.　□

在求某些函数乘积或商的极限时，往往可以用等价无穷小来代替以简化计算.

例 3　求 $\lim\limits_{x\to 0}\dfrac{\tan x-\sin x}{x^3}$.

解　当 $x\to 0$ 时，$\tan x\sim x$，$1-\cos x\sim\dfrac{x^2}{2}$，所以

$$\lim_{x\to 0}\frac{\tan x-\sin x}{x^3}=\lim_{x\to 0}\frac{\tan x(1-\cos x)}{x^3}=\lim_{x\to 0}\frac{x\cdot\dfrac{x^2}{2}}{x^3}=\frac{1}{2}.$$

▶▶ **三、无穷大**

在没有极限的一类函数（包括数列）中，有一种特殊情形，即在自变量的变化过程中，函数的绝对值无限地增大. 例如 $f(x)=\dfrac{1}{x}$，当 $x\to 0$ 时，$\left|\dfrac{1}{x}\right|$ 无限增大. 这时我们就称 $\dfrac{1}{x}$ 是当 $x\to 0$ 时的无穷大量.

定义 2.5.2（M-δ 定义）　设函数 $f(x)$ 在 $\overset{\circ}{U}(x_0)$ 内有定义. 若对任给的正数 M，存在正数 δ，使得当 $0<|x-x_0|<\delta$ 时，有

$$|f(x)|>M,$$

则称 $f(x)$ 当 $x\to x_0$ 时为**无穷大量**，简称**无穷大**，记作

$$\lim_{x\to x_0}f(x)=\infty.$$

类似地可以给出在 x 的其他变化过程中，$f(x)$ 为无穷大（正无穷大，负无穷大）以及当 $n\to\infty$ 时，数列 $\{a_n\}$ 为无穷大（也称为**无穷大数列**）的定义. 例如

$\lim\limits_{x\to+\infty}f(x)=-\infty$ 的定义：任给 $M>0$，存在 $X>0$，使得当 $x>X$ 时，有 $f(x)<-M$.

$\lim\limits_{n\to\infty}a_n=+\infty$ 的定义：任给 $M>0$，存在正整数 N，使得当 $n>N$ 时，有 $a_n>M$.

例 4　证明：$\lim\limits_{x\to\infty}x^2=+\infty$.

证　任给 $M>0$，可取 $X=\sqrt{M}$，则当 $|x|>X$ 时，就有

$$f(x)=x^2>X^2=M,$$

所以

$$\lim_{x\to\infty}x^2=+\infty.$$　□

例 5　证明：$\lim\limits_{x\to 0^-}\dfrac{1}{x}=-\infty$.

证　任给 $M>0$，可取 $\delta=\dfrac{1}{M}$，则当 $-\delta<x<0$ 时，就有

$$\frac{1}{x} < \frac{1}{-\delta} = -M,$$

所以

$$\lim_{x\to 0^-} \frac{1}{x} = -\infty.$$ □

定理 2.5.5(无穷小与无穷大的关系)

(1) 若 $f(x)$ 是当 $x\to x_0$ 时的无穷小,且在点 x_0 的某去心邻域 $\overset{\circ}{U}(x_0, r)$ 内 $f(x)\neq 0$,则 $\frac{1}{f(x)}$ 是当 $x\to x_0$ 时的无穷大;

(2) 若 $f(x)$ 是当 $x\to x_0$ 时的无穷大,则 $\frac{1}{f(x)}$ 是当 $x\to x_0$ 时的无穷小.

证 (1) 任给 $M>0$,由于 $\lim\limits_{x\to x_0} f(x)=0$,取 $\varepsilon=\frac{1}{M}$,存在相应的 $\delta>0$(这里取 δ 更小一点,使 $0<\delta<r$),使得当 $0<|x-x_0|<\delta$ 时,有

$$0 < |f(x)| < \varepsilon = \frac{1}{M},$$

随之可得

$$\left|\frac{1}{f(x)}\right| > M.$$

所以 $\frac{1}{f(x)}$ 是当 $x\to x_0$ 时的无穷大.

类似可证(2)的情形. □

根据定理 2.5.5 可知,对于无穷大的研究完全可以归结为对无穷小的研究.

习题 2.5

1. 在指定的变化过程中,下列哪些为无穷小,哪些为无穷大?

(1) $\dfrac{x+1}{x}(x\to 0)$;   (2) $\ln(x+1)(x\to -1^+)$;

(3) $\mathrm{e}^{\frac{1}{x}}(x\to 0^+)$;   (4) $\mathrm{e}^{\frac{1}{x}}(x\to 0^-)$;

(5) $\dfrac{1}{x}\cos x(x\to 0)$;   (6) $1-\mathrm{e}^{\frac{1}{x^2}}(x\to\infty)$.

2. 讨论下列各题中的两个无穷小的阶的比较:

(1) $\sqrt{1+x^2}-1$ 与 $x(x\to 0)$;   (2) $\dfrac{1-x}{1+x}$ 与 $1-\sqrt{x}(x\to 1)$;

(3) $\dfrac{1-\cos x}{\sqrt{x}}$ 与 $x(x\to 0^+)$;   (4) $\arctan x$ 与 $x(x\to 0)$;

(5) a^x-1 与 $x(x\to 0)$;   (6) $2x-x^2$ 与 $x^2-x^3(x\to 0)$.

3. 利用等价无穷小,计算下列极限:

(1) $\lim\limits_{x \to 0} \dfrac{\sin(5x^2 \sin x)}{(\arctan x)^3}$;

(2) $\lim\limits_{x \to 1} \dfrac{\sqrt[5]{x} - 1}{x - 1}$;

(3) $\lim\limits_{n \to \infty} 2^n \sin \dfrac{x}{2^n}$;

(4) $\lim\limits_{x \to \infty} x^2 \left(1 - \cos \dfrac{1}{x}\right)$;

(5) $\lim\limits_{x \to 0} \dfrac{3^x - 1}{\ln(1 + x)}$;

(6) $\lim\limits_{x \to +\infty} \left(\dfrac{a^{\frac{1}{x}} + b^{\frac{1}{x}} + c^{\frac{1}{x}}}{3}\right)^x$;

(7) $\lim\limits_{n \to \infty} \left(n \tan \dfrac{1}{n}\right)^{n^2}$;

(8) $\lim\limits_{x \to \infty} \left(\dfrac{x^2}{x^2 - 1}\right)^{x+1}$.

4. 适当选取 m、n 的值,使得:

(1) $\sqrt{1 + \tan x} - \sqrt{1 + \sin x} \sim m x^n \ (x \to 0)$;

(2) $(1 + x)(1 + x^2) \cdots (1 + x^n) \sim x^m \ (x \to +\infty)$.

习题参考答案
与提示 2.5

▶▶ §2.6 函数的连续性

▶▶ 一、连续性概念

连续函数是高等数学中着重讨论的一类函数,它反映了自然界各种连续变化现象的一种共同特性,从几何直观上看,要使函数图形(曲线)连续不断,只要函数在定义区间上每一点的函数值等于它在该点的极限值. 因此有下述定义:

定义 2.6.1   设函数 $f(x)$ 在点 x_0 的某邻域 $U(x_0)$ 内有定义,若

$$\lim_{x \to x_0} f(x) = f(x_0), \tag{2.17}$$

则称 $f(x)$ 在点 x_0 **连续**.

记 $\Delta x = x - x_0$,$\Delta y = f(x) - f(x_0) = f(x_0 + \Delta x) - f(x_0)$.

由 (2.17) 可得,"函数 $f(x)$ 在点 x_0 连续"等价于

$$\lim_{\Delta x \to 0} \Delta y = 0 \quad \text{或} \quad \lim_{\Delta x \to 0} [f(x_0 + \Delta x) - f(x_0)] = 0,$$

我们称 Δx 为**自变量的增量**,Δy 为**函数的增量**. 因此函数 $f(x)$ 在点 x_0 连续可表述为:当自变量的增量趋于零时,函数的增量也趋于零.

例 1   证明:$y = \sin x$ 在 $(-\infty, +\infty)$ 内处处(即每一点)连续.

证   任取 $x_0 \in (-\infty, +\infty)$,只要证明

$$\lim_{x \to x_0} \sin x = \sin x_0.$$

令 $x = x_0 + h$,则当 $x \to x_0$ 时,$h \to 0$. 由于

$$\lim_{h \to 0} \cos h = 1, \lim_{h \to 0} \sin h = 0,$$

从而有

$$\lim_{x \to x_0} \sin x = \lim_{h \to 0} \sin(x_0 + h) = \lim_{h \to 0} (\sin x_0 \cos h + \cos x_0 \sin h)$$

$$= \sin x_0 \lim_{h \to 0} \cos h + \cos x_0 \lim_{h \to 0} \sin h = \sin x_0. \qquad \square$$

类似可证 $y = \cos x$ 在 $(-\infty, +\infty)$ 内处处连续.

定义 2.6.2 在极限式(2.17)中,若限制 x 取小于 x_0 的值,即有

$$f(x_0^-) = f(x_0),$$

则称 $f(x)$ 在点 x_0 **左连续**;若限制 x 取大于 x_0 的值,有

$$f(x_0^+) = f(x_0),$$

则称 $f(x)$ 在点 x_0 **右连续**.

左连续和右边续统称为**单边连续**. 利用定理 2.2.1 推出下面定理.

定理 2.6.1(单边连续与连续的关系) 函数 $f(x)$ 在点 x_0 连续的充要条件是 $f(x)$ 在点 x_0 既是左连续,又是右连续.

例 2 讨论函数

$$f(x) = \begin{cases} x - 1, & x \leqslant 0, \\ x + 1, & x > 0 \end{cases}$$

在 $x = 0$ 处的连续性.

解 因为

$$f(0^-) = \lim_{x \to 0^-} (x - 1) = -1,$$

$$f(0^+) = \lim_{x \to 0^+} (x + 1) = 1,$$

而 $f(0) = -1$,所以函数 $f(x)$ 在 $x = 0$ 左连续,但不是右连续,从而它在 $x = 0$ 处不连续.

如果函数 $f(x)$ 在开区间 (u, b) 内每一点都连续,那么称 $f(x)$ **在 (a, b) 内连续**,或称 $f(x)$ 是 (a, b) 内的连续函数. 如果 $f(x)$ 在 (a, b) 内连续,且在左端点 a 右连续,在右端点 b 左连续,那么称 $f(x)$ **在闭区间 $[a, b]$ 上连续**,或称 $f(x)$ 是 $[a, b]$ 上的连续函数.

易知,常量函数 $y = C$ 在 $(-\infty, +\infty)$ 上连续,例 2 中的函数 $f(x)$ 分别在 $(-\infty, 0]$ 上和 $(0, +\infty)$ 内连续.

二、间断点及其分类

如果函数 $f(x)$ 在 $\mathring{U}(x_0)$ 内有定义,且在点 x_0 不连续,那么称 $f(x)$ 在点 x_0 **间断**或**不连续**,并称 x_0 为 $f(x)$ 的**间断点**或**不连续点**. 因此,若 x_0 是 $f(x)$ 的间断点,则必出现下列三种情况之一:

(1) $f(x)$ 在点 x_0 无定义;

(2) $f(x)$ 在点 x_0 有定义,但 $\lim\limits_{x \to x_0} f(x)$ 不存在;

(3) $f(x)$ 在点 x_0 有定义且 $\lim\limits_{x \to x_0} f(x)$ 存在,但 $\lim\limits_{x \to x_0} f(x) \neq f(x_0)$.

$f(x)$ 的间断点 x_0 按下述情形分类:

(1) 若

$$\lim_{x \to x_0} f(x) = A,$$

而 $f(x)$ 在点 x_0 无定义,或有定义但 $f(x_0) \neq A$,则称 x_0 为 $f(x)$ 的**可去间断点**.

(2) 若 $f(x)$ 在点 x_0 存在左、右极限,但

$$f(x_0^-) \neq f(x_0^+),$$

则称 x_0 为 $f(x)$ 的**跳跃间断点**.

可去间断点和跳跃间断点统称为**第一类间断点**.

（3）若 $f(x)$ 在点 x_0 的左、右极限至少有一个不存在，则称 x_0 是 $f(x)$ 的**第二类间断点**.

由此可见，凡不是函数的第一类间断点的所有间断点，都是该函数的第二类间断点.

例 3 考察函数

$$f(x) = \frac{\sin x}{x} \quad \text{与} \quad g(x) = \begin{cases} \dfrac{\sin x}{x}, & x \neq 0, \\ 0, & x = 0. \end{cases}$$

由于 $\lim\limits_{x \to 0} \dfrac{\sin x}{x} = 1$，可知 $x = 0$ 是它们共同的第一类间断点（可去间断点）. 为了去掉它们在 $x = 0$ 的间断性，可以对 $f(x)$ 补充定义，对 $g(x)$ 修改定义，使 $f(0) = g(0) = 1$，则所得到的函数

$$h(x) = \begin{cases} \dfrac{\sin x}{x}, & x \neq 0, \\ 1, & x = 0 \end{cases}$$

在 $x = 0$ 连续. 这也是对"可去间断点"称谓的一种解释.

例 4 符号函数 $f(x) = \operatorname{sgn} x$ 在 $x = 0$ 有 $f(0^-) = -1, f(0^+) = 1, f(0) = 0$. 可见 $x = 0$ 是符号函数 $\operatorname{sgn} x$ 的跳跃间断点. 我们把 $|f(0^-) - f(0^+)| = 2$ 称为 $\operatorname{sgn} x$ 在 $x = 0$ 的**跳跃度**.

例 5 考察函数

$$\varphi(x) = \frac{1}{x} \quad \text{与} \quad \psi(x) = \sin \frac{1}{x}.$$

易知 $x = 0$ 是它们共同的第二类间断点. 由于 $\lim\limits_{x \to 0} \dfrac{1}{x} = \infty$，而当 $x \to 0$ 时，$\psi(x)$ 的函数值在 ± 1 之间无限次地变动，因此更细致地说，把 $x = 0$ 分别称为 $\varphi(x)$ 的**无穷间断点**和 $\psi(x)$ 的**振荡间断点**.

例 6 确定函数 $f(x) = \dfrac{1}{1 - \mathrm{e}^{\frac{x}{1-x}}}$ 的间断点并说明其类型.

解 间断点为 $x = 0$ 及 $x = 1$. 因为

$$\lim_{x \to 0} f(x) = \infty,$$

所以 $x = 0$ 为第二类间断点（无穷间断点）. 又

$$f(1^-) = \lim_{x \to 1^-} \frac{1}{1 - \mathrm{e}^{\frac{x}{1-x}}} = \frac{1}{1 - \mathrm{e}^{\lim\limits_{x \to 1^-} \frac{x}{1-x}}} = 0,$$

及

$$f(1^+) = \lim_{x \to 1^+} \frac{1}{1 - \mathrm{e}^{\frac{x}{1-x}}} = \frac{1}{1 - \mathrm{e}^{\lim\limits_{x \to 1^+} \frac{x}{1-x}}} = 1,$$

故 $x = 1$ 为第一类间断点（跳跃间断点）.

▶▶ **三、连续函数的性质 初等函数的连续性**

函数的连续性是利用极限来定义的，所以根据极限的运算法则可推出下列定理.

定理 2.6.2（连续函数的和、差、积、商的连续性）　若函数 $f(x)$ 和 $g(x)$ 在点 x_0 连续,则 $f(x) \pm g(x)$, $f(x) \cdot g(x)$, $\dfrac{f(x)}{g(x)}$ $(g(x_0) \neq 0)$ 也都在点 x_0 连续.

于是,利用 $y = \sin x$ 与 $y = \cos x$ 在 $(-\infty, +\infty)$ 内的连续性,立刻推出 $y = \tan x$, $y = \cot x$, $y = \sec x$ 和 $y = \csc x$ 在其定义域内都是连续的. 因此,三角函数是其定义域内的连续函数.

定理 2.6.3（反函数的连续性）　若函数 $y = f(x)$ 在区间 I_x 上单增（减）且连续,则它的反函数 $x = f^{-1}(y)$ 也在对应的区间 $I_y = \{y \mid y = f(x), x \in I_x\}$ 上单增（减）且连续.

从几何图形上看,定理 2.6.3 的正确性是显然的,证明从略.

于是,利用 $y = \sin x$ 在 $\left[-\dfrac{\pi}{2}, \dfrac{\pi}{2}\right]$ 上单增且连续,推出 $y = \arcsin x$ 在 $[-1,1]$ 上单增且连续. 同理,$y = \arccos x$, $y = \arctan x$ 和 $y = \operatorname{arccot} x$ 也都在它们的定义域内单调且连续. 因此,反三角函数是其定义域内的连续函数.

下面讨论复合函数的连续性. 先考虑外函数是连续函数的情形.

定理 2.6.4　设复合函数 $f[g(x)]$ 在 $\overset{\circ}{U}(x_0)$ 内有定义,函数 $u = g(x)$ 当 $x \to x_0$ 时以 a 为极限,函数 $y = f(u)$ 在 $u = a$ 处连续,则复合函数 $y = f[g(x)]$ 当 $x \to x_0$ 时极限存在,且

$$\lim_{x \to x_0} f[g(x)] = f(a).$$

证　根据复合函数的极限运算法则及 $f(u)$ 在 $u - a$ 的连续性,即知所述极限存在,并且

$$\lim_{x \to x_0} f[g(x)] = \lim_{u \to a} f(u) = f(a). \qquad \square$$

定理 2.6.4 的结果可以简洁地写成

$$\lim_{x \to x_0} f[g(x)] = f\left[\lim_{x \to x_0} g(x)\right].$$

它表明当外函数是连续函数时,函数符号与极限符号可以互换次序. 在这种情况下,求复合函数的极限不必再作变量代换.

例如函数 $y = \arctan\left(\dfrac{\sin x}{x}\right)$,由 $\lim\limits_{x \to 0} \dfrac{\sin x}{x} = 1$ 及反正切函数的连续性,即得

$$\lim_{x \to 0} \arctan\left(\frac{\sin x}{x}\right) = \arctan\left(\lim_{x \to 0} \frac{\sin x}{x}\right) = \arctan 1 = \frac{\pi}{4}.$$

在定理 2.6.4 中,如果再把内函数 $u = g(x)$ 的假设条件加强为 $u = g(x)$ 在 x_0 连续,即有 $\lim\limits_{x \to x_0} g(x) = g(x_0)$,从而推出

$$\lim_{x \to x_0} f[g(x)] = f\left[\lim_{x \to x_0} g(x)\right] = f[g(x_0)].$$

它表明复合函数 $y = f[g(x)]$ 在 x_0 也连续. 因此有下述定理.

定理 2.6.5（复合函数的连续性）　设复合函数 $f[g(x)]$ 在 $U(x_0)$ 内有定义,函数 $u = g(x)$ 在点 x_0 连续,且 $g(x_0) = u_0$,而函数 $y = f(u)$ 在点 u_0 连续,则复合函数 $y = f[g(x)]$ 在点 x_0 连续.

从第一章图 1.11 可明显看出,指数函数 $y = a^x (a > 0, a \neq 1)$ 在 $(-\infty, +\infty)$ 内连续（证明从略）. 利用反函数的连续性,对数函数 $y = \log_a x (a > 0, a \neq 1)$ 在 $(0, +\infty)$ 内连续. 进而利用复合函数的连续性,幂函数 $y = x^\mu = e^{\mu \ln x} (x > 0)$ 在 $(0, +\infty)$ 内连续. 前面已经指出,常量函数、三角

函数和反三角函数在其定义域内是连续的. 因此,基本初等函数都是其各自定义域内的连续函数. 由于任何初等函数都是由基本初等函数经过有限次的四则运算与复合运算而得到,于是有

定理 2.6.6(初等函数的连续性) 任何初等函数在其定义区间上是连续的.

连续函数的性质也为求极限提供了一种简便方法. 例如,初等函数

$$f(x) = \sin\left(\pi\sqrt{\frac{1-2x}{4+3x}}\right)$$

在 $x=0$ 有定义,且 $f(0)=1$,从而有

$$\lim_{x\to 0}\sin\left(\pi\sqrt{\frac{1-2x}{4+3x}}\right) = 1.$$

又如,函数 $y=\log_a(1+x)^{\frac{1}{x}}\,(a>0, a\neq 1)$. 由于 $\lim\limits_{x\to 0}(1+x)^{\frac{1}{x}}=e$ 及对数函数的连续性,可得

$$\lim_{x\to 0}\log_a(1+x)^{\frac{1}{x}} = \log_a e = \frac{1}{\ln a}.$$

特别地,

$$\lim_{x\to 0}\frac{\ln(1+x)}{x} = \lim_{x\to 0}\ln(1+x)^{\frac{1}{x}} = \ln e = 1.$$

例 7 求 $\lim\limits_{x\to 0}\dfrac{a^x-1}{x}\,(a>0, a\neq 1)$.

解 令 $a^x-1=u$,则 $x=\log_a(1+u)$,且当 $x\to 0$ 时,$u\to 0$. 从而有

$$\lim_{x\to 0}\frac{x}{a^x-1} = \lim_{u\to 0}\frac{\log_a(1+u)}{u} = \lim_{u\to 0}\log_a(1+u)^{\frac{1}{u}} = \frac{1}{\ln a},$$

所以

$$\lim_{x\to 0}\frac{a^x-1}{x} = \ln a,$$

特别地,

$$\lim_{x\to 0}\frac{e^x-1}{x} = \ln e = 1.$$

例 8 求 $\lim\limits_{x\to 0}\dfrac{(1+x)^{\mu}-1}{x}\,(\mu\in\mathbf{R})$.

解 令 $\mu\ln(1+x)=u$,则当 $x\to 0$ 时,$u\to 0$. 由例 7 可得

$$\lim_{x\to 0}\frac{e^{\mu\ln(1+x)}-1}{\mu\ln(1+x)} = \lim_{u\to 0}\frac{e^u-1}{u} = 1,$$

即 $e^{\mu\ln(1+x)}-1 \sim \mu\ln(1+x)\,(x\to 0)$. 于是

$$\lim_{x\to 0}\frac{(1+x)^{\mu}-1}{x} = \lim_{x\to 0}\frac{e^{\mu\ln(1+x)}-1}{x} = \lim_{x\to 0}\frac{\mu\ln(1+x)}{x} = \mu.$$

至此,当 $x\to 0$ 时,就有

$$\ln(1+x) \sim x, \quad e^x-1 \sim x, \quad (1+x)^{\mu}-1 \sim \mu x, \quad a^x-1 \sim x\ln a.$$

形如

$$u(x)^{v(x)}\ (u(x) > 0, u(x) \neq 1)$$

的函数称为**幂指函数**,它可看作由 $y = e^z$ 和 $z = v(x)\ln u(x)$ 复合而成的函数. 因此,可以利用复合函数的连续性和极限运算法则来求幂指函数的极限. 例如,若

$$\lim_{x \to x_0} u(x) = a > 0, \quad \lim_{x \to x_0} v(x) = b,$$

则

$$\lim_{x \to x_0} u(x)^{v(x)} = \lim_{x \to x_0} e^{v(x)\ln u(x)} = e^{\lim_{x \to x_0} v(x)\ln u(x)} = e^{b\ln a} = a^b = \left[\lim_{x \to x_0} u(x)\right]^{\lim_{x \to x_0} v(x)}.$$

例 9   求 $\lim\limits_{x \to 0}(1 + 2x)^{\frac{3}{\sin x}}$.

解 $\lim\limits_{x \to 0}(1 + 2x)^{\frac{3}{\sin x}} = \lim\limits_{x \to 0}\left[(1 + 2x)^{\frac{1}{2x}}\right]^{\lim\limits_{x \to 0}\frac{6x}{\sin x}} = e^6.$

例 10   求 $\lim\limits_{x \to 0}\dfrac{1}{x^3}\left[\left(\dfrac{2 + \cos x}{3}\right)^x - 1\right]$.

解   当 $x \to 0$ 时,

$$x\ln\frac{2 + \cos x}{3} \to 0, \quad \frac{\cos x - 1}{3} \to 0.$$

利用复合函数的极限性质可知,当 $x \to 0$ 时,

$$e^{x\ln\frac{2 + \cos x}{3}} \quad 1 \sim x\ln\frac{2 + \cos x}{3},$$

$$\ln\left(1 + \frac{\cos x - 1}{3}\right) \sim \frac{\cos x - 1}{3}.$$

于是

$$\lim_{x \to 0}\frac{1}{x^3}\left[\left(\frac{2 + \cos x}{3}\right)^x - 1\right] = \lim_{x \to 0}\frac{e^{x\ln\frac{2 + \cos x}{3}} - 1}{x^3} = \lim_{x \to 0}\frac{x\ln\dfrac{2 + \cos x}{3}}{x^3}$$

$$= \lim_{x \to 0}\frac{\ln\left(1 + \dfrac{\cos x - 1}{3}\right)}{x^2} = \lim_{x \to 0}\frac{\dfrac{\cos x - 1}{3}}{x^2}$$

$$= -\frac{1}{3}\lim_{x \to 0}\frac{1 - \cos x}{x^2} = -\frac{1}{3}\lim_{x \to 0}\frac{\dfrac{x^2}{2}}{x^2} = -\frac{1}{6}.$$

▶▶ **四、闭区间上连续函数的性质**

上面介绍的关于连续函数的性质只是它的局部性质,即它在每个连续点的某邻域内所具有的性质. 如果在闭区间上讨论连续函数,那么它还具有整个区间上的特性,即整体性质. 这些性质,对于开区间上的连续函数或闭区间上的非连续函数,一般是不成立的.

下面给出闭区间上连续函数的两个重要的基本性质,并从几何直观上对它们加以解释而略去证明.

定义 2.6.3   设 $f(x)$ 为定义在 D 上的函数,若存在 $x_0 \in D$,使对一切 $x \in D$,都有

$$f(x) \leqslant f(x_0) \quad (\text{或} f(x) \geqslant f(x_0)),$$

则称 $f(x_0)$ 为 $f(x)$ 在 D 上的**最大(小)值**.

一般而言,即使函数 $f(x)$ 在 D 上是有界的,也不一定有最大(小)值. 例如 $f(x)=x$,它在 $(0,1)$ 内既无最大值也无最小值. 又如

$$g(x) = \begin{cases} x+1, & -1 \leqslant x < 0, \\ 0, & x = 0, \\ x-1, & 0 < x \leqslant 1, \end{cases}$$

在 $[-1,1]$ 上也没有最大值和最小值.

定理 2.6.7(最大值最小值定理) 若函数 $f(x)$ 在闭区间 $[a,b]$ 上连续,则 $f(x)$ 在 $[a,b]$ 上有最大值和最小值.

这就是说,在 $[a,b]$ 上至少存在 x_1 及 x_2,使对一切 $x \in [a,b]$,都有

$$f(x_1) \leqslant f(x) \leqslant f(x_2),$$

即 $f(x_1)$ 和 $f(x_2)$ 分别是 $f(x)$ 在 $[a,b]$ 上的最小值和最大值(图 2.8).

推论 2.6.1(有界性定理) 若 $f(x)$ 在 $[a,b]$ 上连续,则 $f(x)$ 在 $[a,b]$ 上有界.

证 由定理 2.6.7 可知,$f(x)$ 在 $[a,b]$ 上有最大值 $f(x_2)=M$ 和最小值 $f(x_1)=m$,即对一切 $x \in [a,b]$,有

$$m \leqslant f(x) \leqslant M,$$

所以 $f(x)$ 在 $[a,b]$ 上既有上界又有下界,从而在 $[a,b]$ 上有界. □

定理 2.6.8(介值定理) 设 $f(x)$ 在 $[a,b]$ 上连续,且 $f(a) \neq f(b)$,则对介于 $f(a)$ 与 $f(b)$ 之间的任何实数 C,在 (a,b) 内必至少存在一点 ξ,使 $f(\xi)=C$.

这就是说,对于介于 $f(a)$ 与 $f(b)$ 的任何实数 C,(a,b) 内的一段连续曲线 $y=f(x)$ 与水平直线 $y=C$ 必至少相交于一点(图 2.9).

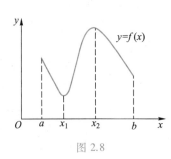

图 2.8

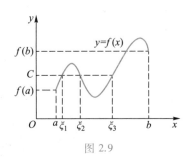

图 2.9

推论 2.6.2 闭区间上的连续函数必取得介于最大值与最小值之间的任何值.

证 设 $f(x)$ 在 $[a,b]$ 上连续,且分别在 $x_1 \in [a,b]$ 取得最小值 $m=f(x_1)$,在 $x_2 \in [a,b]$ 取得最大值 $M=f(x_2)$.

不妨设 $x_1 < x_2$,且 $M>m$(即 $f(x)$ 不是常量函数). 由于 $f(x)$ 在 $[x_1,x_2]$ 上连续,且 $f(x_1) \neq f(x_2)$,故按介值定理推出,对介于 m 与 M 的任何实数 C,必至少存在一点 $\xi \in (x_1,x_2) \subset (a,b)$,使得 $f(\xi)=C$. □

推论 2.6.3 设 $f(x)$ 在闭区间 $[a,b]$ 上连续,且 $f(a)$ 与 $f(b)$ 异号(即 $f(a) \cdot f(b)<0$),则

在 (a,b) 内至少存在一点 ξ,使 $f(\xi)=0$.

这是介值定理的一种特殊情形. 因为 $f(a)$ 与 $f(b)$ 异号,则 $C=0$ 必然是介于它们之间的一个值,所以结论成立.

若 $f(x_0)=0$,则点 x_0 称为函数 $f(x)$ 的**零点**,因此推论 2.6.3 通常也称为**零点定理**.

例 11 设 $a>0,b>0$,证明:方程 $x=a\sin x+b$ 至少有一个正根,并且它不超过 $a+b$.

证 令 $f(x)=x-a\sin x-b$,则 $f(x)$ 在闭区间 $[0,a+b]$ 上连续,且 $f(0)=-b<0,f(a+b)=a[1-\sin(a+b)]\geqslant 0$.

若 $f(a+b)=0$,则 $x=a+b$ 就是方程 $x=a\sin x+b$ 的一个正根. 若 $f(a+b)>0$,则由 $f(0)\cdot f(a+b)<0$ 及零点定理可知,在区间 $(0,a+b)$ 内至少存在一点 ξ,使 $f(\xi)=0$. 即方程 $x=a\sin x+b$ 在 $(0,a+b)$ 内至少有一个实根 $\xi>0$. 无论哪种情形,所述结论皆成立. □

习题 2.6

1. 讨论下列函数在指定点的连续性. 若是间断点,说明它的类型:

(1) $y=\sqrt{x}$,$x=1$,$x=0$;

(2) $y=\dfrac{x-2}{x^2-4}$,$x=2$,$x=-2$;

(3) $y=\mathrm{e}^{\frac{1}{x-1}}$,$x=1$;

(4) $f(x)=\begin{cases}\dfrac{x^2}{4}, & -1\leqslant x\leqslant 0, \\ 3-x, & 0<x\leqslant 1,\end{cases}$ $x=0$.

2. 指出下列函数的间断点,并说明它的类型:

(1) $f(x)=\dfrac{1}{x^2-9}$;

(2) $f(x)=x\sin^2\dfrac{1}{x}$;

(3) $f(x)=\dfrac{1}{1-3^{\frac{1}{1-x}}}$;

(4) $f(x)=\begin{cases}2x^2, & 0\leqslant x\leqslant 1, \\ 2-x, & 1<x\leqslant 2.\end{cases}$

3. 利用初等函数的连续性,求下列极限:

(1) $\lim\limits_{x\to 1}\sqrt{x^2+2x+2}$;

(2) $\lim\limits_{x\to\frac{\pi}{4}}\ln 2\cos x$;

(3) $\lim\limits_{x\to+\infty}\ln(1+2^{-x})\ln\left(1+\dfrac{3}{x}\right)$;

(4) $\lim\limits_{x\to 0}\dfrac{3\sin x+x^2\cos\dfrac{1}{x}}{(1+\cos x)\ln(1+x)}$.

4. 求下列极限:

(1) $\lim\limits_{x\to+\infty}\dfrac{\ln(1+x)-\ln x}{x}$;

(2) $\lim\limits_{x\to 1}\dfrac{\sqrt{5x-4}-\sqrt{x}}{x-1}$;

(3) $\lim\limits_{x\to\infty}\left(1+\dfrac{2}{x}\right)^{\frac{x}{3}}$;

(4) $\lim\limits_{x\to+\infty}\left(\dfrac{3+x}{5+x}\right)^{\frac{x-1}{3}}$;

(5) $\lim\limits_{x\to 0}(1+3x)^{\frac{2}{\sin x}}$;

(6) $\lim\limits_{x\to 0}\dfrac{\left(1-\dfrac{1}{2}x^2\right)^{\frac{2}{3}}-1}{x\ln(1+x)}$;

(7) $\lim\limits_{x\to 0}\dfrac{\sqrt{1+\tan x}-\sqrt{1+\sin x}}{x\sqrt{1+\sin^2 x}-x}$;

(8) $\lim\limits_{x\to 1}\dfrac{\tan(x^2-1)}{x-\dfrac{1}{x}}$.

5. 设

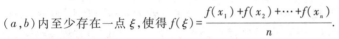

$$f(x)=\begin{cases}x, & x<1,\\ a, & x\geqslant 1,\end{cases} \quad g(x)=\begin{cases}b, & x<0,\\ x+2, & x\geqslant 0.\end{cases}$$

当 a,b 为何值时,函数 $F(x)=f(x)+g(x)$ 在 $(-\infty,+\infty)$ 内连续?

6. 设 $y=f(x)$ 在 $[0,1]$ 上连续,且 $0\leqslant f(x)\leqslant 1$,试证:存在 $\xi\in[0,1]$,使 $f(\xi)=\xi$.

7. 证明:方程 $x\cdot 2^x=1$ 在 $[0,1]$ 内至少有一个根.

8. 如果 $f(x)$ 在 (a,b) 内连续,$x_1<x_2<\cdots<x_n$ 是该区间内任意 n 个点,试证明:在

(a,b) 内至少存在一点 ξ,使得 $f(\xi)=\dfrac{f(x_1)+f(x_2)+\cdots+f(x_n)}{n}$.

习题参考答案
与提示 2.6

总习题二

1.单项选择题:

(1) 当 $x\to 0$ 时,下列变量中为无穷小的是(　　).

　　A. $\sin\dfrac{1}{x}$ 　　　　　　B. $\dfrac{\sin x}{x}$ 　　　　　　C. $\ln|x|$ 　　　　　　D. $2^{-x}-1$

(2) 当 $x\to 0$ 时,下列变量中为无穷大的是(　　).

　　A. $x\sin\dfrac{1}{x}$ 　　　　B. $\dfrac{1}{x}\cos x$ 　　　　C. $\dfrac{1}{x}\cos\dfrac{1}{x}$ 　　　　D. $\dfrac{1}{x}\sin x$

(3) 设 $f(x)=\dfrac{1-x}{1+x}$,　$g(x)=1-\sqrt[3]{x}$,则当 $x\to 1$ 时,(　　).

　　A. $f(x)$ 与 $g(x)$ 是同阶无穷小,但不是等价无穷小

　　B. $f(x)$ 与 $g(x)$ 是等价无穷小

　　C. $f(x)$ 是比 $g(x)$ 高阶的无穷小

　　D. $g(x)$ 是比 $f(x)$ 高阶的无穷小

(4) $\lim\limits_{x\to+\infty}x\cos x=(\quad)$.

　　A. 0 　　　　　　B. 1 　　　　　　C. ∞ 　　　　　　D. 不存在,但不是 ∞

(5) 设 $f(x)=\begin{cases}\dfrac{1-\cos x}{x^2}, & x\neq 0,\\ 0, & x=0,\end{cases}$ 则 $x=0$ 是 $f(x)$ 的(　　).

　　A. 跳跃间断点 　　　B. 可去间断点 　　　C. 第二类间断点 　　　D. 连续点

(6) 函数 $y=\dfrac{x^2-1}{x^2-3x+2}$ 的间断点为 $x=1,2$,则此函数间断点的类型为(　　).

　　A. $x=1,2$ 都是第一类 　　　　　　B. $x=1,2$ 都是第二类

　　C. $x=1$ 是第一类,$x=2$ 是第二类 　　D. $x=1$ 是第二类,$x=2$ 是第一类

2. 填空题:

(1) $\lim\limits_{n\to\infty}\left(\dfrac{1}{n^2}+\dfrac{2}{n^2}+\cdots+\dfrac{n}{n^2}\right)=\underline{\qquad\qquad}$.

(2) $\lim\limits_{n\to\infty}(\sqrt{n+3}-\sqrt{n})\sqrt{n-1}=\underline{\qquad\qquad}$.

（3）$\lim\limits_{n\to\infty}\left[\dfrac{1}{n^2}+\dfrac{1}{(n+1)^2}+\cdots+\dfrac{1}{(2n)^2}\right]=$ _____

（4）若 $\lim\limits_{x\to\infty}\left(1+\dfrac{a}{x}\right)^x=\sqrt{\mathrm{e}}$，则 $a=$ _____.

（5）$\lim\limits_{x\to0}\dfrac{\ln(1+x+x^2)+\ln(1-x+x^2)}{\sec x-\cos x}=$ _____.

（6）若函数 $f(x)=\begin{cases}\ln(1+x)\cos\dfrac{1}{x}, & x>0,\\[2mm] k\mathrm{e}^x+1, & x\leqslant0\end{cases}$ 在 $x=0$ 处连续，则 $k=$ _____.

3. 证明：

（1）$\lim\limits_{n\to\infty}\left(\dfrac{1}{n^2+1}+\dfrac{2}{n^2+2}+\cdots+\dfrac{n}{n^2+n}\right)=\dfrac{1}{2}$；

（2）$\lim\limits_{n\to\infty}\sqrt{1+\dfrac{1}{n^2}}=1$；

（3）$\lim\limits_{n\to\infty}\sqrt{\dfrac{n!}{n^n}}=0$.

4. 设 $a_n=(1+2^n+3^n)^{\frac{1}{n}}$，求 $\lim\limits_{n\to\infty}a_n$.

5. 设 $a_1=\sqrt{2}$，$a_n=\sqrt{2+a_{n-1}}$（$n\geqslant2$），求 $\lim\limits_{n\to\infty}a_n$.

6. 设 $x_1=2$，$x_{n+1}=\dfrac{1}{2}\left(x_n+\dfrac{1}{x_n}\right)$（$n=1,2,\cdots$），证明：$\lim\limits_{n\to\infty}x_n=1$.

7. 证明：若 $\lim\limits_{x\to x_0}f(x)=A$，则 $\lim\limits_{x\to x_0}|f(x)|=|A|$.

8. 研究下列函数在 $x=0$ 处的极限或左、右极限：

（1）$f(x)=\dfrac{|x|}{x}$；　　　　　　　　　　（2）$f(x)=\begin{cases}2^x, & x>0,\\ 0, & x=0,\\ 1+x^2, & x<0;\end{cases}$

（3）$f(x)=\begin{cases}\sin\dfrac{1}{x}, & x>0,\\[2mm] x\sin\dfrac{1}{x}, & x<0.\end{cases}$

9. 证明：函数 $y=x\cos x$ 在 $(-\infty,+\infty)$ 内无界，但不是当 $x\to+\infty$ 时的无穷大.

10. 证明：函数 $y=\dfrac{1}{x}\sin\dfrac{1}{x}$ 在区间 $(0,1]$ 内无界，但不是 $x\to0^+$ 时的无穷大.

11. 证明：若函数 $f(x)$ 在点 x_0 连续，且 $f(x_0)>0$，则存在 x_0 的某邻域 $U(x_0)$，使对一切 $x\in U(x_0)$，都有 $f(x)>0$.

习题参考答案
与提示二

12. 研究 $f(x)=\begin{cases}\cos\dfrac{\pi x}{2}, & |x|\leqslant1,\\[2mm] |x-1|, & |x|>1\end{cases}$ 的连续性.

13. 讨论函数 $f(x)=\lim\limits_{n\to\infty}\dfrac{1-x^{2n}}{1+x^{2n}}x$（$n\in\mathbf{N}_+$）的连续性，若有间断点，判别其类型.

14. 设 $f(x) = \begin{cases} \dfrac{\sin ax}{x}, & x < 0, \\ e, & x = 0, \\ (1-bx)^{\frac{1}{x}}, & x > 0, \end{cases}$ 试确定 a,b 的值,使 $f(x)$ 在 $(-\infty, +\infty)$ 内连续.

15. 证明:若 $f(x)$ 是以 2π 为周期的连续函数,则存在 ξ,使 $f(\xi+\pi) = f(\xi)$.

16. 证明:若函数 $f(x)$ 在 $(-\infty, +\infty)$ 内连续,且 $\lim\limits_{x \to \infty} f(x)$ 存在,则 $f(x)$ 必在 $(-\infty, +\infty)$ 内有界.

第三章 导数与微分

十七世纪,出现了一个崭新的数学分支——微积分,它在数学领域中占据着重要地位,其特点是:非常成功地运用了无限过程的运算,即极限运算.

在理解和掌握函数与极限这两个概念的基础上,本章我们来阐释一元函数微分学中的两个基本概念:导数与微分. 由此建立起一整套微分法公式与法则,从而系统解决初等函数的求导问题.

§3.1 导数概念

一、导数的定义

导数的概念是由英国数学家牛顿(Newton)和德国数学家莱布尼茨(Leibniz)分别在研究力学和几何学过程中建立起来的.

与导数概念的形成直接相联系的是以下两个问题:直线运动的速度问题和切线问题.

例1 直线运动的速度问题

设一质点作直线运动,其运动规律为 $s=f(t)$. 记 $t=t_0$ 时,质点的位置坐标为 $s_0=f(t_0)$. 当 t 从 t_0 增加到 $t_0+\Delta t$ 时,s 相应地从 s_0 增加到 $s_0+\Delta s=f(t_0+\Delta t)$. 因此,质点在 Δt 这段时间内的位移是

$$\Delta s = f(t_0 + \Delta t) - f(t_0),$$

而在 Δt 时间内质点的平均速度是

$$\bar{v} = \frac{\Delta s}{\Delta t} = \frac{f(t_0 + \Delta t) - f(t_0)}{\Delta t}.$$

显然,随着 Δt 的减小,平均速度 $\bar{v}$ 就越接近质点在 t_0 时刻的所谓瞬时速度(简称速度). 为此,我们想到采取"极限"的手段,如果平均速度 $\bar{v}=\dfrac{\Delta s}{\Delta t}$当 $\Delta t \to 0$ 时的极限存在,那么自然地把这个极限值(记作 v)定义为质点在 $t=t_0$ 时的瞬时速度或速度:

$$v = \lim_{\Delta t \to 0} \frac{\Delta s}{\Delta t} = \lim_{\Delta t \to 0} \frac{f(t_0 + \Delta t) - f(t_0)}{\Delta t}. \tag{3.1}$$

例2 切线问题

设 M 为曲线 C 上的一点(图3.1),在点 M 外另取 C 上的一点 N,作割线 MN,若当点 N 沿曲线 C 趋于点 M 时,割线 MN 绕点 M 旋转而趋于一个极限位置 MT,则称直线 MT 为曲线 C 在点 M 处的**切线**.

下面,我们利用极限方法来讨论切线问题. 设曲线 C 的方程为 $y=f(x)$, 其中 $f(x)$ 为连续函数. 如图 3.2 所示, $M(x_0, y_0)$ 为曲线 $y=f(x)$ 上的一个定点, 在曲线上取邻近于 M 的点 $N(x_0+\Delta x, y_0+\Delta y)$, 于是割线 MN 的斜率为

$$\tan \beta = \frac{\Delta y}{\Delta x} = \frac{f(x_0+\Delta x)-f(x_0)}{\Delta x},$$

其中 β 为割线 MN 的倾角. 当 $\Delta x \to 0$ 时, 点 N 就沿着曲线 $y=f(x)$ 趋于 M, 若上式的极限存在, 设为 k, 则

$$k = \lim_{\Delta x \to 0} \frac{\Delta y}{\Delta x} = \lim_{\Delta x \to 0} \frac{f(x_0+\Delta x)-f(x_0)}{\Delta x} \tag{3.2}$$

即为切线 MT 的斜率. 这里 $k = \tan \alpha$, α 为切线 MT 的倾角. $\dfrac{\Delta y}{\Delta x}$ 是函数的增量与自变量的增量之比, 它表示函数的平均变化率.

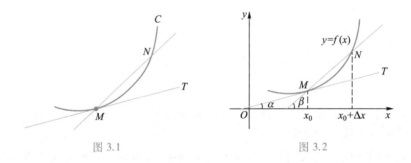

图 3.1　　　　　　　　　　图 3.2

上面所讲的瞬时速度和切线斜率, 虽然它们来自不同的具体问题, 但在计算上都归结为形如 (3.1)、(3.2) 这种类型的极限, 即函数的平均变化率的极限, 称为**瞬时变化率**. 在实际生活中, 我们会经常遇到从数学结构上看, 形式完全相同的各种各样的变化率, 从而有必要从中抽象出一个数学概念来加以研究.

定义 3.1.1　设函数 $y=f(x)$ 在点 x_0 的某邻域内有定义, 若极限

$$\lim_{\Delta x \to 0} \frac{\Delta y}{\Delta x} = \lim_{\Delta x \to 0} \frac{f(x_0+\Delta x)-f(x_0)}{\Delta x} \tag{3.3}$$

存在, 则称函数 $y=f(x)$ 在点 x_0 处**可导**, 并称这个极限值为函数 $y=f(x)$ 在点 x_0 处的**导数**, 记作

$$f'(x_0), \quad y'|_{x=x_0}, \quad \frac{\mathrm{d}y}{\mathrm{d}x}\bigg|_{x=x_0}, \quad \frac{\mathrm{d}f(x)}{\mathrm{d}x}\bigg|_{x=x_0}.$$

若极限 (3.3) 不存在, 则称 $f(x)$ 在点 x_0 处**不可导**. 如果不可导的原因在于比式 $\dfrac{\Delta y}{\Delta x}$ 当 $\Delta x \to 0$ 时是无穷大, 那么为了方便, 也往往说 $f(x)$ 在点 x_0 的导数为无穷大.

在 (3.3) 中, 若令 $x_0+\Delta x = x$, 则有

$$\Delta x = x - x_0, \quad \Delta y = f(x) - f(x_0).$$

当 $\Delta x \to 0$ 时, $x \to x_0$, 从而导数的定义式又可以写成

$$f'(x_0) = \lim_{x \to x_0} \frac{f(x) - f(x_0)}{x - x_0}. \qquad (3.4)$$

即把 $f'(x_0)$ 表示为函数差值与自变量差值之商的极限,因此导数也简述为**差商的极限**.

既然导数是比式 $\dfrac{\Delta y}{\Delta x}$ 当 $\Delta x \to 0$ 时的极限,我们也往往根据需要,考察它的单侧极限.

定义 3.1.2 设函数 $y=f(x)$ 在点 x_0 的某左邻域 $(x_0-\delta_1, x_0]$(或右邻域 $[x_0, x_0+\delta_2]$)上有定义,若极限

$$\lim_{\Delta x \to 0^-} \frac{\Delta y}{\Delta x} \left(\text{或} \lim_{\Delta x \to 0^+} \frac{\Delta y}{\Delta x} \right)$$

存在,则称这个极限值为 $f(x)$ 在点 x_0 处的**左导数**(或**右导数**),记作 $f'_-(x_0)$(或 $f'_+(x_0)$).

根据单侧极限与极限的关系,我们得到下面的定理.

定理 3.1.1 函数 $f(x)$ 在点 x_0 可导的充要条件是 $f(x)$ 在点 x_0 的左导数 $f'_-(x_0)$ 和右导数 $f'_+(x_0)$ 都存在,且

$$f'_-(x_0) = f'_+(x_0).$$

如果函数 $y=f(x)$ 在开区间 I 内每一点都可导,那么称 $f(x)$ **在 I 内可导**. 这时对每一个 $x \in I$,都有导数 $f'(x)$ 与之相对应,从而在 I 内确定了一个新的函数,称为 $y=f(x)$ 的**导函数**,记作

$$f'(x), \quad y', \quad \frac{\mathrm{d}y}{\mathrm{d}x}, \quad \frac{\mathrm{d}f(x)}{\mathrm{d}x}.$$

在(3.3)中把 x_0 换成 x,即得导函数的定义:

$$f'(x) = \lim_{\Delta x \to 0} \frac{f(x + \Delta x) - f(x)}{\Delta x}, \quad x \in I,$$

于是导数 $f'(x_0) = f'(x) \big|_{x=x_0}$.

以后简称导函数 $f'(x)$ 为导数,而 $f'(x_0)$ 是 $f(x)$ 在点 x_0 处的导数. 一个在区间 I 内处处可导的函数称为在 I 内的**可导函数**.

利用"导数"术语,我们说:

(1)瞬时速度是位移 s 对时间 t 的导数(**导数的力学意义**),即

$$v = \frac{\mathrm{d}s}{\mathrm{d}t};$$

(2)切线的斜率是曲线上点的纵坐标 y 对点的横坐标 x 的导数(**导数的几何意义**),即

$$k = \tan \alpha = \frac{\mathrm{d}y}{\mathrm{d}x}.$$

下面我们利用导数的定义来导出几个基本初等函数的导数公式.

例 3 求常量函数 $y=C$ 的导数.

解 当 x 取得增量 Δx 时,函数 $y=C$ 的增量总等于零,即 $\Delta y=0$. 从而有

$$\frac{\Delta y}{\Delta x} = 0.$$

于是

$$\frac{\mathrm{d}y}{\mathrm{d}x} = \lim_{\Delta x \to 0} \frac{\Delta y}{\Delta x} = 0.$$

即

$$(C)' = 0.$$

例 4　求函数 $f(x) = x^n (n \in \mathbf{N}_+)$ 在 $x = a$ 的导数.

解　由导数的定义式(3.4),

$$f'(a) = \lim_{x \to a} \frac{f(x) - f(a)}{x - a} = \lim_{x \to a} \frac{x^n - a^n}{x - a}$$

$$= \lim_{x \to a} (x^{n-1} + ax^{n-2} + a^2 x^{n-3} + \cdots + a^{n-1})$$

$$= na^{n-1}.$$

例 5　求幂函数 $y = x^\mu (\mu \in \mathbf{R}, \mu \neq 0)$ 的导数.

解　利用 $(1+x)^\mu - 1 \sim \mu x (x \to 0)$,则

$$\lim_{h \to 0} \frac{(x+h)^\mu - x^\mu}{h} = x^{\mu-1} \lim_{h \to 0} \frac{\left(1 + \frac{h}{x}\right)^\mu - 1}{\frac{h}{x}} = \mu x^{\mu-1}.$$

特别取 $\mu = -1, \frac{1}{2}$ 时,有

$$\left(\frac{1}{x}\right)' = -\frac{1}{x^2}, \quad (\sqrt{x})' = \frac{1}{2\sqrt{x}}.$$

例 6　证明: $(a^x)' = a^x \ln a (a > 0, a \neq 1$ 为常数$)$.

证　$(a^x)' = \lim_{h \to 0} \frac{a^{x+h} - a^x}{h} = a^x \lim_{h \to 0} \frac{a^h - 1}{h} = a^x \ln a.$ $\qquad\qquad\square$

例 7　证明: $(\sin x)' = \cos x$.

证　$(\sin x)' = \lim_{h \to 0} \frac{\sin(x+h) - \sin x}{h} = \lim_{h \to 0} \frac{2\sin\frac{h}{2}\cos\left(x + \frac{h}{2}\right)}{h} = \cos x.$ $\qquad\square$

作为练习,容易证明: $(\cos x)' = -\sin x$.

对于分段表示的函数,求它的导函数时需要分段进行,并结合运用定理 3.1.1.

例 8　已知 $f(x) = \begin{cases} \sin x, & x < 0, \\ x, & x \geq 0, \end{cases}$ 求 $f'(x)$.

解　当 $x < 0$ 时, $f'(x) = (\sin x)' = \cos x$;当 $x > 0$ 时, $f'(x) = (x)' = 1$;当 $x = 0$ 时,由于

$$f'_-(0) = \lim_{x \to 0^-} \frac{\sin x - 0}{x} = 1, \quad f'_+(0) = \lim_{x \to 0^+} \frac{x - 0}{x} = 1.$$

故 $f'(0) = 1$.所以

$$f'(x) = \begin{cases} \cos x, & x < 0, \\ 1, & x \geq 0. \end{cases}$$

根据导数的几何意义,若 $f(x)$ 在点 x_0 可导,则 $f'(x_0)$ 表示曲线 $y = f(x)$ 在点 $(x_0, f(x_0))$

处切线的斜率. 当 $f'(x_0) \neq 0$ 时,曲线 $y=f(x)$ 在点 $(x_0, f(x_0))$ 处的切线方程和法线方程分别为

$$y - f(x_0) = f'(x_0)(x - x_0),$$

和

$$y - f(x_0) = -\frac{1}{f'(x_0)}(x - x_0).$$

若 $f'(x_0) = 0$,则分别为 $y=f(x_0)$ 和 $x=x_0$.

例 9 求曲线 $y=x^2$ 在点 $(2,4)$ 处的切线方程和法线方程.

解 由导数的几何意义,曲线在点 $(2,4)$ 处切线的斜率

$$k = (x^2)'\big|_{x=2} = 2x\big|_{x=2} = 4.$$

所求的切线方程和法线方程分别为

$$y - 4 = 4(x - 2),$$

和

$$y - 4 = -\frac{1}{4}(x - 2).$$

▶▶ **二、函数可导与连续的关系**

连续与可导是函数的两个重要概念. 虽然在导数的定义中未明确要求函数在点 x_0 连续,但却蕴涵"可导必然连续"这一关系.

定理 3.1.2 若 $f(x)$ 在点 x_0 处可导,则它在点 x_0 处连续.

证 设 $f(x)$ 在点 x_0 处可导,即

$$\lim_{\Delta x \to 0} \frac{\Delta y}{\Delta x} = f'(x_0),$$

则

$$\lim_{\Delta x \to 0} \Delta y = \lim_{\Delta x \to 0}\left(\frac{\Delta y}{\Delta x} \cdot \Delta x\right) = \lim_{\Delta x \to 0}\frac{\Delta y}{\Delta x} \cdot \lim_{\Delta x \to 0}\Delta x = 0.$$

所以 $f(x)$ 在点 x_0 连续.

但反过来不一定成立,即在点 x_0 处连续的函数未必在点 x_0 处可导.

例 10 证明:函数 $f(x) = |x|$ 在点 $x=0$ 处连续但不可导.

证 因为 $\lim\limits_{x \to 0} x = 0$,有

$$\lim_{x \to 0} |x| = \left|\lim_{x \to 0} x\right| = 0,$$

所以 $f(x) = |x|$ 在点 $x=0$ 处连续,但由于

$$f'_-(0) = \lim_{x \to 0^-} \frac{-x-0}{x} = -1, \quad f'_+(0) = \lim_{x \to 0^+} \frac{x-0}{x} = 1,$$

$f'_-(0) \neq f'_+(0)$,故 $f(x) = |x|$ 在点 $x=0$ 处不可导. □

例 11 分别讨论当 $m=0,1,2$ 时,函数

$$f_m(x) = \begin{cases} x^m \sin\dfrac{1}{x}, & x \neq 0, \\ 0, & x = 0 \end{cases}$$

在 $x=0$ 处的连续性与可导性.

解　当 $m=0$ 时,由于 $\lim\limits_{x\to 0}\sin\dfrac{1}{x}$ 不存在,故 $x=0$ 是 $f_0(x)$ 的第二类间断点,所以 $f_0(x)$ 在 $x=0$ 不连续,当然也不可导.

当 $m=1$ 时,有 $\lim\limits_{x\to 0}f_1(x)=\lim\limits_{x\to 0}x\sin\dfrac{1}{x}=0=f_1(0)$,即 $f_1(x)$ 在 $x=0$ 连续,但由于

$$\lim_{x\to 0}\frac{x\sin\dfrac{1}{x}-0}{x}=\lim_{x\to 0}\sin\frac{1}{x}$$ 不存在,故 $f_1(x)$ 在 $x=0$ 不可导.

当 $m=2$ 时,由于 $\lim\limits_{x\to 0}\dfrac{x^2\sin\dfrac{1}{x}-0}{x}=\lim\limits_{x\to 0}x\sin\dfrac{1}{x}=0$,所以 $f_2(x)$ 在 $x=0$ 可导,且 $f_2'(0)=0$,从而也必在 $x=0$ 连续.

习题 3.1

1. 设 $f'(x_0)$ 存在,求下列极限:

（1） $\lim\limits_{\Delta x\to 0}\dfrac{f(x_0+\Delta x)-f(x_0-\Delta x)}{\Delta x}$;　　　　（2） $\lim\limits_{h\to\infty}h\left(f\left(x_0+\dfrac{2}{h}\right)-f\left(x_0-\dfrac{1}{h}\right)\right)$.

2. 求下列分段函数在分段点处的左、右导数,并指出函数在该点处的可导性:

（1） $f(x)=\begin{cases}x, & x\geqslant 0,\\ x^3, & x<0;\end{cases}$　　　　（2） $f(x)=\begin{cases}x\sin\dfrac{1}{x}, & x\neq 0;\\ 0, & x=0.\end{cases}$

3. 求曲线 $y=2\cos x$ 在点 $\left(\dfrac{\pi}{4},\sqrt{2}\right)$ 处的切线方程和法线方程.

4. 设 $f(x)=\begin{cases}x^2, & x\geqslant 3\\ ax+b, & x<3\end{cases}$,试确定 a,b 的值,使 $f(x)$ 在 $x=3$ 处可导.

5. 设 $f(x)$ 在 $x=2$ 处连续,且 $\lim\limits_{x\to 2}\dfrac{f(x)}{x-2}=3$,求 $f'(2)$.

6. 设 $f(x)=(e^x-1)(e^{2x}-2)\cdots(e^{nx}-n)$,求 $f'(0)$.

7. 设曲线 $y=x^2+5x+4$,

（1）确定 b,使直线 $y=-\dfrac{1}{3}x+b$ 为曲线的法线;

（2）求过点 $(0,3)$ 的切线.

习题参考答案
与提示 3.1

8. 设 $f(x)$ 在 $x=2$ 处可导,$f(2)=1$ 且 $\lim\limits_{x\to 0}\dfrac{f(2+x)-f(2-x)}{x}=-1$,求曲线 $y=f(x)$ 在点 $(2,f(2))$ 处的切线方程和法线方程.

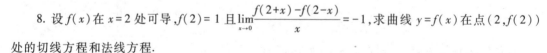

§3.2　求导法则

本节我们根据导数的定义,推出几个主要的求导法则——导数的四则运算法则、反函数

的求导法则与复合函数的求导法则. 借助这些法则和上节导出的几个基本初等函数的导数公式,求出其余的基本初等函数的导数公式. 在此基础上解决初等函数的求导问题.

▶▶ 一、导数的四则运算法则

定理 3.2.1 设 $u(x),v(x)$ 在点 x 处可导,则 $u(x)\pm v(x),u(x)v(x),\dfrac{u(x)}{v(x)}(v(x)\neq 0)$ 也在点 x 处可导,且有

(1) $[u(x)\pm v(x)]'=u'(x)\pm v'(x)$;

(2) $[u(x)v(x)]'=u'(x)v(x)+u(x)v'(x)$;

(3) $\left[\dfrac{u(x)}{v(x)}\right]'=\dfrac{u'(x)v(x)-u(x)v'(x)}{v^2(x)}$.

证 (1) 令 $y=u(x)+v(x)$,则
$$\Delta y=[u(x+\Delta x)+v(x+\Delta x)]-[u(x)+v(x)]$$
$$=[u(x+\Delta x)-u(x)]+[v(x+\Delta x)-v(x)],$$

随之有
$$\lim_{\Delta x\to 0}\frac{\Delta y}{\Delta x}=\lim_{\Delta x\to 0}\frac{u(x+\Delta x)-u(x)}{\Delta x}+\lim_{\Delta x\to 0}\frac{v(x+\Delta x)-v(x)}{\Delta x}=u'(x)+v'(x),$$

所以 $y=u(x)+v(x)$ 也在点 x 处可导,且
$$[u(x)+v(x)]'=u'(x)+v'(x).$$

类似可证 $[u(x)-v(x)]'=u'(x)-v'(x)$.

(2) 令 $y=u(x)v(x)$,则
$$\Delta y=u(x+\Delta x)v(x+\Delta x)-u(x)v(x)$$
$$=[u(x+\Delta x)-u(x)]v(x+\Delta x)+u(x)[v(x+\Delta x)-v(x)],$$

由于 $v(x)$ 在点 x 处可导,从而在点 x 处连续,故 $\lim\limits_{\Delta x\to 0}v(x+\Delta x)=v(x)$. 于是
$$\lim_{\Delta x\to 0}\frac{\Delta y}{\Delta x}=\lim_{\Delta x\to 0}\frac{u(x+\Delta x)-u(x)}{\Delta x}\cdot\lim_{\Delta x\to 0}v(x+\Delta)+u(x)\cdot\lim_{\Delta x\to 0}\frac{v(x+\Delta x)-v(x)}{\Delta x}$$
$$=u'(x)v(x)+u(x)v'(x),$$

所以 $y=u(x)v(x)$ 也在点 x 处可导,且有
$$[u(x)v(x)]'=u'(x)v(x)+u(x)v'(x).$$

(3) 先证 $\left[\dfrac{1}{v(x)}\right]'=-\dfrac{v'(x)}{v^2(x)}$. 令 $y=\dfrac{1}{v(x)}$,则
$$\Delta y=\frac{1}{v(x+\Delta x)}-\frac{1}{v(x)}=-\frac{v(x+\Delta x)-v(x)}{v(x+\Delta x)v(x)}.$$

由于 $v(x)$ 在点 x 处可导,$\lim\limits_{\Delta x\to 0}v(x+\Delta x)=v(x)\neq 0$,故
$$\lim_{\Delta x\to 0}\frac{\Delta y}{\Delta x}=-\frac{v'(x)}{v^2(x)}.$$

所以 $y=\dfrac{1}{v(x)}$ 在点 x 处可导,且

$$\left[\frac{1}{v(x)}\right]' = -\frac{v'(x)}{v^2(x)}.$$

随之由(2)推出

$$\left[\frac{u(x)}{v(x)}\right]' = u'(x)\frac{1}{v(x)} + u(x)\left[\frac{1}{v(x)}\right]' = u'(x)\frac{1}{v(x)} - u(x)\frac{v'(x)}{v^2(x)}$$

$$= \frac{u'(x)v(x) - u(x)v'(x)}{v^2(x)}.$$

推论 3.2.1 若 $u(x)$ 在点 x 处可导,C 是常数,则 $Cu(x)$ 在点 x 处可导,且

$$[Cu(x)]' = Cu'(x).$$

即求导时,常数因子可以提到求导符号的外面来.

推论 3.2.2 乘积求导公式可以推广到有限个可导函数的乘积.

例如,若 u,v,w 都是区间 I 内的可导函数,则

$$(uvw)' = u'vw + uv'w + uvw'.$$

例 1 求下列函数的导数:

(1) $y = \sec x$;　　　　　　(2) $y = \csc x$;

(3) $y = \tan x$;　　　　　　(4) $y = \cot x$.

解 (1) $(\sec x)' = \left(\dfrac{1}{\cos x}\right)' = -\dfrac{(\cos x)'}{\cos^2 x} = \dfrac{\sin x}{\cos^2 x} = \sec x \tan x.$

(2) $(\csc x)' = \left(\dfrac{1}{\sin x}\right)' = -\dfrac{\cos x}{\sin^2 x} = -\csc x \cot x.$

(3) $(\tan x)' = \left(\dfrac{\sin x}{\cos x}\right)' = \dfrac{\cos x \cos x - \sin x(-\sin x)}{\cos^2 x} = \dfrac{1}{\cos^2 x} = \sec^2 x.$

(4) $(\cot x)' = \left(\dfrac{\cos x}{\sin x}\right)' = \dfrac{(-\sin x)\sin x - \cos x \cos x}{\sin^2 x} = \dfrac{-1}{\sin^2 x} = -\csc^2 x.$

▶▶ 二、反函数的求导法则

定理 3.2.2 设 $y = f(x)$ 为 $x = \varphi(y)$ 的反函数. 若 $x = \varphi(y)$ 在某区间 I_y 内单调、可导且 $\varphi'(y) \neq 0$,,则它的反函数 $y = f(x)$ 也在对应的区间 I_x 内可导,且有

$$f'(x) = \frac{1}{\varphi'(y)} \quad \text{或} \quad \frac{\mathrm{d}y}{\mathrm{d}x} = \frac{1}{\dfrac{\mathrm{d}x}{\mathrm{d}y}}. \tag{3.5}$$

证 任取 $x \in I_x$ 及 $\Delta x \neq 0$,使 $x + \Delta x \in I_x$. 根据反函数的单调性及连续性有

$$\Delta y = f(x + \Delta x) - f(x) \neq 0, \quad \text{且 } \Delta y \to 0(\Delta x \to 0).$$

由 $\varphi'(y) \neq 0$,可得

$$\lim_{\Delta x \to 0} \frac{\Delta y}{\Delta x} = \frac{1}{\lim\limits_{\Delta y \to 0} \dfrac{\Delta x}{\Delta y}} = \frac{1}{\varphi'(y)}.$$

因为 x 是 I_x 内任取的一点,所以 $y = f(x)$ 在区间 I_x 内可导,且(3.5)式成立.

例 2 求 $y = \arcsin x$ 的导数.

解 $y = \arcsin x, x \in (-1,1)$ 为 $x = \sin y, y \in \left(-\dfrac{\pi}{2}, \dfrac{\pi}{2}\right)$ 的反函数,且当 $y \in \left(-\dfrac{\pi}{2}, \dfrac{\pi}{2}\right)$ 时,$(\sin y)' = \cos y > 0$. 由公式(3.5)得

$$(\arcsin x)' = \frac{1}{(\sin y)'} = \frac{1}{\cos y} = \frac{1}{\sqrt{1 - \sin^2 y}} = \frac{1}{\sqrt{1 - x^2}}.$$

同理可得

$$(\arccos x)' = -\frac{1}{\sqrt{1 - x^2}}, \quad (\arctan x)' = \frac{1}{1 + x^2}, \quad (\operatorname{arccot} x)' = -\frac{1}{1 + x^2}.$$

例 3 求对数函数 $y = \log_a x (a > 0, a \neq 1)$ 的导数.

解 由于 $y = \log_a x, x \in (0, +\infty)$ 是 $x = a^y, y \in (-\infty, +\infty)$ 的反函数,且当 $y \in (-\infty, +\infty)$ 时,$(a^y)' = a^y \ln a \neq 0 (a > 0, a \neq 1)$. 从而有

$$(\log_a x)' = \frac{1}{(a^y)'} = \frac{1}{a^y \ln a} = \frac{1}{x \ln a}.$$

特别地,自然对数的导数为

$$(\ln x)' = \frac{1}{x}.$$

▶▶ 三、复合函数的求导法则

先证明一个引理.

引理 3.1.1 $f(x)$ 在点 x_0 处可导的充要条件是在点 x_0 的某邻域 $U(x_0)$ 内,有
$$f(x) - f(x_0) = H(x)(x - x_0),$$
其中 $H(x)$ 在点 x_0 处连续,且 $H(x_0) = f'(x_0)$.

证 先证必要性. 设 $f(x)$ 在点 x_0 处可导,令

$$H(x) = \begin{cases} \dfrac{f(x) - f(x_0)}{x - x_0}, & x \in \overset{\circ}{U}(x_0), \\ f'(x_0), & x = x_0, \end{cases}$$

就有

$$\lim_{x \to x_0} H(x) = \lim_{x \to x_0} \frac{f(x) - f(x_0)}{x - x_0} = f'(x_0) = H(x_0),$$

所以 $H(x)$ 在点 x_0 处连续,$H(x_0) = f'(x_0)$,且 $f(x) - f(x_0) = H(x)(x - x_0), x \in U(x_0)$.

再证充分性. 设存在 $H(x), x \in U(x_0)$,它在点 x_0 处连续,使得
$$f(x) - f(x_0) = H(x)(x - x_0), \quad x \in U(x_0).$$
于是

$$\lim_{x \to x_0} \frac{f(x) - f(x_0)}{x - x_0} = \lim_{x \to x_0} H(x) = H(x_0),$$

所以 $f(x)$ 在点 x_0 处可导,且 $f'(x_0) = H(x_0)$. □

定理 3.2.3 设复合函数 $f[g(x)]$ 在点 x_0 的某邻域 $U(x_0, r)$ 内有定义,若 $u = g(x)$ 在点 x_0 处可导, $y = f(u)$ 在点 $u_0 = g(x_0)$ 处可导,则 $y = f[g(x)]$ 在点 x_0 处可导,且有

$$\left. \frac{\mathrm{d}y}{\mathrm{d}x} \right|_{x=x_0} = f'(u_0)g'(x_0) = f'[g(x_0)]g'(x_0). \tag{3.6}$$

证 因为 $y = f(u)$ 在点 u_0 处可导,根据引理 3.1.1,存在点 u_0 的某邻域 $U(u_0)$,使得

$$f(u) - f(u_0) = F(u)(u - u_0), \quad u \in U(u_0),$$

其中 $F(u)$ 在点 u_0 处连续,且 $F(u_0) = f'(u_0)$.

又因为 $u = g(x)$ 在点 x_0 处可导,根据引理 3.1.1,存在正数 $\delta(<r)$,使得当 $x \in U(x_0, \delta)$ 时, $u = g(x) \in U(u_0)$,且在 $U(x_0, \delta)$ 内,有

$$g(x) - g(x_0) = G(x)(x - x_0),$$

其中 $G(x)$ 在点 x_0 处连续,且 $G(x_0) = g'(x_0)$. 从而推出

$$f[g(x)] - f[g(x_0)] = F[g(x)][g(x) - g(x_0)]$$
$$= F[g(x)]G(x)(x - x_0), x \in U(x_0, \delta),$$

令 $H(x) = F[g(x)]G(x)$,由连续函数积的连续性及复合函数的连续性可知, $H(x)$ 在点 x_0 处连续,根据引理 3.1.1, $y = f[g(x)]$ 在点 x_0 处可导,且

$$\left. \frac{\mathrm{d}y}{\mathrm{d}x} \right|_{x=x_0} = H(x_0) = F[g(x_0)]G(x_0) = f'[g(x_0)]g'(x_0) = f'(u_0)g'(x_0). \qquad \square$$

复合函数 $y = f(g(x))$ 在点 x 处的求导公式(称为**链式法则**)也简写为

$$\frac{\mathrm{d}y}{\mathrm{d}x} = \frac{\mathrm{d}y}{\mathrm{d}u} \cdot \frac{\mathrm{d}u}{\mathrm{d}x}. \tag{3.7}$$

反复应用(3.7)可以求出由多个函数复合而成的复合函数的导数.

例 4 求 $y = \ln|f(x)|$ 的导数 $(f(x) \neq 0$ 且 $f(x)$ 可导).

解 当 $f(x) > 0$ 时, $y = \ln f(x)$. 可设 $y = \ln u, u = f(x)$,则

$$y' = \frac{1}{u} \cdot f'(x) = \frac{f'(x)}{f(x)}.$$

当 $f(x) < 0$ 时, $y = \ln[-f(x)]$. 可得

$$y' = \frac{1}{-f(x)} \cdot [-f(x)]' = \frac{f'(x)}{f(x)}.$$

因此

$$(\ln|f(x)|)' = \frac{f'(x)}{f(x)} \ (f(x) \neq 0).$$

在熟练掌握链式法则后,可以不必写出中间变量,从而使求导过程相对简捷.

例 5 求 $y = \ln(x + \sqrt{x^2 + 1})$ 的导数.

解 $y' = \dfrac{1}{x + \sqrt{x^2 + 1}} \cdot \left(1 + \dfrac{1}{2\sqrt{x^2 + 1}} \cdot 2x\right) = \dfrac{1}{\sqrt{x^2 + 1}}.$

例 6 设 $y = \cot\dfrac{\sqrt{x}}{2} + \tan\dfrac{2}{\sqrt{x}}$,求 y'.

解　$y'=-\csc^2\dfrac{\sqrt{x}}{2}\cdot\dfrac{1}{2}\cdot\dfrac{1}{2\sqrt{x}}+\sec^2\dfrac{2}{\sqrt{x}}\cdot 2\left(-\dfrac{1}{2}\right)x^{-\frac{3}{2}}$

$\quad\quad =-\dfrac{1}{4\sqrt{x}}\csc^2\dfrac{\sqrt{x}}{2}-\dfrac{1}{\sqrt{x^3}}\sec^2\dfrac{2}{\sqrt{x}}.$

▶▶ 四、基本初等函数的求导公式

现在把前面导出的基本初等函数的求导公式汇总起来,以便查阅.

(1) $(C)'=0$;

(2) $(x^\mu)'=\mu x^{\mu-1}(\mu\in\mathbf{R})$;

(3) $(a^x)'=a^x\ln a(a>0,a\neq 1)$,　$(\mathrm{e}^x)'=\mathrm{e}^x$,

$\quad (\log_a x)'=\dfrac{1}{x\ln a}(a>0,a\neq 1)$,　$(\ln x)'=\dfrac{1}{x}$;

(4) $(\sin x)'=\cos x$,　$(\cos x)'=-\sin x$,

$\quad (\tan x)'=\sec^2 x$,　$(\cot x)'=-\csc^2 x$,

$\quad (\sec x)'=\sec x\tan x$,　$(\csc x)'=-\csc x\cot x$;

(5) $(\arcsin x)'=\dfrac{1}{\sqrt{1-x^2}}$,　$(\arccos x)'=-\dfrac{1}{\sqrt{1-x^2}}$,

$\quad (\arctan x)'=\dfrac{1}{1+x^2}$,　$(\operatorname{arccot} x)'=-\dfrac{1}{1+x^2}$.

例 7　求下列函数的导数:

(1) $y=2^x+x^4+\log_3(x^3\mathrm{e}^2)$;　(2) $y=\mathrm{e}^x(\sin x-2\cos x)$;

(3) $y=\dfrac{ax+b}{cx+d}(ad-bc\neq 0)$;　(4) $y=\sec x\tan x+3\sqrt[3]{x}\arctan x$;

(5) $y=\ln(\arccos 2x)$;　(6) $y=a^{\sin^2 x}$.

解　(1) $y'=(2^x)'+(x^4)'+(3\log_3 x+\log_3\mathrm{e}^2)'$

$\quad\quad\quad =2^x\ln 2+4x^3+\dfrac{3}{x\ln 3}.$

(2) $y'=(\mathrm{e}^x)'(\sin x-2\cos x)+\mathrm{e}^x(\sin x-2\cos x)'$

$\quad\quad =\mathrm{e}^x(\sin x-2\cos x+\cos x+2\sin x)$

$\quad\quad =\mathrm{e}^x(3\sin x-\cos x).$

(3) $y'=\dfrac{(ax+b)'(cx+d)-(ax+b)(cx+d)'}{(cx+d)^2}$

$\quad\quad =\dfrac{ad-bc}{(cx+d)^2}.$

(4) $y'=(\sec x\tan x)'+(3\sqrt[3]{x}\arctan x)'$

$\quad\quad =\sec x\tan^2 x+\sec^3 x+x^{-\frac{2}{3}}\arctan x+\dfrac{3\sqrt[3]{x}}{1+x^2}.$

(5) $y'=\dfrac{1}{\arccos 2x}\cdot\dfrac{-1}{\sqrt{1-(2x)^2}}\cdot 2=\dfrac{-2}{\sqrt{1-4x^2}\arccos 2x}.$

（6）$y'=a^{\sin^2 x}\ln a\cdot 2\sin x\cos x=a^{\sin^2 x}\sin 2x\cdot\ln a.$

例 8 设函数 $f(x)$ 在 $[0,1]$ 上可导，$y=f(\sin^2 x)+f(\cos^2 x)$，求 y'.

解 $y'=[f(\sin^2 x)]'+[f(\cos^2 x)]'$

$\quad\quad=f'(\sin^2 x)\cdot 2\sin x\cos x+f'(\cos^2 x)\cdot 2\cos x(-\sin x)$

$\quad\quad=\sin 2x[f'(\sin^2 x)-f'(\cos^2 x)].$

例 9 证明：双曲线 $xy=a^2$ 上任一点处的切线与两坐标轴构成的三角形面积都等于 $2a^2$.

证 $y=\dfrac{a^2}{x}$，$y'=-\dfrac{a^2}{x^2}$，过双曲线 $xy=a^2$ 上任意一点 $\left(x_0,\dfrac{a^2}{x_0}\right)$ 的切线方程为

$$y-\frac{a^2}{x_0}=-\frac{a^2}{x_0^2}(x-x_0).$$

令 $x=0$，得 $y=\dfrac{a^2}{x_0}+\dfrac{a^2}{x_0}=\dfrac{2a^2}{x_0}$. 又令 $y=0$，得 $x=2x_0$. 故切线在 y 轴和 x 轴上的截距分别为 $\dfrac{2a^2}{x_0}$ 和 $2x_0$. 因此所求三角形的面积为

$$S_\triangle=\frac{1}{2}\left|\frac{2a^2}{x_0}\right|\,|2x_0|=2a^2. \qquad\qquad \square$$

习题 3.2

1. 求下列函数的导数：

（1）$y=5x^3-2^x+3\mathrm{e}^x$；

（2）$y=\sec x-\cot x$；

（3）$y=\dfrac{\mathrm{e}^x}{x^2}+\ln 2$；

（4）$y=x^3\ln x$；

（5）$y=3^x\tan x-\ln x$；

（6）$y=\mathrm{e}^x(\sin x-\cos x)$；

（7）$y=\dfrac{1+\cos x}{1+\sin x}$；

（8）$y=\left(\dfrac{a}{b}\right)^{-x}\left(\dfrac{a}{x}\right)^b\left(a>0,\ b>0\ \text{且}\ \dfrac{b}{a}\neq 1\right)$.

2. 求下列函数的导数：

（1）$y=\sin(2\ln x+\mathrm{e}^x)$；

（2）$y=\sin^2 x\cos 2x$；

（3）$y=\arctan 3^x$；

（4）$y=\mathrm{e}^{\sin x}+\sin\dfrac{1}{x^2}$；

（5）$y=\ln\left(x+\sqrt{a^2-x^2}\right)$；

（6）$y=\sqrt{x+\sqrt{x+\sqrt{x}}}$；

（7）$y=\arcsin\sqrt{\dfrac{1-x}{1+x}}$；

（8）$y=\arccos\dfrac{1}{x}$；

（9）$y=(\sin x)^x$；

（10）$y=x^{\arctan x}+\sqrt{\cos 2x}$.

3. 设 $f(x),g(x)$ 为可导函数，求下列函数的导数：

（1）$y=f(\sin^2 x)+f(\cos 2x)$；

（2）$y=f(\sin \mathrm{e}^x)-5^{\tan f(x)}$；

（3）$y=\arctan\dfrac{f(x)}{g(x)}(g(x)\neq 0)$；

（4）$y=f(f(x))$.

4. 设 $y = x^2 e^x$，求 $\left.\dfrac{dx}{dy}\right|_{y=e}$．

5. 设 $f(\sin x) = \cos 2x + 3x + 2$，求 $f'(x)$．

6. 设函数 $y = f\left(\dfrac{x+1}{x-1}\right)$ 满足 $f'(x) = \arctan\sqrt{x}$，求 $\left.\dfrac{dy}{dx}\right|_{x=2}$．

习题参考答案
与提示 3.2

▶▶ §3.3 高阶导数

▶▶ 一、高阶导数的概念

设物体的运动方程为 $s = s(t)$，则物体的运动速度为 $v(t) = s'(t)$，而加速度 a 又是速度 $v(t)$ 对时间 t 的导数，也就是路程 $s(t)$ 对时间 t 的导数的导数，即

$$a = v'(t) = (s'(t))',$$

由此产生了高阶导数的概念．

定义 3.3.1 若函数 $y = f(x)$ 的导函数在点 x_0 处可导，则称 $y = f(x)$ 在点 x_0 **二阶可导**，且称 $f'(x)$ 在点 x_0 的导数为 $y = f(x)$ 在点 x_0 的**二阶导数**，记作

$$f''(x_0), \quad y''\big|_{x=x_0}, \quad \left.\dfrac{d^2 y}{dx^2}\right|_{x=x_0}.$$

若函数 $y = f(x)$ 在区间 I 内每一点都二阶可导，则称它**在 I 内二阶可导**，并称 $f''(x)$ $(x \in I)$ 为 $f(x)$ 在 I 内的**二阶导函数**，或简称**二阶导数**．

类似地可以定义三阶导数 $f'''(x)$，四阶导数 $f^{(4)}(x)$，…. 一般地，可由 $n-1$ 阶导数定义 n 阶导数. 函数 $y = f(x)$ 的 n 阶导数记作

$$f^{(n)}(x), \quad y^{(n)}, \quad \dfrac{d^n y}{dx^n}.$$

二阶及二阶以上的导数统称为**高阶导数**. 相对于高阶导数来说，$f'(x)$ 也称为**一阶导数**．

例 1 求 $y = x^{\mu}$ $(\mu \in \mathbf{R}, \mu \neq 0)$ 的 n 阶导数．

解 $y' = \mu x^{\mu-1}, y'' = \mu(\mu-1)x^{\mu-2}, y''' = \mu(\mu-1)(\mu-2)x^{\mu-3}$，
继续求导，可得

$$(x^{\mu})^{(n)} = \mu(\mu-1)\cdots(\mu-n+1)x^{\mu-n}.$$

当 $\mu = n$ 时，有

$$(x^n)^{(n)} = n!,$$

而

$$(x^n)^{(n+k)} = 0 \, (k = 1, 2, \cdots).$$

例 2 求 $y = a^x$ 的 n 阶导数．

解 $y' = a^x \ln a, y'' = a^x \ln^2 a, y''' = a^x \ln^3 a$，
继续求导，可得

$$y^{(n)} = a^x \ln^n a.$$

特别地，当 $a = e$ 时

$$(e^x)^{(n)} = e^x.$$

例 3 求 $y = \sin x$ 和 $y = \cos x$ 的 n 阶导数.

解 $(\sin x)' = \cos x = \sin\left(x + \dfrac{\pi}{2}\right),$

$(\sin x)'' = \cos\left(x + \dfrac{\pi}{2}\right) = \sin\left(x + 2 \cdot \dfrac{\pi}{2}\right),$

$(\sin x)''' = \cos\left(x + 2 \cdot \dfrac{\pi}{2}\right) = \sin\left(x + 3 \cdot \dfrac{\pi}{2}\right),$

继续求导,可得

$$(\sin x)^{(n)} = \sin\left(x + n \cdot \dfrac{\pi}{2}\right).$$

类似地有

$$(\cos x)^{(n)} = \cos\left(x + n \cdot \dfrac{\pi}{2}\right).$$

例 4 求 $y = \ln(1 + x)$ 的 n 阶导数.

解 $y' = \dfrac{1}{1+x}, y'' = -\dfrac{1}{(1+x)^2}, y''' = (-1)(-2)\dfrac{1}{(1+x)^3}, \cdots,$

从而有

$$[\ln(1 + x)]^{(n)} = (-1)^{n-1} \dfrac{(n-1)!}{(1+x)^n}.$$

例 5 求 $y = \dfrac{1-x}{1+x}$ 的 n 阶导数.

解 $y = -1 + \dfrac{2}{1+x}, y' = -\dfrac{2}{(1+x)^2}, y'' = (-1)(-2)\dfrac{2}{(1+x)^3}, \cdots,$

从而有

$$y^{(n)} = 2\dfrac{(-1)^n n!}{(1+x)^{n+1}}.$$

▶▶ **二、高阶导数的运算法则**

设 $u(x), v(x)$ 在区间 I 内 n 阶可导,则 $u(x) \pm v(x), u(x)v(x)$ 在 I 内也 n 阶可导,且

(1) $[u(x) \pm v(x)]^{(n)} = [u(x)]^{(n)} \pm [v(x)]^{(n)}$;

(2) $[u(x)v(x)]^{(n)} = \displaystyle\sum_{k=0}^{n} C_n^k u^{(n-k)}(x) v^{(k)}(x),$

其中 $u^{(0)}(x) = u(x), v^{(0)}(x) = v(x), C_n^k = \dfrac{n!}{k!(n-k)!}.$

易知,(1)式通过逐阶求导即可得出. (2)式通过逐阶求导:

$$(uv)' = u'v + uv',$$

$$(uv)'' = u''v + 2u'v' + uv'',$$

$$(uv)''' = u'''v + 3u''v' + 3u'v'' + uv''',$$

......

由数学归纳法,可得

$$(uv)^{(n)} = u^{(n)}v + nu^{(n-1)}v' + \frac{n(n-1)}{2!}u^{(n-2)}v'' + \cdots +$$

$$\frac{n(n-1)\cdots(n-k+1)}{k!}u^{(n-k)}v^{(k)} + \cdots + uv^{(n)}$$

$$= \sum_{k=0}^{n} C_n^k u^{(n-k)}v^{(k)}.$$

这个公式称为**莱布尼茨公式**.

例 6 设 $y = x^2 f(\sin x)$,求 y'',其中 $f(x)$ 二阶可导.

解 $y' = 2x \cdot f(\sin x) + x^2 f'(\sin x) \cdot \cos x$,

$$y'' = (2x \cdot f(\sin x))' + (x^2 f'(\sin x)\cos x)'$$

$$= 2f(\sin x) + 2xf'(\sin x)\cos x +$$

$$2xf'(\sin x)\cos x + x^2 f''(\sin x)\cos^2 x - x^2 f'(\sin x)\sin x$$

$$= 2f(\sin x) + (4x\cos x - x^2\sin x)f'(\sin x) + x^2 f''(\sin x)\cos^2 x.$$

例 7 设 $f(x) = 3x^3 + x^2|x|$,求使 $f^{(n)}(0)$ 存在的最高阶数 n.

解 $f(x) = \begin{cases} 4x^3, & x \geqslant 0, \\ 2x^3, & x < 0, \end{cases}$

则

$$f'_-(0) = \lim_{x \to 0^-} \frac{2x^3 - 0}{x} = 0, \quad f'_+(0) = \lim_{x \to 0^+} \frac{4x^3 - 0}{x} = 0,$$

故 $f'(0) = 0$,

$$f'(x) = \begin{cases} 12x^2, & x \geqslant 0, \\ 6x^2, & x < 0. \end{cases}$$

又

$$f''_-(0) = \lim_{x \to 0^-} \frac{6x^2}{x} = 0, \quad f''_+(0) = \lim_{x \to 0^+} \frac{12x^2}{x} = 0,$$

得 $f''(0) = 0$,

$$f''(x) = \begin{cases} 24x, & x \geqslant 0, \\ 12x, & x < 0. \end{cases}$$

但是

$$f'''_-(0) = 12, \quad f'''_+(0) = 24,$$

$f'''(0)$ 不存在,所以存在导数的最高阶数为 $n = 2$.

例 8 设 $y = x^2 \sin x$,求 $y^{(50)}$.

解 令 $u = \sin x, v = x^2$,则

$$u^{(k)} = \sin\left(x + \frac{k\pi}{2}\right)(k = 1, 2, \cdots, 50),$$

$$v' = 2x, v'' = 2, v^{(k)} = 0(k \geqslant 3).$$

代入莱布尼茨公式,得

$$y^{(50)} = x^2\sin\left(x + \frac{50\pi}{2}\right) + 50 \cdot 2x\sin\left(x + \frac{49\pi}{2}\right) + \frac{50 \times 49}{2} \cdot 2\sin\left(x + \frac{48\pi}{2}\right)$$

$$= -x^2\sin x + 100x\cos x + 2\,450\sin x.$$

习题 3.3

1. 求下列函数的高阶导数:

(1) $f(x) = \dfrac{x}{\sqrt{1+x^2}}$,求 $f''(0)$;   (2) $f(x) = \ln x$,求 $f^{(n)}(x)$;

(3) $f(x) = \sin^2 x$,求 $f^{(n)}(x)$;   (4) $f(x) = \dfrac{1}{2x+3}$,求 $f^{(n)}(0)$;

(5) $f(x) = e^x\sin x$,求 $f^{(n)}(x)$;   (6) $f(x) = \dfrac{7x-6}{x^2-3x+2}$,求 $f^{(n)}(x)$;

(7) $f(x) = \ln(3+7x-6x^2)$,求 $f^{(n)}(x)$;   (8) $f(x) = \dfrac{1-x}{1+x}$,求 $f^{(n)}(x)$.

2. 设 $f(u)$ 二阶可导,求下列函数的二阶导数:

(1) $y = e^x f(f(x))$;   (2) $y = f(e^x)$;

(3) $y = f(\ln^2 x)$;   (4) $y = \ln f^2(x)$.

习题参考答案
与提示 3.3

▶▶ §3.4   隐函数和参变量函数的导数

▶▶ 一、隐函数的导数

函数 $y=f(x)$ 表示两个变量 y 与 x 之间的对应关系,其中 $f(x)$ 由 x 的解析式表出,称为**显函数**,如 $y = \sin x - \cos x + 1$,$y = \ln(x + \sqrt{1+x^2})$ 等. 但在实际问题中常会遇到另一种形式的函数,其自变量与因变量之间的对应法则是由一个方程式所确定,如 $x - y^3 - 1 = 0$,$y - x - \dfrac{1}{2}\sin y = 0$ 等.

如果由方程 $F(x,y) = 0$ 可确定 y 是 x 的函数,那么称此函数为**隐函数**. 若把它记为

$$y = f(x), \quad x \in I,$$

则下列恒等式成立:

$$F(x, f(x)) \equiv 0, \quad x \in I.$$

例如方程

$$x + y^3 - 1 = 0$$

可确定显函数 $y = \sqrt[3]{1-x}$. 把一个隐函数化成显函数,称为**隐函数的显化**.

又如对于方程

$$y - x - \frac{1}{2}\sin y = 0,$$

确实存在一个定义在$(-\infty, +\infty)$内的函数$f(x)$,使得

$$f(x) - x - \frac{1}{2}\sin f(x) \equiv 0,$$

但这函数$f(x)$却无法用x的解析式来表达,即此隐函数不能显化.

应用上,有时需要计算隐函数的导数,不管它能否显化,求导时可采用如下方法(称为**隐函数求导法**):

设$y = f(x)$是由方程$F(x, y) = 0$所确定的可导函数,在方程$F(x, y) = 0$两边对x求导,解出y'即得隐函数的导数.

例1 设$y = f(x)$是由方程$e^y + xy - e = 0$所确定的隐函数,求$y'\big|_{(0,1)}$.

解 在方程$e^y + xy - e = 0$中把y看作x的函数,两边对x求导,得

$$e^y y' + y + xy' = 0,$$

则

$$y' = -\frac{y}{x + e^y},$$

所以

$$y'\big|_{(0,1)} = -\frac{1}{e}.$$

例2 求椭圆$\dfrac{x^2}{16} + \dfrac{y^2}{9} = 1$在点$\left(2, \dfrac{3}{2}\sqrt{3}\right)$处的切线方程.

解 椭圆方程两边对x求导,得

$$\frac{x}{8} + \frac{2}{9}yy' = 0,$$

则

$$y'\bigg|_{\left(2, \frac{3}{2}\sqrt{3}\right)} = -\frac{9}{16} \cdot \frac{x}{y}\bigg|_{\left(2, \frac{3}{2}\sqrt{3}\right)} = -\frac{\sqrt{3}}{4}.$$

故切线方程为

$$y - \frac{3}{2}\sqrt{3} = -\frac{\sqrt{3}}{4}(x - 2),$$

即

$$\sqrt{3}x + 4y - 8\sqrt{3} = 0.$$

例3 证明:曲线$C_1 : 2x - 3y + x^4 y^3 = 0$与曲线$C_2 : 3x + 2y - x^3 y + y^5 = 0$在原点$(0, 0)$处正交(两曲线在$(x_0, y_0)$处正交是指它们在该点处相交且切线斜率的乘积等于$-1$).

证 点$(0, 0)$满足两曲线C_1、C_2的方程,故两曲线在点$(0, 0)$处相交.

C_1方程两边对x求导,得

$$2 - 3y' + 4x^3 y^3 + x^4 \cdot 3y^2 y' = 0,$$

则

$$y' = \frac{2 + 4x^3 y^3}{3 - 3x^4 y^2},$$

C_1 在点$(0,0)$处的切线的斜率为

$$k_1 = y' \big|_{(0,0)} = \frac{2}{3}.$$

C_2 方程两边对 x 求导,得

$$3 + 2y' - 3x^2 y - x^3 y' + 5y^4 y' = 0,$$

则

$$y' = \frac{3x^2 y - 3}{2 - x^3 + 5y^4},$$

C_2 在点$(0,0)$处的切线的斜率为

$$k_2 = y' \big|_{(0,0)} = -\frac{3}{2}.$$

由于

$$k_1 \cdot k_2 = \frac{2}{3}\left(-\frac{3}{2}\right) = -1,$$

故两曲线 C_1、C_2 在原点$(0,0)$处正交. □

根据隐函数求导法,我们还可以利用对数性质导出一个简化求导运算的方法(称为**对数求导法**). 它适用于幂指函数以及用乘、除、乘方和开方运算所表示的函数.

设 $y = f(x)$ 为可导函数,在 $y = f(x)$ 两边取对数并对 x 求导,得

$$\frac{1}{y}y' = (\ln|f(x)|)',$$

即

$$f'(x) = f(x)(\ln|f(x)|)'. \tag{3.8}$$

(3.8)也称为**取对数求导公式**.

例 4 求 $y = \sqrt[3]{\dfrac{x(x^2+1)}{(x-1)^2}}$ 的导数.

解 两边取对数,得

$$\ln|y| = \frac{1}{3}[\ln|x| + \ln(x^2+1) - 2\ln|x-1|].$$

上式两边对 x 求导,得

$$\frac{1}{y}y' = \frac{1}{3}\left(\frac{1}{x} + \frac{2x}{x^2+1} - \frac{2}{x-1}\right).$$

所以

$$y' = \frac{1}{3}\sqrt[3]{\frac{x(x^2+1)}{(x-1)^2}}\left(\frac{1}{x} + \frac{2x}{x^2+1} - \frac{2}{x-1}\right).$$

例 5 求幂指函数 $u(x)^{v(x)}$ $(u(x)>0)$ 的导数,其中 $u(x)$ 与 $v(x)$ 均为可导函数.

解 由公式(3.8)得

$$y' = [u(x)]^{v(x)}[v(x)\ln u(x)]'$$

$$= \left[u(x) \right]^{v(x)} \left[v'(x) \ln u(x) + \frac{v(x)u'(x)}{u(x)} \right].$$

▶▶ 二、参变量函数的导数

设平面曲线 C 的参数方程为

$$\begin{cases} x = \varphi(t), \\ y = \psi(t) \end{cases} \quad (\alpha \leqslant t \leqslant \beta). \tag{3.9}$$

若函数 $x = \varphi(t)$ 有反函数 $t = \varphi^{-1}(x)$,则由(3.9)式可确定 y 与 x 之间的函数关系

$$y = \psi\left[\varphi^{-1}(x) \right].$$

这种由参数方程(3.9)所确定的函数称为**参变量函数**.

例如,以原点为中心,长半轴为 a,短半轴为 b 的椭圆的参数方程为

$$\begin{cases} x = a\cos t, \\ y = b\sin t \end{cases} \quad (0 \leqslant t \leqslant 2\pi),$$

消去参数 t 即得椭圆的直角坐标方程

$$\frac{x^2}{a^2} + \frac{y^2}{b^2} = 1.$$

实际问题有时需要求参变量函数的导数,但从(3.9)式消去参数 t 往往会有困难. 下面我们来讨论直接由参数方程(3.9)求出 $\dfrac{\mathrm{d}y}{\mathrm{d}x}$ 的方法.

在方程(3.9)中,若 $\varphi(t)$, $\psi(t)$ 在 (α, β) 内可导,且 $\varphi'(t) \neq 0$,则根据复合函数和反函数的求导法则,就有

$$\frac{\mathrm{d}y}{\mathrm{d}x} = \frac{\mathrm{d}y}{\mathrm{d}t} \cdot \frac{\mathrm{d}t}{\mathrm{d}x} = \frac{\mathrm{d}y}{\mathrm{d}t} \cdot \frac{1}{\dfrac{\mathrm{d}x}{\mathrm{d}t}} = \frac{\psi'(t)}{\varphi'(t)},$$

即

$$\frac{\mathrm{d}y}{\mathrm{d}x} = \frac{\psi'(t)}{\varphi'(t)}. \tag{3.10}$$

(3.10)称为**参变量函数的导数公式**.

若 $\varphi(t)$, $\psi(t)$ 在 (α, β) 内二阶可导,且 $\varphi'(t) \neq 0$,则

$$\frac{\mathrm{d}^2 y}{\mathrm{d}x^2} = \frac{\mathrm{d}}{\mathrm{d}x}\left(\frac{\mathrm{d}y}{\mathrm{d}x} \right) = \frac{\mathrm{d}}{\mathrm{d}t}\left(\frac{\mathrm{d}y}{\mathrm{d}x} \right) \cdot \frac{\mathrm{d}t}{\mathrm{d}x} = \frac{\mathrm{d}}{\mathrm{d}t}\left(\frac{\mathrm{d}y}{\mathrm{d}x} \right) \cdot \frac{1}{\dfrac{\mathrm{d}x}{\mathrm{d}t}},$$

可得

$$\frac{\mathrm{d}^2 y}{\mathrm{d}x^2} = \frac{\left[\dfrac{\psi'(t)}{\varphi'(t)} \right]'}{\varphi'(t)}. \tag{3.11}$$

例 6 抛射体运动轨迹的参数方程为

$$\begin{cases} x = v_1 t, \\ y = v_2 t - \dfrac{1}{2} g t^2, \end{cases}$$

求抛射体在时刻 t 的运动速度的大小和方向.

    解 先求速度的大小. 由于

$$\frac{\mathrm{d}x}{\mathrm{d}t} = v_1, \qquad \frac{\mathrm{d}y}{\mathrm{d}t} = v_2 - gt,$$

故抛射体速度的大小为

$$v = \sqrt{\left(\frac{\mathrm{d}x}{\mathrm{d}t}\right)^2 + \left(\frac{\mathrm{d}y}{\mathrm{d}t}\right)^2} = \sqrt{v_1^2 + (v_2 - gt)^2}.$$

    再求速度的方向,即轨迹的切线方向. 设 α 为切线的倾角(图 3.3),则

$$\tan \alpha = \frac{\mathrm{d}y}{\mathrm{d}x} = \frac{v_2 - gt}{v_1}.$$

在抛射体刚射出时, $t = 0$,有

$$\tan \alpha \bigg|_{t=0} = \frac{\mathrm{d}y}{\mathrm{d}x}\bigg|_{t=0} = \frac{v_2}{v_1}.$$

当 $t = \dfrac{v_2}{g}$ 时,

$$\tan \alpha \bigg|_{t=\frac{v_2}{g}} = \frac{\mathrm{d}y}{\mathrm{d}x}\bigg|_{t=\frac{v_2}{g}} = 0.$$

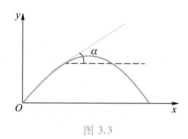

图 3.3

这时,运动方向是水平的,即抛射体达到最高点.

    例 7 设 $y = y(x)$ 由方程

$$\begin{cases} x = t^2 + 2t, \\ t^2 - y + \varepsilon \sin y = 1 \end{cases} \qquad (0 < \varepsilon < 1)$$

确定,求 $\dfrac{\mathrm{d}y}{\mathrm{d}x}$.

    解 方程组两式对 t 求导,得

$$\frac{\mathrm{d}x}{\mathrm{d}t} = 2t + 2,$$

$$2t - \frac{\mathrm{d}y}{\mathrm{d}t} + \varepsilon \cos y \cdot \frac{\mathrm{d}y}{\mathrm{d}t} = 0,$$

由上式可得

$$\frac{\mathrm{d}y}{\mathrm{d}t} = \frac{2t}{1 - \varepsilon \cos y},$$

所以

$$\frac{\mathrm{d}y}{\mathrm{d}x} = \frac{t}{(t+1)(1 - \varepsilon \cos y)}.$$

    例 8 求由摆线(图 3.4)的参数方程

$$\begin{cases} x = a(t - \sin t), \\ y = a(1 - \cos t) \end{cases}$$

所确定的函数 $y = y(x)$ 的二阶导数.

解　$\dfrac{\mathrm{d}y}{\mathrm{d}x}=\dfrac{[\,a(1-\cos t)\,]'}{[\,a(t-\sin t)\,]'}=\dfrac{\sin t}{1-\cos t}=\cot\dfrac{t}{2}$,

由公式(3.11)得

$$\dfrac{\mathrm{d}^2 y}{\mathrm{d}x^2}=\dfrac{\left(\cot\dfrac{t}{2}\right)'}{[\,a(t-\sin t)\,]'}=\dfrac{-\dfrac{1}{2}\csc^2\dfrac{t}{2}}{a(1-\cos t)}=-\dfrac{1}{4a}\csc^4\dfrac{t}{2}.$$

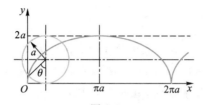

图 3.4

1. 求下列隐函数的一阶及二阶导数:

(1) $y=\sin(x+y)$;　　　　　(2) $\ln\sqrt{x^2+y^2}=\arctan\dfrac{y}{x}$;

(3) $y=1+x\mathrm{e}^y$;　　　　　(4) $xy=\mathrm{e}^{x-y}$.

2. 设方程 $\mathrm{e}^y+6xy+x^2-1=0$ 确定 $y=y(x)$,求 $y''(0)$.

3. 设由方程 $x\mathrm{e}^{f(x)}=\mathrm{e}^y$ 确定 y 为 x 的函数,其中 $f(x)$ 二阶可导,且 $f'(x)\neq 1$,求 $\dfrac{\mathrm{d}^2 y}{\mathrm{d}x^2}$.

4. 设 $\sqrt{x^2+y^2}=5\mathrm{e}^{\arctan\frac{y}{x}}$,求 $\dfrac{\mathrm{d}x}{\mathrm{d}y},\dfrac{\mathrm{d}^2 x}{\mathrm{d}y^2}$.

5. 设 $\begin{cases}x=\sqrt{1+t}, \\ y=\sqrt{1-t}.\end{cases}$,证明:$\dfrac{\mathrm{d}^2 y}{\mathrm{d}x^2}=-\dfrac{2}{y^3}$.

6. 设 $\begin{cases}x=f'(t), \\ y=tf'(t)-f(t),\end{cases}$ 其中 $f(t)$ 三阶可导,且 $f''(t)\neq 0$,求 $\dfrac{\mathrm{d}y}{\mathrm{d}x},\dfrac{\mathrm{d}^2 y}{\mathrm{d}x^2},\dfrac{\mathrm{d}^3 y}{\mathrm{d}x^3}$.

7. 设 $x=\varphi(y)$ 是 $y=f(x)$ 的反函数,$f(x)$ 可导,且 $f'(x)=\mathrm{e}^{x^2+x+1}$,$f(0)=3$. 求 $\varphi''(3)$.

8. 用对数求导法求下列函数的导数:

(1) $y=\left(\dfrac{x}{1+x}\right)^{\sin x}$;　　　　　(2) $y=\dfrac{\sqrt{x+2}\,(3-x)^4}{(x+1)^5}$;

(3) $y=\sqrt[x]{x}$;　　　　　(4) $y=\sqrt{\dfrac{(x+1)^3}{x-2}}$.

习题参考答案
与提示 3.4

▶▶ §3.5 微分

▶▶ 一、微分的概念

根据函数极限与无穷小的关系可知,当 $f(x)$ 在点 x_0 处可导时,有

$$\frac{\Delta y}{\Delta x} = f'(x_0) + \alpha,$$

其中 $\alpha \to 0 (\Delta x \to 0)$. 从而在点 x_0 处函数的增量 Δy 有表达式

$$\Delta y = f'(x_0)\Delta x + o(\Delta x) \quad (当 \Delta x \to 0).$$

因此,对增量 Δy 来说,当 $|\Delta x|$ 很小时,起主要作用的是上式等号右边的第一项 $f'(x_0)\Delta x$,即 Δx 的线性函数,称之为增量 Δy 的**线性主部**或**主要部分**($\Delta x \to 0$). 这一公式在近似计算中是经常出现的. 例如,计算边长为 x_0 的正方形面积 S 时,由于测量时对其真实值 x_0 总有误差 Δx,这时边长为 $x_0 + \Delta x$(图 3.5),由此算出的面积与其真实面积的误差(用 Δy 表示)为

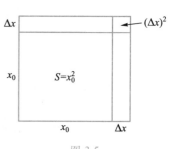

图 3.5

$$\Delta y = (x_0 + \Delta x)^2 - x_0^2 = 2x_0\Delta x + (\Delta x)^2.$$

当 Δx 充分小时,$(\Delta x)^2$ 可以忽略不计,因此误差的主要部分为 $2x_0\Delta x$. 从类似的近似计算中我们抽象出一个数学概念——函数的微分.

定义 3.5.1 若函数 $y = f(x)$ 在点 x_0 的增量 Δy 可表示为

$$\Delta y = A\Delta x + o(\Delta x) \quad (\Delta x \to 0), \tag{3.12}$$

其中 A 与 Δx 无关,则称 $y = f(x)$ 在点 x_0 **可微**,且称 $A\Delta x$ 为 $f(x)$ 在点 x_0 的**微分**,记作

$$\mathrm{d}y \big|_{x=x_0} = A\Delta x \quad 或 \quad \mathrm{d}f(x)\big|_{x=x_0} = A\Delta x.$$

由定义 3.5.1 容易推出,函数 $y = f(x)$ 在点 x_0 处可导与可微是等价的.

定理 3.5.1 函数 $y = f(x)$ 在点 x_0 可微的充要条件是 $f(x)$ 在点 x_0 可导.

当 $f(x)$ 在点 x_0 可微时,

$$\mathrm{d}y \big|_{x=x_0} = f'(x_0)\Delta x.$$

证 先证必要性. 设 $y = f(x)$ 在点 x_0 可微,则

$$\Delta y = A\Delta x + o(\Delta x) \quad (\Delta x \to 0).$$

以 $\Delta x \neq 0$ 除上式两边,并令 $\Delta x \to 0$ 取极限,得

$$\lim_{\Delta x \to 0} \frac{\Delta y}{\Delta x} = \lim_{\Delta x \to 0} \left[A + \frac{o(\Delta x)}{\Delta x} \right] = A.$$

所以 $y = f(x)$ 在点 x_0 处可导,且 $f'(x_0) = A$.

再证充分性. 设 $y = f(x)$ 在点 x_0 可导,即

$$\lim_{\Delta x \to 0} \frac{\Delta y}{\Delta x} = f'(x_0),$$

则

$$\frac{\Delta y}{\Delta x} = f'(x_0) + \alpha \left(\lim_{\Delta x \to 0} \alpha = 0 \right).$$

于是

$$\Delta y = f'(x_0)\Delta x + \alpha \Delta x \quad (\Delta x \to 0),$$

或写为

$$\Delta y = f'(x_0)\Delta x + o(\Delta x) \quad (\Delta x \to 0).$$

所以 $y = f(x)$ 在点 x_0 可微,且 $\mathrm{d}y \big|_{x=x_0} = f'(x_0)\Delta x$.　　　　　□

若函数 $y = f(x)$ 在区间 I 内每一点都可微,则称 $f(x)$ **在 I 内可微**,或称 $f(x)$ 是 I 内的**可微函数**. 函数 $f(x)$ 在 I 内的微分记作

$$\mathrm{d}y = f'(x)\Delta x, \quad x \in I.$$

特别地,对于函数 $y = x$ 来说,由于 $(x)' = 1$,则

$$\mathrm{d}x = (x)'\Delta x = \Delta x.$$

因此,我们规定自变量的微分等于自变量的增量. 这样,函数 $y = f(x)$ 的微分可以写为

$$\mathrm{d}y = f'(x)\mathrm{d}x, \tag{3.13}$$

从而有

$$\frac{\mathrm{d}y}{\mathrm{d}x} = f'(x).$$

即函数的微分与自变量的微分之商等丁函数的导数,因此导数又有**微商**之称. 不难看出,现在用记号 $\dfrac{\mathrm{d}y}{\mathrm{d}x}$ 表示导数的方便之处,例如反函数的求导公式

$$\frac{\mathrm{d}y}{\mathrm{d}x} = \frac{1}{\dfrac{\mathrm{d}x}{\mathrm{d}y}},$$

可以看作 $\mathrm{d}y$ 与 $\mathrm{d}x$ 相除的一种代数变形.

微分的几何解释　　如图 3.6 所示,在曲线 $y = f(x)$ 上取定点 $M(x_0, y_0)$,曲线在点 M 处切线 MT 的斜率为

$$k = \tan \alpha = f'(x_0),$$

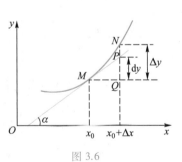

图 3.6

当自变量由 x_0 增加到 $x_0 + \Delta x$ 时,函数的增量

$$\Delta y = f(x_0 + \Delta x) - f(x_0) = NQ,$$

而函数 $y = f(x)$ 在点 x_0 的微分则是曲线 $y = f(x)$ 在点 M 处切线上点的纵坐标相应于自变量增量 Δx 的增量

$$\mathrm{d}y = f'(x_0)\Delta x = \tan \alpha \cdot \Delta x = PQ.$$

当 $|\Delta x|$ 很小时,

$$\Delta y \approx \mathrm{d}y = f'(x_0)\Delta x.$$

因此,可微函数的曲线在切点附近可用该点的切线段近似代替曲线段.

▶▶ 二、微分的运算法则

由导数与微分的基本关系式(3.13),只要知道函数的导数,就能立刻写出它的微分. 例

如
$$\mathrm{d}x^{\mu} = \mu x^{\mu-1}\mathrm{d}x, \quad \mathrm{d}e^{x} = e^{x}\mathrm{d}x, \quad \mathrm{d}\sin x = \cos x\mathrm{d}x$$
等. 我们也不难从导数的运算法则得到微分的运算法则:

（1）$\mathrm{d}[u(x)\pm v(x)] = \mathrm{d}u(x)\pm \mathrm{d}v(x)$;

（2）$\mathrm{d}[u(x)v(x)] = v(x)\mathrm{d}u(x)+u(x)\mathrm{d}v(x)$;

（3）$\mathrm{d}\left[\dfrac{u(x)}{v(x)}\right] = \dfrac{v(x)\mathrm{d}u(x)-u(x)\mathrm{d}v(x)}{v^{2}(x)}(v(x)\neq 0)$.

这里 $u(x)$ 与 $v(x)$ 都是可微函数.

此外容易推出复合函数的微分法则:

（4）设复合函数 $f[g(x)]$ 在点 x 的某邻域内有定义, 若 $u=g(x)$ 在点 x 可微, $y=f(u)$ 在点 $u=g(x)$ 可微, 则 $y=f[g(x)]$ 在点 x 可微, 且有
$$\mathrm{d}(f[g(x)]) = f'[g(x)]g'(x)\mathrm{d}x. \tag{3.14}$$
这是因为按照复合函数导数的链式法则
$$\frac{\mathrm{d}y}{\mathrm{d}x} = \frac{\mathrm{d}y}{\mathrm{d}u}\cdot\frac{\mathrm{d}u}{\mathrm{d}x} = f'(u)g'(x) = f'[g(x)]g'(x),$$
从而有
$$\mathrm{d}y = f'[g(x)]g'(x)\mathrm{d}x.$$
所以 $y=f[g(x)]$ 在点 x 可微且 (3.14) 成立.

由于 $\mathrm{d}u=g'(x)\mathrm{d}x$, 故 (3.14) 又可写为
$$\mathrm{d}y = f'(u)\mathrm{d}u,$$
这与 (3.13) 在形式上完全相同, 即无论 u 是自变量还是中间变量, 微分的形式是不变的. 这一性质称为**一阶微分形式的不变性**.

例 1 求 $y = \dfrac{3x^{2}-1}{3x^{3}}+\ln\sqrt{1+x^{2}}+\arctan x$ 的微分.

解 $y = \dfrac{1}{x}-\dfrac{1}{3x^{3}}+\dfrac{1}{2}\ln(1+x^{2})+\arctan x$.

$$\begin{aligned}
\mathrm{d}y &= \mathrm{d}\left(\frac{1}{x}\right) - \frac{1}{3}\mathrm{d}\left(\frac{1}{x^{3}}\right) + \frac{1}{2}\mathrm{d}\ln(1+x^{2}) + \mathrm{d}(\arctan x)\\
&= -\frac{1}{x^{2}}\mathrm{d}x + \frac{1}{x^{4}}\mathrm{d}x + \frac{x}{1+x^{2}}\mathrm{d}x + \frac{1}{1+x^{2}}\mathrm{d}x\\
&= \frac{1+x^{5}}{x^{4}+x^{6}}\mathrm{d}x.
\end{aligned}$$

例 2 设 $y\sin x-\cos(x-y)=0$, 求 $\mathrm{d}y$.

解 方程两边微分得
$$\sin x\mathrm{d}y + y\cos x\mathrm{d}x + \sin(x-y)(\mathrm{d}x-\mathrm{d}y) = 0,$$
所以
$$\mathrm{d}y = \frac{y\cos x + \sin(x-y)}{\sin(x-y)-\sin x}\mathrm{d}x.$$

例 3 设 $y = \arcsin\left(\sin^2\dfrac{1}{x}\right)$,求 $\mathrm{d}y$.

解 $y' = \dfrac{1}{\sqrt{1-\left(\sin^2\dfrac{1}{x}\right)^2}} \cdot 2\sin\dfrac{1}{x} \cdot \cos\dfrac{1}{x} \cdot \left(-\dfrac{1}{x^2}\right) = -\dfrac{1}{x^2\sqrt{1-\left(\sin^2\dfrac{1}{x}\right)^2}}\sin\dfrac{2}{x}$,

所以

$$\mathrm{d}y = -\dfrac{1}{x^2\sqrt{1-\left(\sin^2\dfrac{1}{x}\right)^2}}\sin\dfrac{2}{x}\,\mathrm{d}x.$$

▶▶ **三、微分在近似计算中的应用**

1. 函数的近似计算

计算函数的增量是科学技术和工程中经常遇到的问题,有时由于函数比较复杂,计算增量往往会比较困难. 利用微分的几何意义,对于可微函数,可以利用微分近似代替增量. 当 $|\Delta x|$ 很小时,

$$\Delta y \approx \mathrm{d}y = f'(x_0)\Delta x, \tag{3.15}$$

或

$$f(x_0 + \Delta x) \approx f(x_0) + f'(x_0)\Delta x. \tag{3.16}$$

以 x 代替(3.16)中的 $x_0+\Delta x$,即 $\Delta x = x - x_0$,就有

$$f(x) \approx f(x_0) + f'(x_0)(x - x_0). \tag{3.17}$$

例 4 有一批半径为 1cm 的球,为了提高球面的光洁度,要镀上一层铜,厚度定为 0.01cm,试估计每个球需用铜多少克(铜的密度:$8.9\mathrm{g/cm^3}$).

解 半径为 R 的球体体积为 $V = \dfrac{4}{3}\pi R^3$,由近似式(3.15)可得

$$\Delta V = V(R_0 + \Delta R) - V(R_0) \approx V'\Big|_{R=R_0} \cdot \Delta R = 4\pi R_0^2 \cdot \Delta R.$$

当 $R_0 = 1, \Delta R = 0.01$ 时,

$$\Delta V \approx 4\pi \times 0.01 \approx 0.13(\mathrm{cm^3}).$$

因此每个球需用铜约为

$$8.9 \times 0.13 \approx 1.16(\mathrm{g}).$$

例 5 求 $\sin 29°$ 的近似值.

解 令 $f(x) = \sin x$,则 $f'(x) = \cos x$,取 $x_0 = 30° = \dfrac{\pi}{6}$,$\Delta x = -1° = -\dfrac{\pi}{180}$,利用近似式(3.16)得

$$\sin 29° = \sin\left(\dfrac{\pi}{6} - \dfrac{\pi}{180}\right) \approx \sin\dfrac{\pi}{6} + \cos\dfrac{\pi}{6} \times \left(-\dfrac{\pi}{180}\right)$$

$$\approx \dfrac{1}{2} + \dfrac{\sqrt{3}}{2} \times \left(-\dfrac{\pi}{180}\right) \approx 0.500\,0 - 0.015\,1 = 0.484\,9.$$

在近似式(3.17)中,若取 $x_0 = 0$,则当 $|x|$ 很小时,
$$f(x) \approx f(0) + f'(0)x.$$
由此推出下列一些常用的近似等式:当 $|x|$ 很小时,

(1) $e^x \approx 1+x$;   (2) $\sin x \approx x$;

(3) $\tan x \approx x$;   (4) $\ln(1+x) \approx x$;

(5) $(1+x)^\alpha \approx 1+\alpha x$.

例 6 求 $\sqrt[3]{65}$ 的近似值.

解 $\sqrt[3]{65} = (64+1)^{\frac{1}{3}} = 4\left(1+\dfrac{1}{64}\right)^{\frac{1}{3}} \approx 4\left(1+\dfrac{1}{3} \times \dfrac{1}{64}\right) \approx 4.020\,8.$

2. 误差估计

某量的精确值为 A,其近似值为 a,则 $|A-a|$ 称为 a 的**绝对误差**,$\dfrac{|A-a|}{|a|}$ 称为 a 的**相对误差**.

若 $|A-a| \leqslant \delta_A$,则 δ_A 称为测量 A 的**绝对误差限**,$\dfrac{\delta_A}{|a|}$ 称为测量 A 的**相对误差限**.

设量 x 是由测量得到,量 y 由函数 $y=f(x)$ 经过计算得到. 在测量时,由于存在测量误差,实际测得的只是 x 的某一近似值 x_0,由此算出的 $y_0 = f(x_0)$ 也只是 $y=f(x)$ 的一个近似值. 若已知测量值 x_0 的绝对误差限为 δ_x,即
$$|\Delta x| = |x - x_0| \leqslant \delta_x,$$
则当 δ_x 很小时,
$$|\Delta y| = |f(x) - f(x_0)| \approx |\mathrm{d}y| = |f'(x_0)| \cdot |\Delta x| \leqslant |f'(x_0)| \cdot \delta_x,$$
故计算 y 值时的绝对误差限约为
$$\delta_y = |f'(x_0)| \cdot \delta_x,$$
相对误差限约为
$$\frac{\delta_y}{|y_0|} = \left|\frac{f'(x_0)}{f(x_0)}\right| \cdot \delta_x.$$

例 7 设测得一球体的直径 $D=42\mathrm{cm}$,测量 D 的绝对误差限 $\delta_D = 0.05\mathrm{cm}$,欲利用公式 $V = \dfrac{\pi}{6}D^3$ 计算球体体积,试估计体积的误差.

解 取 $D_0 = 42\mathrm{cm}$,则 $V_0 = \dfrac{\pi}{6}D_0^3\mathrm{cm}^3$. 计算 V 的绝对误差限约为
$$\delta_V = \left|\frac{\pi}{2}D_0^2\right| \cdot \delta_D = \frac{\pi}{2} \times 42^2 \times 0.05 \approx 138.47\mathrm{cm}^3,$$
V 的相对误差限约为
$$\frac{\delta_V}{|V_0|} = \frac{\dfrac{\pi}{2}D_0^2}{\dfrac{\pi}{6}D_0^3} \cdot \delta_D = \frac{3}{D_0} \cdot \delta_D = \frac{3}{42} \times 0.05 \approx 0.357\%.$$

1. 已知 $y=\ln(2+x)$，计算在点 $x=1$ 处，当 Δx 分别取 0.1、0.01 时的增量 Δy 和微分 $\mathrm{d}y$.

2. 在括号里填入适当的函数，使下列等式成立：

（1）$\mathrm{d}($ $)=\cos 2x\mathrm{d}x$；   （2）$\mathrm{d}($ $)=\dfrac{1}{3+2x}\mathrm{d}x$；

（3）$\mathrm{d}($ $)=\sqrt[3]{x}\,\mathrm{d}x$；   （4）$\mathrm{d}($ $)=\sec^2 3x\mathrm{d}x$.

3. 求下列函数的微分：

（1）$y=\ln\left[\cos(10+3x^2)\right]$；   （2）$y=\sqrt[5]{\dfrac{x-5}{\sqrt{x^2+2}}}$；

（3）$y=\log_{\sin x}\cos x$；   （4）$y=e^{\sin x}\sin e^x+\arctan\dfrac{1}{x}$.

4. 求下列由方程所确定的隐函数 $y=f(x)$ 的微分：

（1）$e^{xy}=x+y$；   （2）$x^2+y^3-\cos 4x+5y=1$；

（3）$\sqrt{x^2+y^2}=e^{\arctan\frac{y}{x}}$；   （4）$e^x\sin y+e^{-y}\ln x=0$.

5. 设 $y=f(\ln x)e^{f(x)}$，其中 $f(x)$ 可微，求 $\mathrm{d}y$.

6. 利用微分求下列各式的近似值：

（1）$\sqrt[4]{1.03}$；   （2）$\arctan 1.05$.

习题参考答案
与提示 3.5

7. 在一个内半径为 5cm，外半径为 5.2cm 的空心铁球的表面上镀一层厚 0.005cm 的金，已知铁的密度为 7.86g/cm^3，金的密度为 19.3g/cm^3，试用微分法分别求这个球中铁和金质量的近似值.

8. 单摆振动周期 $T=2\pi\sqrt{\dfrac{l}{g}}$，其中 $g=980$ cm/s^2，摆长 $l=9.8$ cm，要使周期增大 0.01 s，摆长需增长多少？

总习题三

1. 单项选择题：

（1）设 $f(x)=\begin{cases}\dfrac{1-\cos x}{\sqrt{x}}, & x>0,\\[2mm] x^2g(x), & x\leq 0,\end{cases}$ 其中 $g(x)$ 是有界函数，则 $f(x)$ 在 $x=0$ 处（   ）.

  A. 极限不存在   B. 极限存在但不连续   C. 连续但不可导   D. 可导

（2）若函数 $f(x)$ 在点 x_0 处可导，则 $|f(x)|$ 在 x_0 处（   ）.

  A. 可导   B. 不可导   C. 连续但不一定可导   D. 不连续

（3）设 $f(1+x)=af(x)$，$\forall x\in\mathbf{R}$，且 $f'(0)=b$，其中 a,b 为非零常数，则在 $x=1$ 处 $f(x)$（   ）.

  A. 不可导   B. 可导且 $f'(1)=b$ C. 可导且 $f'(1)=a$ D. 可导且 $f'(1)=ab$

（4）设 $f(x)=(x-a)(x-b)(x-c)(x-d)$，且 $f'(x_0)=(c-a)(c-b)(c-d)$，则（   ）.

  A. $x_0=a$ B. $x_0=b$ C. $x_0=c$ D. $x_0=d$

(5) 在曲线 $y = \ln x$ 与直线 $x = e$ 的交点处,曲线 $y = \ln x$ 的切线方程为(   ).

A. $y = \dfrac{x}{e}$ B. $y = \dfrac{x-2}{e}$ C. $y = ex$ D. $y = e(x-1)$

(6) 设 $f(x)$ 为单调可导函数,$g(x)$ 与 $f(x)$ 互为反函数,$f(2) = 4$,$f'(2) = \sqrt{5}$,$f'(4) = 6$,则 $g'(4) =$
(   ).

A. $\dfrac{1}{4}$ B. $\dfrac{1}{6}$ C. $\dfrac{1}{\sqrt{5}}$ D. 4

(7) 设函数 $f(x)$ 任意阶可导,且 $f'(x) = [f(x)]^2$,则 $f^{(n)}(x)\,(n>2) =$ (   ).

A. $n!\,[f(x)]^{n+1}$ B. $n[f(x)]^{n+1}$ C. $[f(x)]^{2n}$ D. $n!\,[f(x)]^{2n}$

(8) 设 $f(x)$ 可导,则当 $\Delta x \to 0$ 时,$\Delta y - \mathrm{d}y$ 是 Δx 的(   ).

A. 高阶无穷小   B. 等价无穷小   C. 同阶无穷小   D. 低阶无穷小

2. 填空题:

(1) 设 $f(1) = 0$,$f'(1)$ 存在,则 $\lim\limits_{x \to 0} \dfrac{f(\sin^2 x + \cos x)}{(e^x - 1)\tan x} = $ _____.

(2) 设 $f'(x_0)$ 存在,则 $\lim\limits_{h \to 0} \dfrac{f^2(x_0 + 3h) - f^2(x_0 - 2h)}{h} = $ _____.

(3) 设 $f(x) = x(x+1)(x+2)\cdots(x+n)$,$n \geqslant 2$,则 $f'(0) = $ _____.

(4) 设 $y = x^3 + x$,则 $\dfrac{\mathrm{d}x}{\mathrm{d}y}\Big|_{y=2} = $ _____.

(5) 设 $f(x)$ 可导,则 $\mathrm{d}f(\sin 2x) = $ _____.

(6) 设 $f(x) = \dfrac{x^3}{1-x}$,则 $f'''(0) = $ _____.

3. 设 $f(0) = 1$,$g(1) = 2$,$f'(0) = -1$,$g'(1) = -2$,求:

(1) $\lim\limits_{x \to 0} \dfrac{\cos x - f(x)}{x}$;   (2) $\lim\limits_{x \to 0} \dfrac{2^x f(x) - 1}{x}$;

(3) $\lim\limits_{x \to 1} \dfrac{\sqrt{x}\,g(x) - 2}{x}$.

4. 设 $f(x)$ 在 $(-\infty, +\infty)$ 内可导,证明:

(1) 若 $f(x)$ 为奇函数,则 $f'(x)$ 为偶函数;

(2) 若 $f(x)$ 为偶函数,则 $f'(x)$ 为奇函数;

(3) 若 $f(x)$ 为周期函数,则 $f'(x)$ 仍为周期函数.

5. 设 $x = \varphi(y)$ 为 $y = f(x)$ 的反函数,$y = f(x)$ 三阶可导,且 $y' \neq 0$,试从 $\dfrac{\mathrm{d}x}{\mathrm{d}y} = \dfrac{1}{y'}$ 导出 $\dfrac{\mathrm{d}^2 x}{\mathrm{d}y^2}$ 及 $\dfrac{\mathrm{d}^3 x}{\mathrm{d}y^3}$.

6. 设 $y = y(x)$ 是由函数方程

$$e^{\arctan \frac{y}{x}} = \sqrt{x^2 + y^2}$$

在点 $(1,0)$ 处所确定的隐函数,求 $\dfrac{\mathrm{d}y}{\mathrm{d}x}\Big|_{(1,0)}$.

7. 计算下列各式的近似值:

(1) $\sqrt[3]{996}$;   (2) $\cos 29°$;

(3) $\ln 1.01$;   (4) $\tan 45°10'$.

8. 已知 $\varphi(x) = e^{f'(x)}$,且 $f'(x) = \dfrac{1}{f(x)\ln a}$,证明:$\varphi'(x) = 2\varphi(x)$.

9. 证明:$x = \mathrm{e}^t \sin t, y = \mathrm{e}^t \cos t$ 满足方程

$$(x+y)^2 \frac{\mathrm{d}^2 y}{\mathrm{d}x^2} = 2\left(x\frac{\mathrm{d}y}{\mathrm{d}x} - y\right).$$

10. 设 $f(x) = \arctan x$,证明它满足方程

$$(1 + x^2)y'' + 2xy' = 0,$$

并求 $f^{(n)}(0)$.

11. 设 $f(x) = x^2 + \ln x$,求使得 $f''(x) > 0$ 的 x 取值范围.

12. 求 $y = \dfrac{1}{x(1-x)}$ 的 n 阶导数 $y^{(n)}$ $\left(\text{提示}:\dfrac{1}{x(1-x)} = \dfrac{1}{x} + \dfrac{1}{1-x}\right)$.

习题参考答案
与提示三

第四章　微分中值定理及其应用

本章我们将利用导数来研究函数本身的某些性质.为了便于研究,需要先阐明微分学的几个中值定理,包括罗尔中值定理、拉格朗日中值定理、柯西中值定理和泰勒中值定理.微分中值定理反映了导数的局部性与函数的整体性之间的关系,是用导数来研究函数本身性质的重要工具,也是解决实际问题的理论基础.

§4.1　微分中值定理

定理 4.1.1(费马(Fermat)引理)　设函数 $f(x)$ 在点 x_0 的某邻域 $U(x_0)$ 内有定义,且在 x_0 处可导.若对任意 $x \in U(x_0)$,有

$$f(x) \leqslant f(x_0) \quad (\text{或} f(x) \geqslant f(x_0)),$$

则 $f'(x_0) = 0$.

证　设在 $U(x_0)$ 内有 $f(x) \leqslant f(x_0)$,则当 $x < x_0$ 时,

$$\frac{f(x) - f(x_0)}{x - x_0} \geqslant 0,$$

而当 $x > x_0$ 时,

$$\frac{f(x) - f(x_0)}{x - x_0} \leqslant 0.$$

由于 $f(x)$ 在 x_0 处可导,故按极限的性质(推论 2.3.1)推得

$$f'(x_0) = f'_-(x_0) = \lim_{x \to x_0^-} \frac{f(x) - f(x_0)}{x - x_0} \geqslant 0,$$

及

$$f'(x_0) = f'_+(x_0) = \lim_{x \to x_0^+} \frac{f(x) - f(x_0)}{x - x_0} \leqslant 0,$$

所以

$$f'(x_0) = 0.$$

若在 $U(x_0)$ 内有 $f(x) \geqslant f(x_0)$,则类似可证 $f'(x_0) = 0$.　□

定义 4.1.1　设 $f(x)$ 在点 x_0 的某邻域 $U(x_0)$ 内有定义,若对任意 $x \in \overset{\circ}{U}(x_0)$,有

$$f(x) < f(x_0) \quad (f(x) > f(x_0)),$$

则称 $f(x)$ 在点 x_0 取得**极大(小)值**,称 x_0 是 $f(x)$ 的**极大(小)值点**,极大值和极小值统称为**极值**,极大值点和极小值点统称为**极值点**.

如图 4.1 所示,若曲线 $y = f(x)$ 在点 x_0 取得极大值,且曲线在 x_0 处有切线,则此切线必平

行于 x 轴.

使得方程 $f'(x)=0$ 的点称为函数 $f(x)$ 的**驻点**. 由费马引理可知,可导函数 $f(x)$ 在点 x_0 取得极值的必要条件是 x_0 为 $f(x)$ 的驻点.

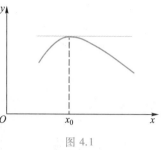

图 4.1

定理 4.1.2(罗尔(Rolle)中值定理) 若 $f(x)$ 在 $[a,b]$ 上连续,在 (a,b) 内可导且 $f(a)=f(b)$,则在 (a,b) 内至少存在一点 ξ,使得 $f'(\xi)=0$.

证 因为 $f(x)$ 在 $[a,b]$ 上连续,故在 $[a,b]$ 上必取得最大值 M 与最小值 m. 若 $m=M$,则 $f(x)$ 在 $[a,b]$ 上恒为常数,从而 $f'(x)=0$. 这时在 (a,b) 内任取一点作为 ξ,都有 $f'(\xi)=0$;若 $m<M$,则因 $f(a)=f(b)$,使得最大值 M 与最小值 m 至少有一个在 (a,b) 内一点 ξ 处取得. 由于 $f(x)$ 在 (a,b) 内可导,故由费马引理可推知 $f'(\xi)=0$. □

罗尔中值定理的几何意义如图 4.2 所示,在两端高度相同的一段连续曲线上,若除端点外的每一点都有不垂直于 x 轴的切线,则在其中必至少有一条切线平行于 x 轴.

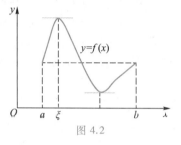

图 4.2

例 1 设 $a_0+\dfrac{a_1}{2}+\cdots+\dfrac{a_n}{n+1}=0$,证明:多项式 $f(x)=a_0+a_1x+\cdots+a_nx^n$ 在 $(0,1)$ 内至少有一个零点.

证 令

$$F(x)=a_0x+\frac{a_1}{2}x^2+\cdots+\frac{a_n}{n+1}x^{n+1},$$

则 $F(x)$ 在 $[0,1]$ 上连续,在 $(0,1)$ 内可导,$F'(x)=f(x)$,且 $F(0)=0$. 由假设知 $F(1)=0$,因此 $F(x)$ 在区间 $[0,1]$ 上满足罗尔中值定理的条件,故推出至少存在一点 $\xi\in(0,1)$,使得
$$F'(\xi)=f(\xi)=0.$$
即 $\xi\in(0,1)$ 是 $f(x)$ 的一个零点. □

例 2 设 $f(x)$ 在 $[0,1]$ 上连续,在 $(0,1)$ 内可导,且 $f(0)=f(1)=0$,$f\left(\dfrac{1}{2}\right)=1$.证明:至少存在一点 $\xi\in(0,1)$,使得 $f'(\xi)=1$.

证 令 $F(x)=f(x)-x$,则 $F(x)$ 在闭区间 $\left[\dfrac{1}{2},1\right]$ 上连续,且

$$F\left(\frac{1}{2}\right)=\frac{1}{2}>0,\quad F(1)=-1<0,$$

由零点定理可知,至少存在一点 $\eta\in\left(\dfrac{1}{2},1\right)$,使得 $F(\eta)=0$.

又由于 $F(0)=0$,故 $F(x)$ 在区间 $[0,\eta]$ 上满足罗尔中值定理的条件,从而推出至少存在一点 $\xi\in(0,\eta)\subset(0,1)$,使得 $F'(\xi)=f'(\xi)-1=0$,即
$$f'(\xi)=1.\qquad\qquad\square$$

定理 4.1.3(拉格朗日(Lagrange)中值定理) 若 $f(x)$ 在 $[a,b]$ 上连续,在 (a,b) 内可导,则在 (a,b) 内至少存在一点 ξ,使得

$$f'(\xi) = \frac{f(b) - f(a)}{b - a}. \tag{4.1}$$

证   作辅助函数

$$F(x) = f(x) - \frac{f(b) - f(a)}{b - a}x.$$

容易验证 $F(x)$ 在 $[a,b]$ 上满足罗尔中值定理的条件,故推出在 (a,b) 内至少存在一点 ξ,使得 $F'(\xi) = 0$,所以(4.1)式成立.

从这个定理的条件与结论可见,若 $f(x)$ 在 $[a,b]$ 上满足拉格朗日中值定理的条件,则当 $f(a) = f(b)$ 时,即得出罗尔中值定理的结论,因此说罗尔中值定理是拉格朗日中值定理的一个特殊情形. 正是基于这个原因,我们想到要利用罗尔中值定理来证明定理 4.1.3.

拉格朗日中值定理的几何意义如图 4.3 所示,若曲线 $y = f(x)$ 在 (a,b) 内每一点都有不垂直于 x 轴的切线,则在曲线上至少存在一点 $C(\xi, f(\xi))$,使得曲线在点 C 的切线平行于过曲线两端点 A、B 的弦.

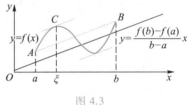

图 4.3

这里辅助函数 $F(x)$ 表示曲线 $y = f(x)$ 的纵坐标与直线

$$y = \frac{f(b) - f(a)}{b - a}x$$

的纵坐标之差,而这直线通过原点且与曲线过 A、B 两端点的弦平行,因此 $F(x)$ 满足罗尔定理的条件.

公式(4.1)也称为**拉格朗日中值公式**. 在使用上常把它写成如下形式:

$$f(b) - f(a) = f'(\xi)(b - a), \tag{4.2}$$

当 $b < a$ 时也成立. 并且在定理 4.1.3 的条件下,(4.2)中的 a、b 可以用任意 x_1、$x_2 \in (a,b)$ 来代替,即有

$$f(x_1) - f(x_2) = f'(\xi)(x_1 - x_2), \tag{4.3}$$

其中 ξ 位于 x_1 与 x_2 之间.

在公式(4.3)中若取 $x_1 = x + \Delta x$,$x_2 = x$,则得

$$f(x + \Delta x) - f(x) = f'(\xi)\Delta x,$$

$$f(x + \Delta x) - f(x) = f'(x + \theta \Delta x)\Delta x \quad (0 < \theta < 1),$$

它表示 $f'(x + \theta \Delta x)\Delta x$ 在 Δx 为有限增量时就是增量 Δy 的准确表达式. 因此拉格朗日中值公式也称**有限增量公式**.

推论 4.1.1   若 $f(x)$ 在区间 I 内可导,且 $f'(x) = 0$,则 $f(x)$ 在 I 内是一个常数.

证   任取 $x_1, x_2 \in I$,且 $x_1 < x_2$,在区间 $[x_1, x_2]$ 上应用拉格朗日中值定理,得

$$f(x_2) - f(x_1) = f'(\xi)(x_2 - x_1), \quad x_1 < \xi < x_2.$$

由假设知 $f'(\xi) = 0$,故得 $f(x_2) - f(x_1) = 0$. 这说明 $f(x)$ 在区间 I 内任两点的函数值相等,所以 $f(x)$ 在 I 内是一个常数.   □

例 3   证明恒等式

$$\arcsin x + \arccos x = \frac{\pi}{2}, \quad x \in [-1,1].$$

证 令 $f(x) = \arcsin x + \arccos x$，则在区间 $(-1,1)$ 内，

$$f'(x) = \frac{1}{\sqrt{1-x^2}} - \frac{1}{\sqrt{1-x^2}} \equiv 0.$$

由推论 4.1.1 可知，在 $(-1,1)$ 内

$$f(x) = \arcsin x + \arccos x = C \quad (C \text{ 为常数}).$$

上式中取 $x=0$，得 $C = \frac{\pi}{2}$. 又 $f(\pm 1) = \frac{\pi}{2}$，因此所证恒等式在区间 $[-1,1]$ 上成立. □

例 4（导数极限定理） 设 $f(x)$ 在点 x_0 处连续，在 $\overset{\circ}{U}(x_0)$ 内可导，且 $\lim\limits_{x \to x_0} f'(x)$ 存在，则 $f(x)$ 在 x_0 可导，且 $f'(x_0) = \lim\limits_{x \to x_0} f'(x)$.

证 任取 $x \in \overset{\circ}{U}(x_0)$，在以 x_0 与 x 为端点的区间上应用拉格朗日中值定理，得

$$\frac{f(x) - f(x_0)}{x - x_0} = f'(\xi),$$

其中 ξ 在 x_0 与 x 之间. 上式中令 $x \to x_0$，则 $\xi \to x_0$. 由于 $\lim\limits_{x \to x_0} f'(x)$ 存在，取极限便得

$$\lim_{x \to x_0} \frac{f(x) - f(x_0)}{x - x_0} = \lim_{\xi \to x_0} f'(\xi) = \lim_{x \to x_0} f'(x).$$

所以 $f(x)$ 在点 x_0 处可导，且 $f'(x_0) = \lim\limits_{x \to x_0} f'(x)$. □

例 5 证明不等式

$$\frac{x}{1+x} < \ln(1+x) < x$$

对一切 $x>0$ 成立.

证 令 $f(t) = \ln(1+t)$，则对任意 $x>0, f(t)$ 在区间 $[0,x]$ 上满足拉格朗日中值定理的条件，故推出至少存在一点 $\xi \in (0,x)$，使得

$$f(x) - f(0) = f'(\xi)(x - 0).$$

由于 $f(0) = 0, f'(\xi) = \frac{1}{1+\xi}$，上式即

$$\ln(1+x) = \frac{x}{1+\xi}.$$

又由 $0 < \xi < x$，可得

$$\frac{x}{1+x} < \frac{x}{1+\xi} < x.$$

因此当 $x>0$ 时，就有

$$\frac{x}{1+x} < \ln(1+x) < x.$$
□

对于参变量函数

$$\begin{cases} x = g(t), \\ y = f(t) \end{cases} \qquad (\alpha \leqslant t \leqslant \beta)$$

所表示的曲线(图 4.4),它的两端点连线的斜率为

$$\frac{f(b) - f(a)}{g(b) - g(a)}.$$

若拉格朗日中值定理也适合这种情形,则应有

$$\frac{\mathrm{d}y}{\mathrm{d}x}\bigg|_{t=\xi} = \frac{f'(\xi)}{g'(\xi)} = \frac{f(b) - f(a)}{g(b) - g(a)}.$$

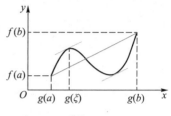

图 4.4

与这个几何阐述密切相联的是柯西中值定理,它是拉格朗日
中值定理的推广.

定理 4.1.4(柯西(Cauchy)中值定理) 若 $f(x)$ 与 $g(x)$ 在 $[a,b]$ 上连续,在 (a,b) 内可导且 $g'(x) \neq 0$,则在 (a,b) 内至少存在一点 ξ,使得

$$\frac{f(b) - f(a)}{g(b) - g(a)} = \frac{f'(\xi)}{g'(\xi)}. \tag{4.4}$$

证 首先由罗尔中值定理可知 $g(b) - g(a) \neq 0$,因为若不然,则存在 $\eta \in (a,b)$,使 $g'(\eta) = 0$,这与假设条件相矛盾.

作辅助函数

$$F(x) = f(x) - \frac{f(b) - f(a)}{g(b) - g(a)} g(x).$$

容易验证 $F(x)$ 在 $[a,b]$ 上满足罗尔中值定理的条件,故推出至少存在一点 $\xi \in (a,b)$,使得 $F'(\xi) = 0$,即

$$f'(\xi) - \frac{f(b) - f(a)}{g(b) - g(a)} g'(\xi) = 0.$$

因为 $g'(\xi) \neq 0$,所以(4.4)式成立. □

例 6 设 $0 < a < b$, $f(x)$ 在 $[a,b]$ 上连续,在 (a,b) 内可导,证明:存在 ξ、$\eta \in (a,b)$,使得

$$f'(\xi) = \frac{a+b}{2\eta} f'(\eta).$$

证 因为 $f(x)$ 在 $[a,b]$ 上满足拉格朗日中值定理的条件,所以至少存在一点 $\xi \in (a,b)$,使得

$$f(b) - f(a) = f'(\xi)(b - a). \tag{4.5}$$

令 $g(x) = x^2$,则 $f(x)$ 和 $g(x)$ 在 $[a,b]$ 上满足柯西中值定理的条件,又至少存在一点 $\eta \in (a,b)$,使得

$$\frac{f(b) - f(a)}{b^2 - a^2} = \frac{f'(\eta)}{2\eta}. \tag{4.6}$$

由(4.5)和(4.6)两式即可推出存在 ξ、$\eta \in (a,b)$,使得

$$f'(\xi) = \frac{a+b}{2\eta} f'(\eta)$$

成立. □

1. 验证罗尔中值定理对 $y = \ln \sin x$ 在 $\left[\dfrac{\pi}{6}, \dfrac{5\pi}{6}\right]$ 上的正确性.

2. 证明: 方程 $4ax^3 + 3bx^2 + 2cx = a + b + c$ 在 $(0, 1)$ 内至少有一个根.

3. 证明: $\arctan x = \arcsin \dfrac{x}{\sqrt{1+x^2}}, x \in \mathbf{R}$.

4. 证明: $\arctan x + \mathrm{arccot}\, x = \dfrac{\pi}{2}, x \in \mathbf{R}$.

5. 求极限 $\lim\limits_{x \to +\infty} \left(\sin \sqrt{x+1} - \sin \sqrt{x} \right)$.

6. 设 $0 < a < b$, 证明:
$$\frac{b-a}{b} < \ln \frac{b}{a} < \frac{b-a}{a}.$$

7. 设 $f(x)$ 在 $[0, 1]$ 上连续, 在 $(0, 1)$ 内可导, $f(1) = 0$. 证明: 存在 $\xi \in (0, 1)$, 使得
$$2f(\xi) + \xi f'(\xi) = 0.$$

8. 设 $f(x), g(x)$ 在 $[a, b]$ 上连续, 在 (a, b) 内可导, 且 $f(a) = f(b) = 0, g(x) \neq 0$, 证明: 至少存在一点 $\xi \in (a, b)$, 使得
$$f'(\xi)g(\xi) = f(\xi)g'(\xi).$$

9. 证明下列不等式:

(1) $|\sin a - \sin b| \leqslant |a - b|$;   (2) $\dfrac{h}{1+h^2} < \arctan h < h \quad (h > 0)$;

(3) $\mathrm{e}^x > \mathrm{e} \cdot x (x > 1)$.

习题参考答案
与提示 4.1

10. 设 $f(x)$ 在 $[a, b]$ 上连续, 在 (a, b) 内可导 $(0 < a < b)$, 试证: 存在 $\xi \in (a, b)$, 使得
$$f(b) - f(a) = \xi f'(\xi) \ln \frac{b}{a}.$$

§4.2 洛必达法则

在讨论无穷小(或无穷大)阶的比较时, 我们已经知道两个无穷小(或无穷大)之比的极限可能存在, 也可能不存在, 通常把这种极限称为**未定式**, 并分别称为 $\dfrac{0}{0}$ 型未定式或 $\dfrac{\infty}{\infty}$ 型未定式. 柯西中值定理为我们提供了一种求未定式极限的方法, 我们把这种方法称为**洛必达**(L'Hospital)**法则**.

定理 4.2.1(洛必达法则 Ⅰ) 若

(1) $\lim\limits_{x \to x_0} f(x) = 0, \lim\limits_{x \to x_0} g(x) = 0$;

(2) $f(x)$ 与 $g(x)$ 在 x_0 的某去心邻域内可导, 且 $g'(x) \neq 0$;

（3）$\lim\limits_{x \to x_0} \dfrac{f'(x)}{g'(x)}$存在（或为$\infty$），

则

$$\lim_{x \to x_0} \frac{f(x)}{g(x)} = \lim_{x \to x_0} \frac{f'(x)}{g'(x)}.$$

证　令

$$F(x) = \begin{cases} f(x), & x \neq x_0, \\ 0, & x = x_0, \end{cases} \qquad G(x) = \begin{cases} g(x), & x \neq x_0, \\ 0, & x = x_0, \end{cases}$$

由假设（1），（2）可知 $F(x)$ 与 $G(x)$ 在 x_0 的某邻域 $U(x_0)$ 内连续，在 $\mathring{U}(x_0)$ 内可导，且 $G'(x) = g'(x) \neq 0$. 任取 $x \in \mathring{U}(x_0)$，则 $F(x)$ 与 $G(x)$ 在以 x_0 与 x 为端点的区间上满足柯西中值定理的条件，故有

$$\frac{F(x) - F(x_0)}{G(x) - G(x_0)} = \frac{F'(\xi)}{G'(\xi)} = \frac{f'(\xi)}{g'(\xi)}.$$

其中 ξ 在 x_0 与 x 之间. 由于 $F(x_0) = G(x_0) = 0$，且当 $x \neq x_0$ 时，$F(x) = f(x)$，$G(x) = g(x)$，可得

$$\frac{f(x)}{g(x)} = \frac{f'(\xi)}{g'(\xi)}.$$

上式中令 $x \to x_0$，则 $\xi \to x_0$，根据假设（3）就有

$$\lim_{x \to x_0} \frac{f(x)}{g(x)} = \lim_{\xi \to x_0} \frac{f'(\xi)}{g'(\xi)} = \lim_{x \to x_0} \frac{f'(x)}{g'(x)}.$$

对于 $\dfrac{\infty}{\infty}$ 型未定式，也有类似于定理 4.2.1 的法则，其证明省略. □

定理 4.2.2（洛必达法则Ⅱ）　若

（1）$\lim\limits_{x \to x_0} f(x) = \infty$，$\lim\limits_{x \to x_0} g(x) = \infty$；

（2）$f(x)$ 与 $g(x)$ 在 x_0 的某去心邻域内可导，且 $g'(x) \neq 0$；

（3）$\lim\limits_{x \to x_0} \dfrac{f'(x)}{g'(x)}$存在（或为$\infty$），则

$$\lim_{x \to x_0} \frac{f(x)}{g(x)} = \lim_{x \to x_0} \frac{f'(x)}{g'(x)}.$$

在定理 4.2.1 和 4.2.2 中，若把 $x \to x_0$ 换成 $x \to x_0^+$，$x \to x_0^-$，$x \to \infty$，$x \to +\infty$ 或 $x \to -\infty$，只需相应地修改（2）中的邻域，结论仍然成立.

例 1　求下列极限：

（1）$\lim\limits_{x \to 0} \dfrac{x - \sin x}{x^3}$；

（2）$\lim\limits_{x \to \frac{\pi}{2}} \dfrac{\cos x}{\dfrac{\pi}{2} - x}$；

（3）$\lim\limits_{x \to +\infty} \dfrac{\ln\left(1 + \dfrac{1}{x}\right)}{\operatorname{arccot} x}$；

（4）$\lim\limits_{x \to 1} \dfrac{x - x^x}{1 - x + \ln x}$.

解　由洛必达法则可得

（1）$\lim\limits_{x \to 0} \dfrac{x - \sin x}{x^3} = \lim\limits_{x \to 0} \dfrac{1 - \cos x}{3x^2} = \lim\limits_{x \to 0} \dfrac{\sin x}{6x} = \dfrac{1}{6}$.

（2）$\lim\limits_{x \to \frac{\pi}{2}} \dfrac{\cos x}{\frac{\pi}{2} - x} = \lim\limits_{x \to \frac{\pi}{2}} \dfrac{-\sin x}{-1} = 1$.

（3）$\lim\limits_{x \to +\infty} \dfrac{\ln\left(1 + \dfrac{1}{x}\right)}{\operatorname{arccot} x} = \lim\limits_{x \to +\infty} \dfrac{-\dfrac{1}{x(x+1)}}{-\dfrac{1}{1+x^2}} = 1$.

（4）$\lim\limits_{x \to 1} \dfrac{x - x^x}{1 - x + \ln x} = \lim\limits_{x \to 1} \dfrac{1 - x^x(\ln x + 1)}{-1 + \dfrac{1}{x}} = \lim\limits_{x \to 1} \dfrac{-x^x(\ln x + 1)^2 - x^x \cdot \dfrac{1}{x}}{-\dfrac{1}{x^2}} = 2$.

例 2　求下列极限：

（1）$\lim\limits_{x \to +\infty} \dfrac{(\ln x)^m}{x}$（$m$ 为正整数）；　　　（2）$\lim\limits_{x \to +\infty} \dfrac{x^m}{e^x}$（$m$ 为正整数）；

（3）$\lim\limits_{x \to 0^+} \dfrac{\ln \tan 5x}{\ln \tan 3x}$；　　　　　　　　（4）$\lim\limits_{x \to +\infty} \dfrac{e^x + 2x\arctan x}{e^x - \pi x}$.

解　（1）因为

$$\lim\limits_{x \to +\infty} \frac{\ln x}{x^{\frac{1}{m}}} = \lim\limits_{x \to +\infty} \frac{\dfrac{1}{x}}{\dfrac{1}{m} x^{\frac{1}{m} - 1}} = \lim\limits_{x \to +\infty} \frac{m}{x^{\frac{1}{m}}} = 0,$$

所以

$$\lim\limits_{x \to +\infty} \frac{(\ln x)^m}{x} = \lim\limits_{x \to +\infty} \left(\frac{\ln x}{x^{\frac{1}{m}}}\right)^m = 0.$$

（2）因为

$$\lim\limits_{x \to +\infty} \frac{x}{e^{\frac{1}{m}x}} = \lim\limits_{x \to +\infty} \frac{1}{\dfrac{1}{m} e^{\frac{1}{m}x}} = 0,$$

所以

$$\lim\limits_{x \to +\infty} \frac{x^m}{e^x} = \lim\limits_{x \to +\infty} \left(\frac{x}{e^{\frac{1}{m}x}}\right)^m = 0.$$

（3）$\lim\limits_{x \to 0^+} \dfrac{\ln \tan 5x}{\ln \tan 3x} = \lim\limits_{x \to 0^+} \dfrac{\dfrac{5\sec^2 5x}{\tan 5x}}{\dfrac{3\sec^2 3x}{\tan 3x}} = \lim\limits_{x \to 0^+} \dfrac{5\tan 3x}{3\tan 5x} \cdot \lim\limits_{x \to 0^+} \dfrac{1 + \tan^2 5x}{1 + \tan^2 3x} = 1$.

（4）因为 $\lim\limits_{x\to+\infty}\dfrac{x}{e^x}=\lim\limits_{x\to+\infty}\dfrac{1}{e^x}=0$，所以

$$\lim_{x\to+\infty}\frac{e^x+2x\arctan x}{e^x-\pi x}=\lim_{x\to+\infty}\frac{1+2\dfrac{x}{e^x}\cdot\arctan x}{1-\pi\dfrac{x}{e^x}}=1.$$

未定式还有 $0\cdot\infty,\infty-\infty,\infty^0,0^0,1^\infty$ 等类型，可以通过恒等变形或简单变换将它们转化为 $\dfrac{0}{0}$ 或 $\dfrac{\infty}{\infty}$ 型，再应用洛必达法则.

例 3   求下列极限：

（1）$\lim\limits_{x\to0^+}x\ln x$;

（2）$\lim\limits_{x\to\frac{\pi}{2}}(\sec x-\tan x)$;

（3）$\lim\limits_{x\to+\infty}(1+x)^{\frac{1}{x}}$;

（4）$\lim\limits_{x\to+\infty}\left(\dfrac{\pi}{2}-\arctan x\right)^{\frac{1}{\ln x}}$;

（5）$\lim\limits_{x\to0}(\cos x)^{\frac{1}{x^2}}$.

解   （1）$\lim\limits_{x\to0^+}x\ln x=\lim\limits_{x\to0^+}\dfrac{\ln x}{\dfrac{1}{x}}=\lim\limits_{x\to0^+}\dfrac{\dfrac{1}{x}}{-\dfrac{1}{x^2}}=\lim\limits_{x\to0^+}(-x)=0.$

（2）$\lim\limits_{x\to\frac{\pi}{2}}(\sec x-\tan x)=\lim\limits_{x\to\frac{\pi}{2}}\dfrac{1-\sin x}{\cos x}=\lim\limits_{x\to\frac{\pi}{2}}\dfrac{-\cos x}{-\sin x}=0.$

（3）因为

$$\lim_{x\to+\infty}\ln(1+x)^{\frac{1}{x}}=\lim_{x\to+\infty}\frac{\ln(x+1)}{x}=\lim_{x\to+\infty}\frac{\dfrac{1}{1+x}}{1}=0,$$

所以

$$\lim_{x\to+\infty}(1+x)^{\frac{1}{x}}=e^{\lim\limits_{x\to+\infty}\ln(1+x)^{\frac{1}{x}}}=e^0=1.$$

（4）因为

$$\lim_{x\to+\infty}\ln\left(\frac{\pi}{2}-\arctan x\right)^{\frac{1}{\ln x}}=\lim_{x\to+\infty}\frac{\ln\left(\dfrac{\pi}{2}-\arctan x\right)}{\ln x}=\lim_{x\to+\infty}\frac{\dfrac{1}{\dfrac{\pi}{2}-\arctan x}\left(-\dfrac{1}{1+x^2}\right)}{\dfrac{1}{x}}$$

$$=\lim_{x\to+\infty}\frac{-\dfrac{x}{1+x^2}}{\dfrac{\pi}{2}-\arctan x}=\lim_{x\to+\infty}\frac{-\dfrac{1-x^2}{(1+x^2)^2}}{-\dfrac{1}{1+x^2}}=\lim_{x\to+\infty}\frac{1-x^2}{1+x^2}=-1,$$

所以

$$\lim_{x \to +\infty} \left(\frac{\pi}{2} - \arctan x \right)^{\frac{1}{\ln x}} = e^{-1}.$$

（5）因为

$$\lim_{x \to 0} \ln(\cos x)^{\frac{1}{x^2}} = \lim_{x \to 0} \frac{\ln(\cos x)}{x^2} = \lim_{x \to 0} \frac{-\tan x}{2x} = -\frac{1}{2},$$

所以

$$\lim_{x \to 0} (\cos x)^{\frac{1}{x^2}} = e^{-\frac{1}{2}}.$$

我们已经看到,洛必达法则是求未定式的一种重要且简便的方法. 使用洛必达法则时,我们应注意检验定理中的条件,一般要整理化简,如仍属未定式,还可以继续使用. 使用中还应注意结合运用其他求极限的方法,如等价无穷小替换,作恒等变形或适当的变量代换等,使运算得到简化.

例 4　求下列极限:

（1）$\lim\limits_{x \to 0} \cot x \left(\dfrac{1}{\sin x} - \dfrac{1}{x} \right)$;　　　　　（2）$\lim\limits_{x \to \infty} \left[x^2 \ln\left(1 + \dfrac{1}{x} \right) - x \right]$;

（3）$\lim\limits_{x \to 0} \dfrac{\ln(1+x+x^2) + \ln(1-x+x^2)}{\sec x - \cos x}$.

解　（1）$\lim\limits_{x \to 0} \cot x \left(\dfrac{1}{\sin x} - \dfrac{1}{x} \right) = \lim\limits_{x \to 0} \dfrac{\cos x(x - \sin x)}{x \sin^2 x} = \lim\limits_{x \to 0} \dfrac{x - \sin x}{x^3}$

$$= \lim_{x \to 0} \frac{1 - \cos x}{3x^2} = \lim_{x \to 0} \frac{\frac{1}{2}x^2}{3x^2} = \frac{1}{6}.$$

（2）令 $\dfrac{1}{x} = t$,则

$$\lim_{x \to \infty} \left[x^2 \ln\left(1 + \frac{1}{x} \right) - x \right] = \lim_{t \to 0} \left[\frac{1}{t^2} \ln(1 + t) - \frac{1}{t} \right] = \lim_{t \to 0} \frac{\ln(1 + t) - t}{t^2}$$

$$= \lim_{t \to 0} \frac{\frac{1}{1 + t} - 1}{2t} = \lim_{t \to 0} \frac{-t}{2t(1 + t)} = -\frac{1}{2}.$$

（3）$\lim\limits_{x \to 0} \dfrac{\ln(1+x+x^2) + \ln(1-x+x^2)}{\sec x - \cos x} = \lim\limits_{x \to 0} \dfrac{\ln(1+x+x^2)(1-x+x^2)}{\dfrac{1 - \cos^2 x}{\cos x}}$

$$= \lim_{x \to 0} \frac{\ln(1 + x^2 + x^4)}{\tan x \sin x} = \lim_{x \to 0} \frac{x^2 + x^4}{x^2} = 1.$$

此外,还应注意到洛必达法则的条件是充分的,但不是必要的. 如果所求极限不满足其条件时,应考虑改用其他求极限的方法.

例 5　极限 $\lim\limits_{x \to \infty} \dfrac{x + \sin x}{x - \sin x}$ 是否存在? 能否用洛必达法则求其极限?

解
$$\lim_{x\to\infty}\frac{x+\sin x}{x-\sin x}=\lim_{x\to\infty}\frac{1+\dfrac{1}{x}\sin x}{1-\dfrac{1}{x}\sin x}=1,$$

即极限存在. 但不能用洛必达法则求出其极限. 因为 $\lim\limits_{x\to\infty}\dfrac{x+\sin x}{x-\sin x}$ 尽管是 $\dfrac{\infty}{\infty}$ 型未定式,但由于

$$\lim_{x\to+\infty}\frac{(x+\sin x)'}{(x-\sin x)'}=\lim_{x\to\infty}\frac{1+\cos x}{1-\cos x}$$

不存在(也不是 ∞),所以不满足洛必达法则的条件.

习题 4.2

1. 求下列极限:

(1) $\lim\limits_{x\to0}\dfrac{x-\arcsin x}{(\arcsin x)^3}$;

(2) $\lim\limits_{x\to0}\dfrac{e^{-\frac{1}{x^2}}}{x^{100}}$;

(3) $\lim\limits_{x\to0}\dfrac{(1+x)^x-1}{x^2}$;

(4) $\lim\limits_{x\to\frac{\pi}{2}}\dfrac{\tan x-6}{\sec x+5}$;

(5) $\lim\limits_{x\to0}\dfrac{\sqrt{1+x}+\sqrt{1-x}-2}{x^2}$;

(6) $\lim\limits_{x\to0}\dfrac{x\ln(1+x)}{1-\cos x}$;

(7) $\lim\limits_{x\to0}\dfrac{[\sin x-\sin(\sin x)]\sin x}{x^4}$;

(8) $\lim\limits_{x\to0^+}\left[\dfrac{\ln x}{(1+x)^2}-\ln\dfrac{x}{1+x}\right]$;

(9) $\lim\limits_{x\to\infty}\left[x-x^2\ln\left(1+\dfrac{1}{x}\right)\right]$;

(10) $\lim\limits_{x\to+\infty}\left(\dfrac{\pi}{2}-\arctan 2x^2\right)x^2$;

(11) $\lim\limits_{x\to0}\left(\dfrac{1}{x^2}-\dfrac{1}{x\tan x}\right)$;

(12) $\lim\limits_{x\to0}(\cot x)^{\sin x}$;

(13) $\lim\limits_{x\to0}\left(\dfrac{\arcsin x}{x}\right)^{\frac{1}{x^2}}$;

(14) $\lim\limits_{x\to0}\left[\dfrac{\ln(1+x)}{x}\right]^{\frac{1}{e^x-1}}$;

(15) $\lim\limits_{x\to0}\left(\dfrac{a_1^x+a_2^x+\cdots+a_n^x}{n}\right)^{\frac{1}{x}}$,其中 $a_1,a_2,\cdots,a_n$ 均为正数.

2. 设函数

$$f(x)=\begin{cases}\dfrac{g(x)-\cos x}{x}, & x\neq0,\\ a, & x=0,\end{cases}$$

其中 $g(x)$ 二阶连续可导,且 $g(0)=1$.

(1) 确定常数 a,使 $f(x)$ 在 $x=0$ 处连续;

(2) 求 $f'(x)$;

(3) 讨论 $f'(x)$ 在 $x=0$ 处的连续性.

习题参考答案
与提示 4.2

3. 下列极限是不是未定式？极限值等于什么？能否用洛必达法则？为什么？

$$(1)\ \lim_{x\to 0}\frac{x^2\sin\dfrac{1}{x}}{\sin x};\qquad\qquad (2)\ \lim_{x\to\infty}\frac{x-\sin x}{2x+\cos x};$$

$$(3)\ \lim_{x\to +\infty}\frac{x}{\sqrt{1+x^2}}.$$

▶▶ §4.3 泰勒公式

对于一些复杂函数，为了便于研究，我们往往希望用一些简单函数来近似表示，而多项式是各类函数中最简单的一种. 因此用多项式近似表达函数是近似计算和理论分析中的一个重要内容.

先讨论函数 $f(x)$ 本身就是一个多项式的情形. 设

$$f(x)=a_0+a_1(x-x_0)+a_2(x-x_0)^2+\cdots+a_n(x-x_0)^n.$$

逐次求导得

$$f'(x)=a_1+2a_2(x-x_0)+\cdots+na_n(x-x_0)^{n-1},$$
$$f''(x)=2\times 1a_2+3\times 2a_3(x-x_0)+\cdots+n(n-1)a_n(x-x_0)^{n-2},$$
$$\cdots$$
$$f^{(n)}(x)=n!\ a_n.$$

由此推出

$$f(x_0)=a_0,\quad f'(x_0)=a_1,\quad f''(x_0)=2!a_2,\cdots,f^{(n)}(x_0)=n!a_n,$$

或

$$a_0=f(x_0),\quad a_1=f'(x_0),\quad a_2=\frac{f''(x_0)}{2!},\cdots,\quad a_n=\frac{f^{(n)}(x_0)}{n!}.$$

于是有

$$f(x)=f(x_0)+f'(x_0)(x-x_0)+\frac{f''(x_0)}{2!}(x-x_0)^2+\cdots+\frac{f^{(n)}(x_0)}{n!}(x-x_0)^n.$$

对于任意一个函数 $f(x)$ 来说，如果它存在直到 n 阶的导数，那么按照它的导数总可以写出相应于上式右边的形式，它与函数 $f(x)$ 之间有什么关系呢？

定理 4.3.1(泰勒(Taylor)中值定理) 若 $f(x)$ 在包含 x_0 的某开区间 (a,b) 内具有 $n+1$ 阶导数，则对任意 $x\in(a,b)$，至少存在一点 ξ 位于 x_0 与 x 之间，使得

$$f(x)=f(x_0)+f'(x_0)(x-x_0)+\frac{f''(x_0)}{2!}(x-x_0)^2+\cdots+$$

$$\frac{f^{(n)}(x_0)}{n!}(x-x_0)^n+\frac{f^{(n+1)}(\xi)}{(n+1)!}(x-x_0)^{n+1}. \tag{4.7}$$

证 取定 $x\in(a,b)$，作辅助函数

$$F(t)=f(x)-\left[f(t)+f'(t)(x-t)+\frac{f''(t)}{2!}(x-t)^2+\cdots+\frac{f^{(n)}(t)}{n!}(x-t)^n\right]$$

及

$$G(t) = (x - t)^{n+1}.$$

由假设知 $F(t)$ 在 (a,b) 内可导, 且

$$F'(t) = -\frac{f^{(n+1)}(t)}{n!}(x - t)^n.$$

又 $G'(t) = -(n+1)(x-t)^n$, 当 $t \neq x$ 时, $G'(t) \neq 0$.

于是对任意 $x \in (a,b)$, 若 $x = x_0$, 则取 $\xi = x_0$, (4.7)式成立. 若 $x \neq x_0$, 则对函数 $F(t)$ 及 $G(t)$ 在以 x_0 与 x 为端点的区间上应用柯西中值定理可得

$$\frac{F(x) - F(x_0)}{G(x) - G(x_0)} = \frac{F'(\xi)}{G'(\xi)} = \frac{f^{(n+1)}(\xi)}{(n+1)!}, \tag{4.8}$$

其中 ξ 位于 x_0 与 x 之间. 由于

$$F(x) = G(x) = 0,$$

$$F(x_0) = f(x) - \left[f(x_0) + f'(x_0)(x - x_0) + \frac{f''(x_0)}{2!}(x - x_0)^2 + \cdots + \frac{f^n(x_0)}{n!}(x - x_0)^n \right],$$

$$G(x_0) = (x - x_0)^{n+1},$$

把它们代入(4.8)整理后, 即得(4.7)式. $\qquad\qquad\square$

(4.7)式称为 $f(x)$ 在点 x_0 处的 n 阶**泰勒公式**, 其中 $R_n(x) = \frac{f^{(n+1)}(\xi)}{(n+1)!}(x-x_0)^{n+1}$ 称为**拉格朗日型余项**. 当 $n = 0$ 时, 泰勒公式就成为拉格朗日中值公式. 因此也可以说泰勒中值定理是含有高阶导数的中值定理.

应用洛必达法则还可以证明如下定理, 其中对 $f(x)$ 的要求稍弱于定理 4.3.1.

定理 4.3.2 若 $f(x)$ 在点 x_0 处具有 n 阶导数, 则存在 x_0 的某邻域 $U(x_0)$, 使得任意 $x \in U(x_0)$ 时, 有

$$f(x) = f(x_0) + f'(x_0)(x - x_0) + \frac{f''(x_0)}{2!}(x - x_0)^2 + \cdots +$$

$$\frac{f^{(n)}(x_0)}{n!}(x - x_0)^n + o((x - x_0)^n) \quad (x \to x_0). \tag{4.9}$$

证 因为 $f^{(n)}(x_0)$ 存在, 所以在 x_0 的某邻域 $U(x_0)$ 内 $f(x)$ 具有 $n-1$ 阶导数, 令

$$F(x) = f(x) - \left[f(x_0) + f'(x_0)(x - x_0) + \cdots + \frac{f^{(n)}(x_0)}{n!}(x - x_0)^n \right],$$

$$G(x) = (x - x_0)^n,$$

则 $F(x_0) = F'(x_0) = \cdots = F^{(n)}(x_0) = 0$. 当 $x \in U(x_0)$ 时, 应用洛必达法则 $n-1$ 次, 可得

$$\lim_{x \to x_0} \frac{F(x)}{G(x)} = \lim_{x \to x_0} \frac{F^{(n-1)}(x)}{G^{(n-1)}(x)}$$

$$= \lim_{x \to x_0} \frac{f^{(n-1)}(x) - f^{(n-1)}(x_0) - f^{(n)}(x_0)(x - x_0)}{n!\,(x - x_0)}$$

$$= \frac{1}{n!} \lim_{x \to x_0} \left[\frac{f^{(n-1)}(x) - f^{(n-1)}(x_0)}{x - x_0} - f^{(n)}(x_0) \right] = 0.$$

所以当 $x \in U(x_0)$ 时,

$$F(x) = o(G(x)) \quad (x \to x_0),$$

公式(4.9)成立.

公式(4.9)中的泰勒公式余项 $R_n(x) = o((x-x_0)^n)$ 称为**佩亚诺**(Peano)**型余项**.

当 $x_0 = 0$ 时,泰勒公式(4.7)或(4.9)称为**麦克劳林**(Maclaurin)**公式**,即

$$f(x) = f(0) + f'(0)x + \frac{f''(0)}{2!}x^2 + \cdots + \frac{f^{(n)}(0)}{n!}x^n + R_n(x), \tag{4.10}$$

其中 $R_n(x) = \dfrac{f^{(n+1)}(\theta x)}{(n+1)!}x^{n+1}(0<\theta<1)$ 或 $R_n(x) = o(x^n)$.

例 1　求 e^x 的麦克劳林公式.

解　设 $f(x) = e^x$,则

$$f^{(n)}(x) = e^x, \quad f^{(n)}(0) = 1 \quad (n = 0,1,2,\cdots).$$

代入公式(4.10)即得 e^x 的麦克劳林公式

$$e^x = 1 + x + \frac{x^2}{2!} + \cdots + \frac{x^n}{n!} + R_n(x),$$

其中 $R_n(x) = \dfrac{e^{\theta x}}{(n+1)!}x^{n+1}(0<\theta<1)$ 或 $R_n(x) = o(x^n)$.

例 2　求 $\sin x$ 和 $\cos x$ 的麦克劳林公式.

解　设 $f(x) = \sin x$,则

$$f^{(n)}(x) = \sin\left(x + \frac{n\pi}{2}\right),$$

$$f^{(n)}(0) = \sin\frac{n\pi}{2} = \begin{cases} 0, & n = 2k, \\ (-1)^k, & n = 2k+1, \end{cases} \quad k = 0,1,2,\cdots.$$

得到 $f(x) = \sin x$ 的 $n(n=2k)$ 阶麦克劳林公式

$$\sin x = x - \frac{x^3}{3!} + \cdots + (-1)^{k-1}\frac{x^{2k-1}}{(2k-1)!} + o(x^{2k}).$$

类似求出 $f(x) = \cos x$ 的 $n(n=2k+1)$ 阶麦克劳林公式

$$\cos x = 1 - \frac{x^2}{2!} + \cdots + (-1)^k\frac{x^{2k}}{(2k)!} + o(x^{2k+1}).$$

例 3　求 $\ln(1+x)$ 的麦克劳林公式.

解　设 $f(x) = \ln(1+x)$,则 $f(0) = 0$,

$$f^{(n)}(x) = (-1)^{n-1}\frac{(n-1)!}{(1+x)^n},$$

$$f^{(n)}(0) = (-1)^{n-1}(n-1)! \quad (n = 1,2,\cdots).$$

得到

$$\ln(1+x) = x - \frac{x^2}{2} + \cdots + (-1)^{n-1}\frac{x^n}{n} + o(x^n).$$

例 4　求 $(1+x)^\mu(\mu \in \mathbf{R}, \mu \neq 0)$ 的麦克劳林公式.

解　设 $f(x) = (1+x)^\mu$,则 $f(0) = 1$,

$$f^{(n)}(x) = \mu(\mu - 1)\cdots(\mu - n + 1)(1 + x)^{\mu - n},$$
$$f^{(n)}(0) = \mu(\mu - 1)\cdots(\mu - n + 1) \quad (n = 1, 2, \cdots),$$

得到

$$(1 + x)^\mu = 1 + \mu x + \frac{\mu(\mu - 1)}{2!}x^2 + \cdots + \frac{\mu(\mu - 1)\cdots(\mu - n + 1)}{n!}x^n + o(x^n).$$

上面几个初等函数的麦克劳林公式,在作近似计算或求极限时常常会用到它们.

例 5　计算无理数 e 的近似值,使误差不超过 10^{-6}.

解
$$e^x = 1 + x + \frac{x^2}{2!} + \cdots + \frac{x^n}{n!} + R_n(x),$$

其中 $R_n(x) = \dfrac{e^{\theta x}}{(n+1)!}x^{n+1}(0 < \theta < 1)$. 当 $x = 1$ 时,有

$$e = 1 + 1 + \frac{1}{2!} + \cdots + \frac{1}{n!} + \frac{e^\theta}{(n+1)!} \quad (0 < \theta < 1).$$

其中 $|R_n(1)| = \dfrac{e^\theta}{(n+1)!} < \dfrac{3}{(n+1)!}$. 要使 $|R_n(1)| < 10^{-6}$,只要

$$\frac{3}{(n+1)!} < 10^{-6},$$

取 $n = 9$ 能使上述不等式成立. 因此当 $n = 9$ 时,

$$e \approx 1 + 1 + \frac{1}{2!} + \cdots + \frac{1}{9!} \approx 2.718\,282,$$

其误差不超过 10^{-6}.

例 6　求下列极限:

(1) $\lim\limits_{x \to 0} \dfrac{e^{x^2} + 2\cos x - 3}{x^4}$;　　　　　(2) $\lim\limits_{x \to 0} \dfrac{6\sin x^3 + x^3(x^6 - 6)}{x^9 \ln(1 + x^6)}$.

解　(1) 当 $x \to 0$ 时,

$$e^{x^2} = 1 + x^2 + \frac{1}{2!}x^4 + o(x^4),$$

$$\cos x = 1 - \frac{x^2}{2!} + \frac{x^4}{4!} + o(x^4),$$

所以

$$\lim_{x \to 0} \frac{e^{x^2} + 2\cos x - 3}{x^4} = \lim_{x \to 0} \frac{\dfrac{7}{12}x^4 + o(x^4)}{x^4} = \frac{7}{12}.$$

(2) $\lim\limits_{x \to 0} \dfrac{6\sin x^3 + x^3(x^6 - 6)}{x^9 \ln(1 + x^6)} = \lim\limits_{x \to 0} \dfrac{6\left[x^3 - \dfrac{x^9}{3!} + \dfrac{x^{15}}{5!} + o(x^{15})\right] + x^9 - 6x^3}{x^9[x^6 + o(x^6)]}$

$$= \lim_{x \to 0} \frac{\dfrac{1}{20}x^{15} + o(x^{15})}{x^{15} + o(x^{15})} = \frac{1}{20}.$$

例 7 设 $f''(x_0)$ 存在,证明:

$$\lim_{h \to 0} \frac{f(x_0 + h) + f(x_0 - h) - 2f(x_0)}{h^2} = f''(x_0).$$

证

$$f(x_0+h) = f(x_0) + f'(x_0)h + \frac{f''(x_0)}{2!}h^2 + o(h^2),$$

$$f(x_0-h) = f(x_0) - f'(x_0)h + \frac{f''(x_0)}{2!}h^2 + o(h^2).$$

所以

$$\lim_{h \to 0} \frac{f(x_0 + h) + f(x_0 - h) - 2f(x_0)}{h^2} = \lim_{h \to 0} \frac{f''(x_0)h^2 + o(h^2)}{h^2} = f''(x_0). \qquad \square$$

习题 4.3

1. 求 $f(x) = \ln x$ 按 $x-2$ 的幂展开的带有佩亚诺余项的 n 阶泰勒公式.

2. 求 $f(x) = \sqrt{x}$ 按 $x-5$ 的幂展开的带有拉格朗日型余项的 3 阶泰勒公式.

3. 求 $f(x) = e^{-x^2}$ 带有佩亚诺余项的 n 阶麦克劳林公式.

4. 用 4 阶泰勒公式求 $\sin 18°$ 的近似值,并估计误差.

5. 利用泰勒公式求下列极限:

$(1)\ \lim\limits_{x \to 0} \dfrac{\cos x - e^{-\frac{x^2}{2}}}{\sin^4 x}$;

$(2)\ \lim\limits_{n \to \infty} \left[n - n^2 \ln\left(1 + \dfrac{1}{n}\right) \right]$;

$(3)\ \lim\limits_{x \to 0} \dfrac{x^2 \ln(1+x^2)}{e^{x^2} - x^2 - 1}$;

$(4)\ \lim\limits_{x \to 0} \dfrac{\ln(1+x) - \sin x}{\sqrt{1+x^2} - \cos x}$.

6. 求函数 $f(x) = x^2 \ln(1+x)$ 在 $x=0$ 处的 n 阶导数 $f^{(n)}(0)$ $(n \geqslant 3)$.

7. 若 $f(x)$ 在 $[a,b]$ 上有 n 阶导数,且 $f(a) = f(b) = f'(b) = f''(b) = \cdots = f^{(n-1)}(b) = 0$,证明:至少存在一点 $\xi \in (a,b)$,使得 $f^{(n)}(\xi) = 0$.

习题参考答案
与提示 4.3

▶▶ §4.4   函数的单调性与极值

▶▶ 一、函数的单调性

在 §1.3 中已经给出函数单调性的定义,从几何上看,单增函数的图形是沿 x 轴正方向上升的曲线,单减函数的图形表现为下降的曲线. 本节将讨论单调函数与其导函数之间的关系,从而提供一种判别函数单调性的方法.

定理 4.4.1   设 $f(x)$ 在 $[a,b]$ 上连续,在 (a,b) 内可导,且 $f'(x)>0(f'(x)<0)$,则 $f(x)$ 在 $[a,b]$ 上单调增加(单调减少).

证   考虑 $f'(x)>0$ 的情形. 任取 $x_1, x_2 \in [a,b]$,且 $x_1 < x_2$,对 $f(x)$ 在区间 $[x_1, x_2]$ 上应用拉格朗日中值定理,得到

$$f(x_2) - f(x_1) = f'(\xi)(x_2 - x_1), \quad x_1 < \xi < x_2.$$

因为 $f'(\xi) > 0$，且 $x_2 - x_1 > 0$，从上式推出 $f(x_2) - f(x_1) > 0$，即 $f(x_2) > f(x_1)$. 所以 $f(x)$ 在 $[a, b]$ 上单调增加.

若 $f'(x) < 0$，则类似可证 $f(x)$ 在 $[a, b]$ 上单调减少. $\qquad\square$

不难看出定理中的闭区间可以换成其他各种区间，相应的结论亦成立.

例 1 确定函数 $f(x) = \dfrac{3x^2 + 4x + 4}{x^2 + x + 1}$ 的单调区间.

解 函数 $f(x) = 3 + \dfrac{x+1}{x^2 + x + 1}$ 在 $(-\infty, +\infty)$ 内连续且可导，且

$$f'(x) = \frac{x^2 + x + 1 - (2x+1)(x+1)}{(x^2 + x + 1)^2} = -\frac{x(x+2)}{(x^2 + x + 1)^2}.$$

令 $f'(x) = 0$，得驻点 $x_1 = -2, x_2 = 0$. 列表讨论如下（表中 ↗ 表示单增，↘ 表示单减）：

x	$(-\infty, -2)$	-2	$(-2, 0)$	0	$(0, +\infty)$
$f'(x)$	$-$	0	$+$	0	$-$
$f(x)$	↘	$\dfrac{8}{3}$	↗	4	↘

所以函数 $f(x) = \dfrac{3x^2 + 4x + 4}{x^2 + x + 1}$ 的单减区间为 $(-\infty, -2]$ 和 $[0, +\infty)$，单增区间为 $[-2, 0]$.

应当注意，$f'(x) > 0 (f'(x) < 0)$ 是可导函数单增（单减）的充分条件，但不是必要的. 在函数的单调区间内的个别点上，函数的导数可以为零. 例如，函数 $y = x^3$ 在 $(-\infty, +\infty)$ 内单调增加，但 $y'|_{x=0} = 0$. 其实我们有如下更一般的结论：

定理 4.4.2 设 $f(x)$ 在 $[a, b]$ 上连续，在 (a, b) 内可导，则 $f(x)$ 在 $[a, b]$ 上单调增加（单调减少）的充要条件是在 (a, b) 内 $f'(x) \geqslant 0 (f'(x) \leqslant 0)$，且在 (a, b) 内任何子区间上 $f'(x) \not\equiv 0$.

证 先证必要性. 设 $f(x)$ 在 $[a, b]$ 上单调增加，对任意 $x \in (a, b)$，取 $\Delta x \neq 0$，使得 $x + \Delta x \in (a, b)$，由于 $f(x)$ 在 $[a, b]$ 上单调增加，所以总有

$$\frac{f(x + \Delta x) - f(x)}{\Delta x} > 0.$$

令 $\Delta x \to 0$，由极限的性质得

$$f'(x) \geqslant 0, \quad x \in (a, b).$$

这里等号不能在 (a, b) 内的任何子区间上恒成立. 因为若不然，则 $f(x)$ 在这子区间上等于某一常数，这与 $f(x)$ 在 $[a, b]$ 上单调增加的假设相矛盾.

再证充分性. 设在 (a, b) 内 $f'(x) \geqslant 0$ 且在 (a, b) 内任何子区间上 $f'(x) \not\equiv 0$. 任取 $x_1, x_2 \in [a, b]$，且 $x_1 < x_2$，对 $f(x)$ 在 $[a, b]$ 上应用拉格朗日中值定理，可得

$$f(x_2) - f(x_1) = f'(\xi)(x_2 - x_1), \quad x_1 < \xi < x_2.$$

由于 $f'(\xi) \geqslant 0, x_2 - x_1 > 0$，故有

$$f(x_2) \geqslant f(x_1).$$

但这里等号也不能成立. 因为如果出现 $f(x_2)=f(x_1)$, 按上面所得结论, 对任意 $x\in(x_1,x_2)$ 应有 $f(x_1)\leqslant f(x)\leqslant f(x_2)$, 从而 $f(x)$ 在 $[x_1,x_2]$ 上是一常数, 于是在 (x_1,x_2) 内 $f'(x)\equiv 0$, 与假设相矛盾. 所以 $f(x)$ 在 $[a,b]$ 上单调增加.

类似可证 $f(x)$ 在 $[a,b]$ 上单调减少的情形. ☐

例 2 判定函数 $f(x)=x+\cos x\,(0\leqslant x\leqslant 2\pi)$ 的单调性.

解 $f(x)$ 在 $[0,2\pi]$ 上连续, 在 $(0,2\pi)$ 内可导,

$$f'(x)=1-\sin x\geqslant 0,$$

且仅当 $x=\dfrac{\pi}{2}$ 时等号成立. 所以由定理 4.4.2 推知 $f(x)=x+\cos x$ 在 $[0,2\pi]$ 上单调增加.

利用函数的单调性容易证明在某区间上成立的函数不等式.

例 3 证明: 当 $x>0$ 时, $\ln(1+x)>\dfrac{\arctan x}{1+x}$.

证 令 $f(x)=(1+x)\ln(1+x)-\arctan x$, 则 $f(x)$ 在 $[0,+\infty)$ 上连续, 在 $(0,+\infty)$ 内可导, 且

$$f'(x)=\ln(1+x)+1-\frac{1}{1+x^2}>0,$$

所以 $f(x)$ 在 $[0,+\infty)$ 上单调增加, 从而对任意 $x>0$, 都有 $f(x)>f(0)=0$, 即当 $x>0$ 时,

$$\ln(1+x)>\frac{\arctan x}{1+x}.$$ ☐

▶▶ 二、函数的极值

§4.1 的费马引理指出, 可导函数的极值点一定是它的驻点. 但反过来却不一定. 例如 $x=0$ 是函数 $y=x^3$ 的驻点, 可它并不是极值点, 因为 $y=x^3$ 是一个单增函数. 所以 $f'(x_0)=0$ 只是可导函数 $f(x)$ 在点 x_0 取得极值的必要条件, 并非充分条件. 另外, 对于导数不存在的点, 函数也可能取得极值. 例如 $y=|x|$, 它在 $x=0$ 处导数不存在, 但在该点却取得极小值 0.

综上所论, 我们只需从函数的驻点或导数不存在的点中寻求函数的极值点, 进而求出函数的极值.

定理 4.4.3（极值的第一充分条件） 设 $f(x)$ 在点 x_0 处连续, 在 x_0 的某去心邻域 $\mathring{U}(x_0,\delta)$ 内可导.

(1) 若当 $x\in(x_0-\delta,x_0)$ 时, $f'(x)>0$, 当 $x\in(x_0,x_0+\delta)$ 时, $f'(x)<0$, 则 $f(x)$ 在点 x_0 处取得极大值;

(2) 若当 $x\in(x_0-\delta,x_0)$ 时, $f'(x)<0$, 当 $x\in(x_0,x_0+\delta)$ 时, $f'(x)>0$, 则 $f(x)$ 在点 x_0 处取得极小值;

(3) 若当 $x\in\mathring{U}(x_0,\delta)$ 时, 都有 $f'(x)>0$（或 $f'(x)<0$）, 则 $f(x)$ 在点 x_0 处不取极值.

证 (1) 由函数单调性判别法可知, $f(x)$ 在 $(x_0-\delta,x_0]$ 上单调增加, 在 $[x_0,x_0+\delta)$ 上单调减少, 故对任意 $x\in\mathring{U}(x_0,\delta)$, 总有

$$f(x)<f(x_0),$$

所以 $f(x)$ 在点 x_0 处取得极大值.

（2）、（3）两种情况可以类似证明. $\square$

例 4　求函数 $f(x) = \dfrac{(\ln x)^2}{x}$ 的极值.

解　函数 $f(x)$ 在 $(0, +\infty)$ 内连续、可导,且

$$f'(x) = \frac{2\ln x - (\ln x)^2}{x^2}.$$

令 $f'(x) = 0$,得驻点 $x_1 = 1, x_2 = e^2$. 列表讨论如下:

x	$(0,1)$	1	$(1, e^2)$	e^2	$(e^2, +\infty)$
$f'(x)$	$-$	0	$+$	0	$-$
$f(x)$	↘	极小值	↗	极大值	↘

所以函数 $f(x)$ 在 $x=1$ 处取得极小值,极小值 $f(1) = 0$;在 $x = e^2$ 处取得极大值,极大值 $f(e^2) = \dfrac{4}{e^2}$.

当函数 $f(x)$ 二阶可导时,我们也可以利用二阶导数的符号来判断 $f(x)$ 的驻点是否为极值点.

定理 4.4.4（极值的第二充分条件）　设 $f(x)$ 在点 x_0 处二阶可导,且 $f'(x_0) = 0, f''(x_0) \neq 0$.

（1）若 $f''(x_0) < 0$,则 $f(x)$ 在点 x_0 处取得极大值;

（2）若 $f''(x_0) > 0$,则 $f(x)$ 在点 x_0 处取得极小值.

证　（1）因为 $f'(x_0) = 0$ 及

$$f''(x_0) = \lim_{x \to x_0} \frac{f'(x) - f'(x_0)}{x - x_0} < 0,$$

所以

$$\lim_{x \to x_0} \frac{f'(x)}{x - x_0} < 0.$$

由极限的局部保号性可知,存在 $\delta > 0$,使得当 $x \in \overset{\circ}{U}(x_0, \delta)$ 时,有

$$\frac{f'(x)}{x - x_0} < 0,$$

于是当 $x \in (x_0 - \delta, x_0)$ 时, $f'(x) > 0$,而当 $x \in (x_0, x_0 + \delta)$ 时, $f'(x) < 0$,故利用极值的第一充分条件推知 $f(x)$ 在点 x_0 处取得极大值.

（2）的情形可以类似证明. $\square$

例 5　试问 a 为何值时,函数 $f(x) = a\sin x + \dfrac{1}{3}\sin 3x$ 在 $x = \dfrac{\pi}{3}$ 处取得极值? 它是极大值还是极小值? 求此极值.

解 $f'(x)=a\cos x+\cos 3x.$ 由假设知 $f'\left(\dfrac{\pi}{3}\right)=\dfrac{a}{2}-1=0,$ 故 $a=2.$

又当 $a=2$ 时, $f''(x)=-2\sin x-3\sin 3x,$ 且 $f''\left(\dfrac{\pi}{3}\right)=-\sqrt{3}<0.$

所以 $f(x)=2\sin x+\dfrac{1}{3}\sin 3x$ 在 $x=\dfrac{\pi}{3}$ 处取得极大值,且极大值 $f\left(\dfrac{\pi}{3}\right)=\sqrt{3}.$

定理 4.4.5(极值的第三充分条件) 设 $f(x)$ 在点 x_0 处 n 阶可导,且
$$f'(x_0)=f''(x_0)=\cdots=f^{(n-1)}(x_0)=0,\quad f^{(n)}(x_0)\neq 0.$$

(1) 若 n 为偶数,则 x_0 为极值点,且当 $f^{(n)}(x_0)>0$ 时, $f(x)$ 在点 x_0 处取得极小值;而当 $f^{(n)}(x_0)<0$ 时, $f(x)$ 在点 x_0 处取得极大值.

(2) 若 n 为奇数,则 x_0 不是极值点.

利用函数 $f(x)$ 在点 x_0 的泰勒公式,可得

$$f(x)-f(x_0)=\frac{f^{(n)}(x_0)}{n!}(x-x_0)^n+o\left((x-x_0)^n\right).$$

当 x 充分接近 x_0 时,上式等号左边的正负号由等号右边第一项确定.详细讨论留给读者.

例 6 求函数 $f(x)=(x^2-1)^3+1$ 的极值.

解 函数 $f(x)$ 在 $(-\infty,+\infty)$ 内连续、可导,且
$$f'(x)=6x^5-12x^3+6x=6x(x^2-1)^2,$$
$$f''(x)=30x^4-36x^2+6,$$
$$f'''(x)=120x^3-72x,$$

令 $f'(x)=0,$ 得驻点 $x_1=-1,x_2=0,x_3=1.$

由于 $f'(0)=0,f''(0)=6>0,$ 故 $f(x)$ 在 $x=0$ 处取得极小值 $f(0)=0.$

又 $f'(\pm 1)=f''(\pm 1)=0,f'''(\pm 1)\neq 0,$ 所以 $f(x)$ 在 $x=\pm 1$ 处不取极值.

习题 4.4

1. 求下列函数的单调区间及极值:

(1) $y=x+\sqrt{1-x}$;

(2) $y=x^{\frac{1}{3}}(1-x)^{\frac{2}{3}}$;

(3) $y=\dfrac{4(x+1)}{x^2}-2$;

(4) $y=(x-1)^2(x+1)^3$;

(5) $y=(2x-5)\sqrt[3]{x^2}$;

(6) $y=\dfrac{2x}{\ln x}$.

2. 求 $f(x)=x^2+\dfrac{432}{x}$ 的极值点与极值.

3. 设函数 $f(x)$ 在 $[0,a]$ 上连续,在 $(0,a)$ 内可导,且 $f(0)=0,f'(x)$ 单调增加,证明: $\dfrac{f(x)}{x}$ 在 $(0,a)$ 内也单调增加.

4. 证明下列不等式:

(1) 当 $x>0$ 时, $1+\dfrac{x}{2}>\sqrt{1+x}$;

（2）当 $x>0$ 时，$1+x\ln\left(x+\sqrt{1+x^2}\right)>\sqrt{1+x^2}$ ；

（3）当 $0<x<\dfrac{\pi}{2}$ 时，$\tan x>x+\dfrac{1}{3}x^3$ ；

（4）当 $x>4$ 时，$2^x>x^2$.

5. 设 $f_n(x)=x+x^2+\cdots+x^n(n\geq 2)$ ，证明：方程 $f_n(x)=1$ 有唯一正根.

6. 已知 $f(x)$ 在点 x_0 的邻域内有定义且有 $\lim\limits_{x\to x_0}\dfrac{f(x)-f(x_0)}{(x-x_0)^n}=k$ ，其中 n 为正整数，$k\neq 0$ ，讨论 $f(x)$ 在 x_0 处是否有极值.

习题参考答案
与提示 4.4

▶▶ §4.5 函数的最大值最小值及其应用问题

根据闭区间上连续函数的性质，若函数 $f(x)$ 在 $[a,b]$ 上连续，则 $f(x)$ 在 $[a,b]$ 上必取得最大值与最小值. 下面来讨论怎样求出函数的最大值与最小值.

对于可导函数 $f(x)$ 来说，若 $f(x)$ 在区间 I 内的一点 x_0 处取得最大（小）值，则 x_0 为 $f(x)$ 的极值点. 一般而言，函数的最大（小）值还可能在区间端点或不可导点上取得，因此，若 $f(x)$ 在区间 I 上至多有有限个驻点及不可导点，直接比较这三种点处的函数值即可求出最大值与最小值.

例 1　求函数 $f(x)=\left|2x^3-9x^2+12x\right|$ 在 $\left[-\dfrac{1}{4},\dfrac{5}{2}\right]$ 上的最大值与最小值.

解　$f(x)=\begin{cases}-(2x^3-9x^2+12x), & -\dfrac{1}{4}\leq x\leq 0,\\[2mm] 2x^3-9x^2+12x, & 0<x\leq\dfrac{5}{2}\end{cases}$ 在 $\left[-\dfrac{1}{4},\dfrac{5}{2}\right]$ 上连续，且

$$f'(x)=\begin{cases}-6x^2+18x-12, & -\dfrac{1}{4}\leq x<0,\\[2mm] 6x^2-18x+12, & 0<x\leq\dfrac{5}{2}.\end{cases}$$

易知 $f(x)$ 在 $\left[-\dfrac{1}{4},\dfrac{5}{2}\right]$ 内有驻点 $x=1$ 和 $x=2$ ，$x=0$ 是不可导点. 因为

$$f\left(-\dfrac{1}{4}\right)=3\dfrac{19}{32},\quad f(0)=0,\quad f(1)=5,\quad f(2)=4,\quad f\left(\dfrac{5}{2}\right)=5,$$

所以 $f(x)$ 在 $x=0$ 处取得最小值 0，在 $x=1$ 及 $x=\dfrac{5}{2}$ 处取得最大值 5.

在求最大（小）值的问题中，有时会出现如下情形：

设函数 $f(x)$ 在某区间 I 上连续，在 I 内可导，且有唯一的驻点 x_0 . 如果 x_0 还是 $f(x)$ 的极值点，那么由函数单调性判别法推知，当 $f(x_0)$ 是极大值时，$f(x_0)$ 就是 $f(x)$ 在 I 上的最大值；当 $f(x_0)$ 是极小值时，$f(x_0)$ 就是 $f(x)$ 在 I 上的最小值.

例 2　求数列 $\left\{\sqrt[n]{n}\right\}$ 的最大项.

解　设 $f(x) = x^{\frac{1}{x}} (x>0)$，则 $f(x)$ 在 $(0, +\infty)$ 内连续、可导，且

$$f'(x) = x^{\frac{1}{x}} \cdot \frac{1 - \ln x}{x^2}.$$

令 $f'(x) = 0$，得 $x = e$. 当 $x \in (0, e)$ 时，$f'(x) > 0$；当 $x \in (e, +\infty)$ 时，$f'(x) < 0$，所以 $f(x)$ 在 $x = e$ 处取得极大值. 由于 $x = e$ 是唯一的驻点，故 $f(e) = e^{\frac{1}{e}}$ 为 $f(x)$ 在 $(0, +\infty)$ 内的最大值. 直接比较 $\sqrt{2}$ 与 $\sqrt[3]{3}$ 有 $\sqrt{2} < \sqrt[3]{3}$，从而推知 $\sqrt[3]{3}$ 是数列 $\{\sqrt[n]{n}\}$ 的最大项.

对于实际生活中的最值问题，首先应建立起目标函数（即求其最值的函数），并确定其定义区间，将它转化为函数的最值问题. 特别地，如果所考虑的实际问题存在最大值（或最小值），并且所建立的目标函数 $f(x)$ 有唯一的驻点 x_0，则 $f(x_0)$ 必为所求的最大值（或最小值）.

例 3　从半径为 R 的圆铁片上截下圆心角为 φ 的扇形卷成一圆锥形漏斗，当 φ 取多大时，做成的漏斗的容积 V 最大？

解　设所做漏斗的底面半径为 r，高为 h，则

$$2\pi r = R\varphi, \quad h = \sqrt{R^2 - r^2}.$$

漏斗的容积

$$V = \frac{1}{3}\pi r^2 h = \frac{R^3}{24\pi^2}\varphi^2\sqrt{4\pi^2 - \varphi^2}, \quad 0 < \varphi < 2\pi.$$

令

$$V' = \frac{R^3}{24\pi^2}\left(2\varphi\sqrt{4\pi^2 - \varphi^2} - \varphi^2 \cdot \frac{\varphi}{\sqrt{4\pi^2 - \varphi^2}}\right) = 0,$$

在 $(0, 2\pi)$ 内解得唯一驻点 $\varphi = \frac{2}{3}\sqrt{6}\,\pi$. 因此根据问题的实际意义可知，取 $\varphi = \frac{2}{3}\sqrt{6}\,\pi$ 时，能使漏斗的容积最大.

例 4　把一根直径为 d 的圆木锯成矩形梁（图 4.5），问矩形截面的高 h 和宽 b 应如何选择，才能使梁的抗弯截面模量最大？

解　截面模量是指匀质材料梁的抗弯能力. 由材料力学可知，矩形梁的抗弯截面模量为

$$W = \frac{1}{6}bh^2 = \frac{1}{6}b(d^2 - b^2), \quad b \in (0, d).$$

令

$$W' = \frac{1}{6}(d^2 - 3b^2) = 0,$$

在 $(0, d)$ 内解得唯一驻点 $b = \frac{1}{\sqrt{3}}d$. 由于

$$W''\Big|_{b = \frac{d}{\sqrt{3}}} = -b\Big|_{b = \frac{d}{\sqrt{3}}} < 0,$$

故当 $b = \frac{1}{\sqrt{3}}d$ 时，W 取得极大值，也是最大值. 此时

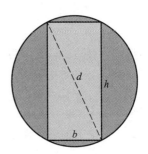

图 4.5

$$h = \sqrt{d^2 - b^2} = \sqrt{\frac{2}{3}} d,$$

即

$$d : h : b = \sqrt{3} : \sqrt{2} : 1.$$

例 5 设有质量为 5 kg 的物体置于水平面上,受水平力 F 作用开始匀速运动,设摩擦系数 $\mu = 0.25$,问力 F 与水平面夹角 α 为多少时,才可使力 F 的大小最小?

解 由 §1.7 例 2 所建立的函数关系式,得到

$$F = \frac{5\mu g}{\cos \alpha + \mu \sin \alpha}, \quad \alpha \in \left(0, \frac{\pi}{2} \right).$$

令

$$F' = \frac{5\mu g (\sin \alpha - \mu \cos \alpha)}{(\cos \alpha + \mu \sin \alpha)^2} = 0,$$

得 $\tan \alpha = \mu = 0.25$. 于是在 $\left(0, \frac{\pi}{2} \right)$ 有唯一驻点

$$\alpha = \arctan 0.25 \approx 14°2'.$$

由实际意义可知,所求最小值存在. 故当 $\alpha \approx 14°2'$ 时,力 F 的大小最小.

例 6 某工厂生产某种产品的固定成本为 200 万元,每生产一个单位产品,成本增加 5 万元,且已知需求函数 $x = 100 - 2p$(p 为价格,x 为产量). 这种产品是畅销的,试求出该产品获得总利润最大时的产量及最大利润值.

解 因为该产品是畅销的,所以产量与需求量相等. 利润函数为

$$L(x) = R(x) - C(x),$$

其中 $C(x)$ 和 $R(x)$ 分别为成本函数和收益函数. 由题意知

$$C(x) = 200 + 5x,$$

$$R(x) = p \cdot x = -\frac{1}{2}x^2 + 50x,$$

于是

$$L(x) = -\frac{1}{2}x^2 + 45x - 200.$$

令

$$L'(x) = -x + 45 = 0,$$

得唯一驻点 $x = 45$. 又 $L''(45) = -1 < 0$,故 $x = 45$ 为极大值点,也是最大值点. 这时最大利润为 $L(45) = 812.5$ 万元.

习题 4.5

1. 求下列函数的最大值与最小值:

(1) $y = 2x^3 - 3x^2, x \in [-1, 4]$;

(2) $y = x + \sqrt{1-x}, x \in [-5, 1]$;

(3) $y = xe^{-x^2}, x \in [-1, 1]$;

(4) $y = x + \frac{2}{x}, x \in \left[\frac{1}{2}, 2 \right]$.

2. 求函数 $f(x)=|x^2-3x+2|$ 在 $[-3,4]$ 上的最大值与最小值.

3. 由直线 $y=0$，$x=8$ 及抛物线 $y=x^2$ 围成一个曲边三角形，在曲边 $y=x^2$ 上求一点，使曲线在该点处的切线与直线 $y=0$，$x=8$ 所围成的三角形面积最大.

4. 要造圆柱形无盖水池，使其容积为 V m³. 底的单位面积造价是周围的两倍，问底半径和高各是多少，才能使水池造价最低？

习题参考答案与提示 4.5

▶▶ §4.6　曲线的凹凸性与拐点

▶▶ 一、曲线的凹凸性

在 §4.4 中对函数的单调性与极值进行了讨论，我们知道了函数变化的大致情况. 但这还不够，例如函数 $y=x^2(x\geqslant 0)$ 和 $y=\sqrt{x}$ 同为单增函数，它们的函数曲线图形沿 x 轴正方向都在上升，但它们的弯曲方向却不相同.

图 4.6(a) 中的曲线为向上凹的，而图 4.6(b) 中的曲线为向上凸的.

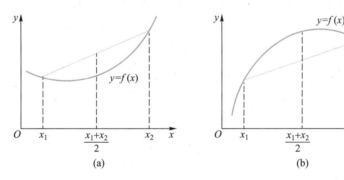

图 4.6

定义 4.6.1　设 $y=f(x)$ 在区间 I 上连续，若对 I 上的任意两点 x_1、x_2，总有

$$f\left(\frac{x_1+x_2}{2}\right)<\frac{f(x_1)+f(x_2)}{2}\quad\left(f\left(\frac{x_1+x_2}{2}\right)>\frac{f(x_1)+f(x_2)}{2}\right),$$

则称曲线 $y=f(x)$ 在 I 上是**上凹(上凸)**的.

如果 $y=f(x)$ 在区间 I 内具有二阶导数，就可以利用二阶导数的符号来判断曲线的凹凸性.

从图 4.7(a)、(b) 明显看出，上凹曲线位于其每点处切线的上方，切线的斜率 $\tan\alpha=f'(x)$（其中 α 为切线的倾角）随着 x 的增大而增大，即 $f'(x)$ 为单增函数；而上凸曲线位于其每点处切线的下方，切线的斜率 $f'(x)$ 随着 x 的增大而减小，即 $f'(x)$ 为单减函数. 而 $f'(x)$ 的单调性可由二阶导数 $f''(x)$ 来判定，因此有下述定理.

定理 4.6.1　设 $f(x)$ 在 $[a,b]$ 上连续，在 (a,b) 内二阶可导.

(1) 若在 (a,b) 内 $f''(x)>0$，则曲线 $y=f(x)$ 在 $[a,b]$ 上是上凹的；

(2) 若在 (a,b) 内 $f''(x)<0$，则曲线 $y=f(x)$ 在 $[a,b]$ 上是上凸的.

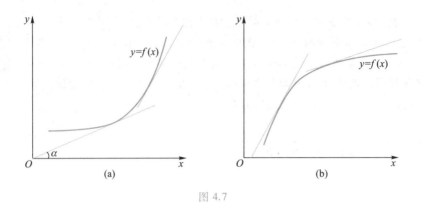

图 4.7

例 1 讨论曲线 $y = 1 - e^{-x^2}$ 的凹凸性.

解 函数 $y = 1 - e^{-x^2}$ 在 $(-\infty, +\infty)$ 内连续、可导,且

$$y' = -2xe^{-x^2}, \quad y'' = 2(1 - 2x^2)e^{-x^2}.$$

令 $y'' = 0$,得 $x = \pm \dfrac{1}{\sqrt{2}}$. 列表讨论如下(表中 $\smile$ 表示上凹,$\frown$ 表示上凸):

x	$\left(-\infty, -\dfrac{1}{\sqrt{2}}\right)$	$-\dfrac{1}{\sqrt{2}}$	$\left(-\dfrac{1}{\sqrt{2}}, \dfrac{1}{\sqrt{2}}\right)$	$\dfrac{1}{\sqrt{2}}$	$\left(\dfrac{1}{\sqrt{2}}, +\infty\right)$
y''	$-$	0	$+$	0	$-$
$y = f(x)$	$\frown$	$1 - e^{-\frac{1}{2}}$	$\smile$	$1 - e^{-\frac{1}{2}}$	$\frown$

所以曲线 $y = 1 - e^{-x^2}$ 在区间 $\left(-\infty, -\dfrac{1}{\sqrt{2}}\right]$ 与 $\left[\dfrac{1}{\sqrt{2}}, +\infty\right)$ 上是上凸的;在区间 $\left[-\dfrac{1}{\sqrt{2}}, \dfrac{1}{\sqrt{2}}\right]$ 上是上凹的.

▶▶ **二、拐点**

定义 4.6.2 一条处处具有切线的连续曲线 $y = f(x)$ 的上凹与上凸部分的分界点称为该曲线的**拐点**.

由例 1 的讨论可知,点 $\left(-\dfrac{1}{\sqrt{2}}, 1 - e^{-\frac{1}{2}}\right)$ 与 $\left(\dfrac{1}{\sqrt{2}}, 1 - e^{-\frac{1}{2}}\right)$ 都是曲线 $y = 1 - e^{-x^2}$ 的拐点.

不难看出,利用二阶导数研究曲线的凹凸性与利用一阶导数研究函数的单调性有相似的讨论方式. 其实利用二阶导数研究曲线的拐点也可以像利用一阶导数研究函数的极值点那样进行相似的讨论.

例如,若 $(x_0, f(x_0))$ 为曲线 $y = f(x)$ 的拐点,且 $f(x)$ 在 x_0 的某邻域内二阶可导,则 $[f'(x)]' = f''(x)$ 在 x_0 的左、右两侧邻近异号,故推出 $f'(x)$ 在 x_0 处取得极值,由极值的必要条件得 $f''(x_0) = 0$. 也就是说,若 $f(x)$ 在 x_0 处二阶可导,则 $(x_0, f(x_0))$ 为曲线 $y = f(x)$ 的拐点的必要条件是 $f''(x_0) = 0$.

但条件 $f''(x_0)=0$ 并非充分条件. 例如 $y=x^4$,有 $y''=12x^2\geqslant 0$,且等号仅当 $x=0$ 时成立,因此曲线 $y=x^4$ 在 $(-\infty,+\infty)$ 内上凹. 即是说,虽然 $y''|_{x=0}=0$,但 $(0,0)$ 不是该曲线的拐点.

下面是判别拐点的两个充分条件.

定理 4.6.2 设 $f(x)$ 在 x_0 某邻域内二阶可导,$f''(x_0)=0$. 若 $f''(x)$ 在 x_0 的左、右两侧分别有确定的符号,并且符号相反,则 $(x_0,f(x_0))$ 是曲线的拐点;若在 x_0 的左、右两侧符号相同,则 $(x_0,f(x_0))$ 不是拐点.

定理 4.6.3 设 $f(x)$ 在 x_0 处三阶可导,且 $f''(x_0)=0$,$f'''(x_0)\neq 0$,则 $(x_0,f(x_0))$ 是曲线 $y=f(x)$ 的拐点.

定理 4.6.2 的证明由定理 4.6.1 及拐点的定义立即得出. 定理 4.6.3 的证明与定理 4.4.4 相类似,我们把它作为练习.

此外对于 $f(x)$ 的二阶不可导点 x_0,$(x_0,f(x_0))$ 也有可能是曲线 $y=f(x)$ 的拐点.

例 2 求曲线 $y=x^{\frac{1}{3}}$ 的拐点.

解 $y=x^{\frac{1}{3}}$ 在 $(-\infty,+\infty)$ 内连续. 当 $x\neq 0$ 时,

$$y'=\frac{1}{3}x^{-\frac{2}{3}},\quad y''=-\frac{2}{9}x^{-\frac{5}{3}}.$$

当 $x=0$ 时,$y=0$,y',y'' 不存在. 由于在 $(-\infty,0)$ 内 $y''>0$,在 $(0,+\infty)$ 内 $y''<0$,因此曲线 $y=x^{\frac{1}{3}}$ 在 $(-\infty,0]$ 上是上凹的,在 $[0,+\infty)$ 上是上凸的. 由拐点的定义可知,点 $(0,0)$ 是曲线 $y=x^{\frac{1}{3}}$ 的拐点.

综上所述,寻求曲线 $y=f(x)$ 的拐点,只需先找到使得 $f''(x_0)=0$ 的点及二阶不可导点,然后再按定理 4.6.2 或定理 4.6.3 去判定.

例 3 证明:曲线 $y=\dfrac{x+1}{x^2+1}$ 有三个拐点位于同一直线上.

证
$$y'=\frac{x^2+1-2x(x+1)}{(x^2+1)^2}=\frac{1-2x-x^2}{(x^2+1)^2},$$

$$y''=\frac{-2(1+x)(x^2+1)^2-4x(x^2+1)(1-2x-x^2)}{(x^2+1)^4}=\frac{2(x^3+3x^2-3x-1)}{(x^2+1)^3}$$

$$=\frac{2(x-1)(x+2+\sqrt{3})(x+2-\sqrt{3})}{(x^2+1)^3}.$$

令 $y''=0$ 得

$$x_1=-2-\sqrt{3},\quad x_2=-2+\sqrt{3},\quad x_3=1.$$

相应地,

$$y_1=y|_{x=x_1}=\frac{-1-\sqrt{3}}{8+4\sqrt{3}},\quad y_2=y|_{x=x_2}=\frac{-1+\sqrt{3}}{8-4\sqrt{3}},\quad y_3=y|_{x=x_3}=1.$$

易知 y'' 在 $x_i(i=1,2,3)$ 的左、右两侧均改变符号,故 $(x_i,y_i)(i=1,2,3)$ 皆为曲线的拐点. 又容易检验

$$\frac{y_1-y_3}{x_1-x_3}=\frac{y_2-y_3}{x_2-x_3},$$

所以三个拐点位于同一直线上.

习题 4.6

1. 判别下列曲线的凹凸性并求拐点：

（1）$y = e^{-x^2}$；　　　　　　（2）$y = 2x + \dfrac{1}{2x}$；

（3）$y = \ln(1+x^2)$；　　　　　（4）$y = e^{\arctan x}$.

2. 证明下列不等式成立：

（1）$x\ln x + y\ln y > (x+y)\ln\dfrac{x+y}{2}$；

（2）$1 + x\ln\left(x + \sqrt{1+x^2}\right) \geqslant \sqrt{1+x^2}$.

3. 求 k 的值，使曲线 $y = k(x^2-3)^2$ 的拐点处的法线通过原点.

4. 设 $y(x) = \begin{cases} x = t^2 + 2t, \\ y = t - \ln(1+t), \end{cases}$　求曲线 $y = y(x)$ 的凹凸区间与拐点.

5. 求曲线 $y = \dfrac{2x^2}{(x-1)^2}$ 的凹凸区间与拐点.

6. 问 a 和 b 为何值时，点 $(1,3)$ 为曲线 $y = ax^3 + bx^2$ 的拐点.

7. 试确定曲线 $y = ax^3 + bx^2 + cx + d$ 中的 a, b, c, d，使得点 $(-2, 44)$ 为驻点，$(1, -10)$ 为拐点.

8. 证明：若 $f(x)$ 在 x_0 处三阶可导，且 $f''(x_0) = 0$，$f'''(x_0) \neq 0$，则 $(x_0, f(x_0))$ 是曲线 $y = f(x)$ 的拐点.

习题参考答案
与提示 4.6

▶▶ §4.7　函数图形的讨论

▶▶ 一、曲线的渐近线

当函数 $y = f(x)$ 的定义域或值域含有无穷区间时，要在有限的平面上作出它的图形就必须指出 x 趋于无穷时或 y 趋于无穷时曲线的趋势，因此有必要讨论曲线 $y = f(x)$ 的渐近线.

定义 4.7.1　设 $y = f(x)$ 的定义域含有无穷区间 $(a, +\infty)$，若

$$\lim_{x \to +\infty}[f(x) - kx - b] = 0, \tag{4.11}$$

则称 $y = kx + b$ 是曲线 $y = f(x)$ 当 $x \to +\infty$ 时的**渐近线**，当 $k \neq 0$ 时，称 $y = kx + b$ 为曲线 $y = f(x)$ 的**斜渐近线**；当 $k = 0$ 时，称 $y = b$ 为曲线 $y = f(x)$ 的**水平渐近线**. 若

$$\lim_{x \to x_0^+} f(x) = \infty \quad (\text{或} \lim_{x \to x_0^-} f(x) = \infty),$$

则称 $x = x_0$ 为曲线 $y = f(x)$ 的**垂直渐近线**.

注意到（4.11）式即

$$\lim_{x \to +\infty}[f(x) - kx] = b. \tag{4.12}$$

而（4.12）式成立当且仅当

$$f(x) - kx = b + \alpha(x), \quad \lim_{x \to +\infty} \alpha(x) = 0$$

或

$$\frac{f(x)}{x} = k + \frac{b + \alpha(x)}{x} \quad , \quad \lim_{x \to +\infty} \alpha(x) = 0.$$

上式中令 $x \to +\infty$，取极限便得

$$\lim_{x \to +\infty} \frac{f(x)}{x} = k. \tag{4.13}$$

因此，渐近线的斜率 k 和截距 b 可分别由(4.13)和(4.12)依次求得.

类似地可以定义和讨论 $x \to -\infty$ 或 $x \to \infty$ 时曲线 $y = f(x)$ 的渐近线.

例 1 求下列曲线的渐近线：

(1) $y = \sqrt{x^2 - x + 1}$ ；   (2) $y = \frac{\ln(1+x)}{x}$.

解 (1) $y = \sqrt{x^2 - x + 1}$ 的定义域为 $(-\infty, +\infty)$，且

$$\lim_{x \to +\infty} \frac{\sqrt{x^2 - x + 1}}{x} = 1, \quad \lim_{x \to +\infty} (\sqrt{x^2 - x + 1} - x) = -\frac{1}{2};$$

$$\lim_{x \to -\infty} \frac{\sqrt{x^2 - x + 1}}{x} = -1, \quad \lim_{x \to -\infty} (\sqrt{x^2 - x + 1} + x) = \frac{1}{2}.$$

所以曲线 $y = \sqrt{x^2 - x + 1}$ 有斜渐近线 $y = x - \frac{1}{2}$ 和 $y = -x + \frac{1}{2}$.

(2) $y = \frac{\ln(1+x)}{x}$ 的定义域是 $(-1, 0) \cup (0, +\infty)$. 因为

$$\lim_{x \to +\infty} \frac{\ln(1+x)}{x} = 0, \quad \lim_{x \to -1^+} \frac{\ln(1+x)}{x} = +\infty,$$

所以 $y = \frac{\ln(1+x)}{x}$ 有水平渐近线 $y = 0$ 和垂直渐近线 $x = -1$.

▶▶ **二、函数作图**

函数作图的一般步骤是：

(1) 确定函数的定义域，考察函数的奇偶性与周期性；

(2) 确定函数的单调区间、极值点与曲线的凹凸区间及拐点(列表讨论)；

(3) 考察渐近线；

(4) 确定函数的某些特殊点，如与两坐标轴的交点等；

(5) 根据上述讨论结果画出函数的图形.

例 2 作出函数 $y = \frac{1}{3}x^3 - x^2 + 2$ 的图形.

解 函数的定义域为 $(-\infty, +\infty)$.

$$y' = x^2 - 2x, \quad y'' = 2x - 2,$$

令 $y' = 0$，得 $x = 0$ 和 $x = 2$；令 $y'' = 0$，得 $x = 1$.列表讨论如下(表中 ⌒ 表示凸增， ⌒ 表示

凸减，╲ 表示凹减，╱ 表示凹增）：

x	$(-\infty,0)$	0	$(0,1)$	1	$(1,2)$	2	$(2,+\infty)$
y'	+	0	−	−	−	0	+
y''	−	−	−	0	+	+	+
$y=f(x)$	↗	极大值	↘	有拐点	↘	极小值	↗

函数的单增区间为$(-\infty,0]$和$[2,+\infty)$，单减区间为$[0,2]$. 函数的极大值为$f(0)=2$，极小值为$\dfrac{2}{3}$. 曲线$y=f(x)$在$(-\infty,1]$上是上凸的，在$[1,+\infty)$上是上凹的，拐点为$\left(1,\dfrac{4}{3}\right)$. 函数的图形如图4.8所示.

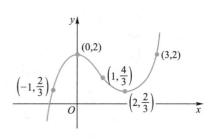

图 4.8

例 3 作出函数$y=\dfrac{1}{\sqrt{2\pi}}\mathrm{e}^{-\frac{x^2}{2}}$的图形.

解 函数的定义域为$(-\infty,+\infty)$，图形关于y轴对称.
$$y'=-\frac{x}{\sqrt{2\pi}}\mathrm{e}^{-\frac{x^2}{2}},\qquad y''=\frac{x^2-1}{\sqrt{2\pi}}\mathrm{e}^{-\frac{x^2}{2}},$$
令$y'=0$，得$x=0$；令$y''=0$，得$x=\pm1$.列表讨论如下：

x	$(-\infty,-1)$	-1	$(-1,0)$	0	$(0,1)$	1	$(1,+\infty)$
y'	+	+	+	0	−	−	−
y''	+	0	−	−	−	0	+
$y=f(x)$	↗	有拐点	↗	极大值	↘	有拐点	↘

又$\lim\limits_{x\to\infty}\dfrac{1}{\sqrt{2\pi}}\mathrm{e}^{-\frac{x^2}{2}}=0$，所以$y=0$为水平渐近线. 函数的图形如图4.9所示.

例 4 作出函数$y=\dfrac{x^3-2}{2(x-1)^2}$的图形.

解 函数的定义域为$(-\infty,1)\cup(1,+\infty)$.
$$y'=\frac{(x-2)^2(x+1)}{2(x-1)^3},\qquad y''=\frac{3(x-2)}{(x-1)^4}.$$
令$y'=0$，得$x=2$，$x=-1$；令$y''=0$，得$x=2$. 列表讨论如下：

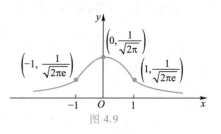

图 4.9

x	$(-\infty,-1)$	-1	$(-1,1)$	$(1,2)$	2	$(2,+\infty)$
y'	+	0	-	+	0	+
y''	-	-	-	-	0	+
$y=f(x)$	↗	极大值	↘	↗	有拐点	↗

由于

$$\lim_{x\to\infty}\frac{y}{x}=\lim_{x\to\infty}\frac{x^3-2}{2x(x-1)^2}=\frac{1}{2},\qquad \lim_{x\to\infty}\left[\frac{x^3-2}{2(x-1)^2}-\frac{1}{2}x\right]=1,$$

故 $y=\dfrac{1}{2}x+1$ 是曲线的斜渐近线. 又因为

$$\lim_{x\to1}\frac{x^3-2}{2(x-1)^2}=-\infty,$$

所以 $x=1$ 是曲线的垂直渐近线.

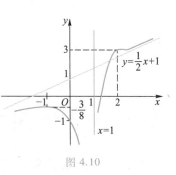

图 4.10

当 $x=0$ 时, $y=-1$; 当 $y=0$ 时, $x=\sqrt[3]{2}$. 综合上述讨论, 函数的图形如图 4.10 所示.

习题 4.7

1. 求下列曲线的渐近线:

(1) $y=\dfrac{1+\mathrm{e}^{-x^2}}{1-\mathrm{e}^{-x^2}}$;　　　　　　(2) $y=x\mathrm{e}^{\frac{1}{x^2}}$;

(3) $y=\dfrac{x^2}{2x+1}$;　　　　　　(4) $y=\dfrac{1}{x}+\ln(1+\mathrm{e}^x)$.

2. 作下列函数的图形:

(1) $y=x+\mathrm{e}^{-x}$;　　　　　　(2) $y=x-\ln x$;

(3) $y=\dfrac{x^2}{1+x}$;　　　　　　(4) $y=\dfrac{2x}{(x-1)^2}$.

习题参考答案
与提示 4.7

§4.8　曲率

一、弧微分

设 $y=f(x)$ 在区间 (a,b) 内有连续的导数. 在曲线 $y=f(x)$ 上取固定点 M_0 作为度量弧长的基点, 并规定依 x 增大的方向作为曲线的正向. 对曲线上任一点 $M(x,y)$, 规定有向弧段 $\overset{\frown}{M_0M}$ 的值 s 如下: s 的绝对值等于这弧段的长度, 当有向弧段 $\overset{\frown}{M_0M}$ 的方向与曲线的正向一致时, $s>0$, 相反时, $s<0$. 于是 $s=s(x)$ 是 x 的单调增加函数.

如图 4.11 所示，在曲线 $y = f(x)$ 上任取邻近于 M 的点 $N(x + \Delta x, y + \Delta y)$，则

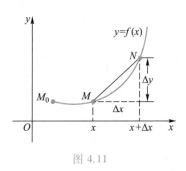

$$\frac{\Delta s}{\Delta x} = \frac{\widehat{MN}}{|MN|} \cdot \frac{|MN|}{\Delta x}$$

$$= \frac{\widehat{MN}}{|MN|} \cdot \frac{\sqrt{(\Delta x)^2 + (\Delta y)^2}}{\Delta x}$$

$$= \pm \frac{\widehat{MN}}{|MN|} \sqrt{1 + \left(\frac{\Delta y}{\Delta x}\right)^2}.$$

图 4.11

当 $\Delta x \to 0$ 时，在 $f'(x)$ 连续的条件下可以证明

$$\lim_{\Delta x \to 0} \frac{\widehat{MN}}{|MN|} = 1.$$

从而有

$$\frac{\mathrm{d}s}{\mathrm{d}x} = \lim_{\Delta x \to 0} \frac{\Delta s}{\Delta x} = \pm \sqrt{1 + (y')^2}.$$

又 $s = s(x)$ 是单增函数，故根号前应取正号，于是

$$\mathrm{d}s = \sqrt{1 + (y')^2}\, \mathrm{d}x. \tag{4.14}$$

(4.14)式称为**弧微分公式**.

▶▶ **二、曲率及其计算公式**

在日常生活与生产实践中，经常需要研究曲线的弯曲程度. 例如，车床的主轴由于所受的荷载和自身的质量总会产生变形，如果弯曲的程度过大，就会影响车床的正常运转和精度. 为了用数量来描述曲线的弯曲程度，我们引入曲率的概念.

从图 4.12 看出，转角的大小与弧段的弯曲程度有关：长度相同的弧段 $\widehat{M_1 M_2}$、$\widehat{M_2 M_3}$，弯曲程度大的切线转角就大，也就是说，曲线的弯曲程度与切线转角成正比. 又从图 4.13 看出，切线转角相同的两个小弧段 $\widehat{M_1 M_2}$、$\widehat{N_1 N_2}$，弧段长的弯曲程度就小，也就是说，曲线的弯曲程度与弧长成反比.

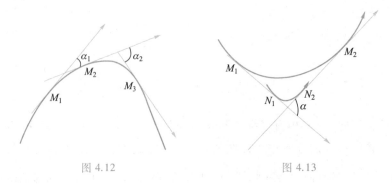

图 4.12   图 4.13

设曲线 C 是**光滑**的,即曲线上每一点都具有切线,且切线随切点的移动而连续转动. 在 C 上自点 M 开始取弧段 $\overparen{MN}$,其弧段的长度为 $|\Delta s|$,对应切线转过的角度为 $|\Delta\alpha|$,则称

$$\overline{K} = \left|\frac{\Delta\alpha}{\Delta s}\right|$$

为弧段 $\overparen{MN}$ 的**平均曲率**. 若极限 $\lim\limits_{\Delta s\to 0}\left|\dfrac{\Delta\alpha}{\Delta s}\right|$ 存在,则称

$$K = \lim_{\Delta s\to 0}\left|\frac{\Delta\alpha}{\Delta s}\right|$$

为曲线 C 在点 M 处的**曲率**. 特别地,若 $\lim\limits_{\Delta s\to 0}\dfrac{\Delta\alpha}{\Delta s}$ 存在,则

$$K = \left|\lim_{\Delta s\to 0}\frac{\Delta\alpha}{\Delta s}\right| = \left|\frac{\mathrm{d}\alpha}{\mathrm{d}s}\right|. \tag{4.15}$$

例 1 求直线 L 上各点处的曲率.

解 由于直线上任意点处的切线与直线本身重合,故当点沿直线移动时,其切线的倾角 α 不变,即 $\Delta\alpha = 0$. 从而

$$K = \left|\lim_{\Delta s\to 0}\frac{\Delta\alpha}{\Delta s}\right| = 0.$$

所以直线 L 上各点处的曲率都等于零.

例 2 求半径为 R 的圆上各点处的曲率.

解 如图 4.14 所示,设 $\Delta s = \overparen{MN}$ 所对的圆心角为 $\Delta\alpha$,则
$$\Delta s = R\Delta\alpha.$$
从而

$$K = \lim_{\Delta s\to 0}\left|\frac{\Delta\alpha}{\Delta s}\right| = \frac{1}{R}.$$

所以圆上各点处的曲率都相等,且曲率 K 等于半径的倒数 $\dfrac{1}{R}$.

可见,圆的半径越小其曲率越大,即圆弯曲得越厉害.

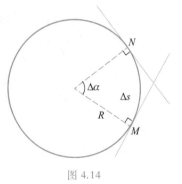

图 4.14

利用曲线 C 的方程及弧微分公式 (4.14),可导出便于计算的曲率公式.

设曲线 C 的方程为 $y = f(x)$,其中 $f(x)$ 具有二阶导数(从而 $f'(x)$ 连续,C 为光滑曲线). 由于 $\tan\alpha = y'\left(-\dfrac{\pi}{2}<\alpha<\dfrac{\pi}{2}\right)$,得

$$\alpha = \arctan y',$$

于是

$$\mathrm{d}\alpha = \frac{y''}{1+y'^2}\mathrm{d}x.$$

又

$$\mathrm{d}s = \sqrt{1+y'^2}\,\mathrm{d}x,$$

故从(4.15)式推出

$$K = \frac{|y''|}{(1 + y'^2)^{\frac{3}{2}}}. \tag{4.16}$$

当$|y'| \ll 1$时,有曲率近似计算公式$K \approx |y''|$.

若曲线C由参数方程

$$\begin{cases} x = \varphi(t), \\ y = \psi(t) \end{cases} \quad (\alpha \leqslant t \leqslant \beta)$$

给出,则

$$y'' = \frac{\left[\dfrac{\psi'(t)}{\varphi'(t)}\right]'}{\varphi'(t)} = \frac{\varphi'(t)\psi''(t) - \varphi''(t)\psi'(t)}{\varphi'^3(t)},$$

$$(1 + y'^2)^{\frac{3}{2}} = \frac{[\varphi'^2(t) + \psi'^2(t)]^{\frac{3}{2}}}{\varphi'^3(t)},$$

由(4.16)式得

$$K = \frac{|\varphi'(t)\psi''(t) - \varphi''(t)\psi'(t)|}{[\varphi'^2(t) + \psi'^2(t)]^{\frac{3}{2}}}.$$

例 3 求椭圆

$$\begin{cases} x = a\cos t, \\ y = b\sin t \end{cases} \quad (0 \leqslant t \leqslant 2\pi; 0 < b < a)$$

上各点处的曲率,在何处它的曲率最大?

解 记$\dot{x} = \dfrac{\mathrm{d}x}{\mathrm{d}t}, \dot{y} = \dfrac{\mathrm{d}y}{\mathrm{d}t}$,有

$$\dot{x} = -a\sin t, \quad \ddot{x} = -a\cos t, \quad \dot{y} = b\cos t, \quad \ddot{y} = -b\sin t.$$

于是

$$K = \frac{|\dot{x}\ddot{y} - \ddot{x}\dot{y}|}{(\dot{x}^2 + \dot{y}^2)^{\frac{3}{2}}} = \frac{ab}{(a^2\sin^2 t + b^2\cos^2 t)^{\frac{3}{2}}}.$$

设

$$f(t) = a^2\sin^2 t + b^2\cos^2 t,$$

则$f(t)$在$[0, 2\pi]$上连续,在$(0, 2\pi)$内可导,且

$$f'(t) = 2a^2\sin t\cos t - 2b^2\cos t\sin t = (a^2 - b^2)\sin 2t.$$

令$f'(t) = 0$,得驻点$t = \dfrac{\pi}{2}, \pi, \dfrac{3\pi}{2}$. 比较$f(t)$在驻点及区间端点处的函数值:

$$f(0) = f(\pi) = f(2\pi) = b^2, \quad f\left(\frac{\pi}{2}\right) = f\left(\frac{3\pi}{2}\right) = a^2,$$

可知,当$t = 0, \pi, 2\pi$时,$f(t)$取最小值,从而K取最大值,这时$(x, y) = (\pm a, 0)$. 因此椭圆在点$(\pm a, 0)$处曲率最大.

设曲线 $y=f(x)$ 在点 $M(x,y)$ 处的曲率为 $K(K\neq0)$,在点 M 处作曲线的切线和法线,在曲线的凹向一侧法线上取点 D 使

$$|DM| = R = \frac{1}{K}.$$

以 D 为圆心,R 为半径作圆(图 4.15),称它为曲线在点 M 处的**曲率圆**,R 称为曲线在点 M 处的**曲率半径**,D 称为曲线在点 M 处的**曲率中心**.

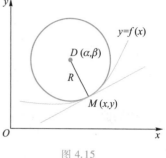

图 4.15

据此可知,曲率半径等于曲率的倒数. 曲线在点 M 处曲率半径越大,曲率越小,反之亦然.

由于曲率圆与曲线在点 M 处有相同的切线和曲率,且在点 M 邻近有相同的凹向,故在实际问题中常常用曲率圆近似代替一段曲线弧来简化问题.

例 4 设一工件内表面的截痕为一椭圆,现在要用砂轮磨削其内表面,问用直径多大的砂轮才比较合适?

解 设椭圆方程为

$$\begin{cases} x = a\cos t, \\ y = b\sin t \end{cases} \quad (0 \leqslant t \leqslant 2\pi, 0 < b < a).$$

为了在磨削时不使砂轮磨削掉不应磨去的部分,砂轮的半径应小于工件内表面的截线上各点处曲率半径的最小值. 由例 3 知道,椭圆在 $(\pm a,0)$ 处曲率最大,从而曲率半径

$$R = \frac{(a^2\sin^2 t + b^2\cos^2 t)^{\frac{3}{2}}}{ab}\bigg|_{t=0} = \frac{b^2}{a}$$

最小. 所以选用砂轮的半径应小于 $\dfrac{b^2}{a}$,即直径应小于 $\dfrac{2b^2}{a}$.

如图 4.15 所示,设曲线的方程为 $y=f(x)$,且在点 $M(x,y)$ 处 $y''\neq0$,则容易导出曲线 $y=f(x)$ 在点 M 处的曲率中心 $D(\alpha,\beta)$ 的计算公式.

设点 M 处的曲率圆方程为

$$(\xi - \alpha)^2 + (\eta - \beta)^2 = R^2,$$

其中曲率半径

$$R = \frac{1}{K} = \frac{(1 + y'^2)^{\frac{3}{2}}}{|y''|}.$$

由于点 $M(x,y)$ 在曲率圆上,点 M 处的切线与法线 DM 垂直,故 α,β 满足方程组

$$(x - \alpha)^2 + (y - \beta)^2 = R^2, \tag{4.17}$$

$$y' = -\frac{x - \alpha}{y - \beta}. \tag{4.18}$$

从(4.17)和(4.18)两式中消去 $x-\alpha$,解出

$$(y - \beta)^2 = \frac{R^2}{1 + y'^2} = \frac{(1 + y'^2)^2}{y''^2}.$$

注意到当 $y''>0$ 时,曲线是上凹的,$y-\beta<0$;当 $y''<0$ 时,曲线是上凸的,$y-\beta>0$. 总之 y'' 与 $y-\beta$ 异号. 因此

$$y - \beta = -\frac{1 + y'^2}{y''}.$$

又

$$x - \alpha = -y'(y - \beta) = \frac{y'(1 + y'^2)}{y''},$$

于是得到曲率中心 $D(\alpha,\beta)$ 的坐标公式

$$\begin{cases} \alpha = x - \dfrac{y'(1 + y'^2)}{y''}, \\ \beta = y + \dfrac{1 + y'^2}{y''}. \end{cases} \tag{4.19}$$

例 5 求抛物线 $y=ax^2$ 上任一点 (x,y) 的曲率中心的坐标.

解 $y'=2ax, y''=2a$. 由公式(4.19)得曲率中心 $D(\alpha,\beta)$ 的坐标

$$\begin{cases} \alpha = -4a^2x^3, \\ \beta = \dfrac{6a^2x^2 + 1}{2a}. \end{cases}$$

习题 4.8

1. 求下列曲线的弧微分:

(1) $y=\ln(2+x^2)$;

(2) $4x^2+y^2=4(y>0)$;

(3) $\begin{cases} x=2\cos^3 t, \\ y=2\sin^3 t; \end{cases}$

(4) $\rho=a(1+\cos\theta)$.

2. 求曲线 $y=x^2+x(x<0)$ 上曲率为 $\dfrac{\sqrt{2}}{2}$ 的点的坐标.

3. 对数曲线 $y=\ln x$ 上哪一点处的曲率半径最小? 求出该点的曲率半径.

4. 求曲线 $xy=4$ 在点 $(2,2)$ 处的曲率.

5. 求抛物线 $y=x^2-4x+3$ 在顶点处的曲率和曲率半径.

6. 求心形线 $\rho=a(1+\cos\theta)(a>0)$ 在 $\theta=0$ 处的曲率半径.

7. 设 $f(x)$ 在 $x=0$ 的邻域内有二阶连续导数, $\lim\limits_{x\to 0}\dfrac{f(x)}{1-\cos x}=2$, 求曲线 $y=f(x)$ 在点 $(0,f(0))$ 处的曲率.

习题参考答案
与提示 4.8

1. 单项选择题:

(1) 下列函数中在区间 $[-1,1]$ 上满足罗尔中值定理条件的是(　　).

　A. 2^x　　　　　B. $\ln|x|$　　　　　C. $1-x^2$　　　　　D. $\dfrac{1}{1-x^2}$

(2) 设 $f(x)=x(x-1)(x-2)(x-3)$,则 $f'(x)=0$ 有且仅有(　　)个实根.

　A. 1　　　　　B. 2　　　　　C. 3　　　　　D. 4

(3) 设 $f(x)$ 在 (a,b) 内可导,$x_1,x_2(x_1<x_2)$ 是 (a,b) 内任意两点,则至少存在一点 ξ,使得下式(　　)成立.

　A. $f(b)-f(a)=f'(\xi)(b-a),\xi\in(a,b)$

　B. $f(x_2)-f(x_1)=f'(\xi)(x_2-x_1),\xi\in(x_1,x_2)$

　C. $f(b)-f(x_1)=f'(\xi)(b-x_1),\xi\in(x_1,b)$

　D. $f(x_2)-f(a)=f'(\xi)(x_2-a),\xi\in(a,x_2)$

(4) 设 $f(x)$ 为二阶可导的奇函数,且当 $x<0$ 时,有 $f''(x)>0,f'(x)<0$,则当 $x>0$ 时,(　　).

　A. $f''(x)<0,f'(x)<0$　　　　　　B. $f''(x)>0,f'(x)>0$

　C. $f''(x)>0,f'(x)<0$　　　　　　D. $f''(x)<0,f'(x)>0$

(5) 设 $f(x)$ 在 $x=0$ 处二阶可导,$f(0)=0$ 且 $\lim\limits_{x\to 0}\dfrac{f(x)+f'(x)}{x}=2$,则(　　).

　A. $f(0)$ 是 $f(x)$ 的极大值　　　　　B. $f(0)$ 是 $f(x)$ 的极小值

　C. $f(x)$ 在 $x=0$ 处不取极值　　　　D. $(0,f(0))$ 是曲线 $y=f(x)$ 的拐点

(6) 设 $\lim\limits_{x\to a}\dfrac{f(x)-f(a)}{(x-a)^2}=-1$,则在点 a 处(　　).

　A. $f(x)$ 可导,且 $f'(a)\neq 0$　　　　B. $f(x)$ 的导数不存在

　C. $f(x)$ 取得极大值　　　　　　　D. $f(x)$ 取得极小值

(7) 设 $f'(x_0)=f''(x_0)=0,f'''(x_0)>0$,则(　　).

　A. $f'(x_0)$ 是 $f'(x)$ 的极大值　　　B. $f(x_0)$ 是 $f(x)$ 的极大值

　C. $f(x_0)$ 是 $f(x)$ 的极小值　　　　D. $(x_0,f(x_0))$ 是曲线 $y=f(x)$ 的拐点

(8) 设曲线 $y=\dfrac{1}{x}+\ln(1+e^x)$,则该曲线(　　).

　A. 没有渐近线　　　　　　　　　　B. 仅有水平渐近线

　C. 仅有垂直渐近线　　　　　　　　D. 既有水平又有垂直渐近线

2. 填空题:

(1) 对函数 $f(x)=\dfrac{1}{x}$ 在 $[1,2]$ 上应用拉格朗日中值定理得 $f(2)-f(1)=f'(\xi)$,其中 $\xi=$ ＿＿＿＿＿＿＿＿.

(2) 若 $\lim\limits_{x\to 0}\dfrac{\sin 6x+xf(x)}{x^3}=0$,则 $\lim\limits_{x\to 0}\dfrac{6+f(x)}{x^2}=$ ＿＿＿＿＿＿＿.

(3) 设 $f(x)=a\sin x+\dfrac{1}{3}\sin 3x$ 在 $x=\dfrac{2}{3}\pi$ 取得极值,则 $a=$ ＿＿＿＿＿＿＿.

（4）$f(x) = x^2 \ln x$ 的极小值点是_____.

（5）函数 $f(x) = \ln x - \dfrac{x}{e} + 1$ 在 $(0, +\infty)$ 内零点的个数为_____.

（6）设 $\lim\limits_{x \to \infty} f'(x) = k$，则 $\lim\limits_{x \to \infty} [f(x+a) - f(x)] = $_____.

（7）函数 $y = e^{|x-3|}$ 在区间 $[-5,5]$ 上的最大值为_____，最小值为_____.

（8）曲线 $y = 1 - e^{-x^2}$ 的上凹区间是_____，上凸区间是_____.

3. 验证：在方程 $\sqrt[3]{x^2 - 5x + 6} = 0$ 的两个根之间有使导数 $(\sqrt[3]{x^2 - 5x + 6})' = 0$ 的 x 值.

4. 设 $f(x)$，$g(x)$ 在 $[a,b]$ 上连续，在 (a,b) 内可导，且 $f'(x) = g'(x)$，证明：存在常数 c 使
$$f(x) = g(x) + c, \quad x \in [a,b].$$

5. 设函数 $f(x)$ 在 $[0,1]$ 上连续，满足 $0 < f(x) < 1$，在 $(0,1)$ 内可导，且 $f'(x) \neq 1$，证明：在 $(0,1)$ 内有且仅有一点 x，使得 $f(x) = x$.

6. 设 ξ 为 $f(x) = \arctan x$ 在 $[0,a]$ 上使用微分中值定理所确定的中值，求 $\lim\limits_{a \to 0} \dfrac{\xi^2}{a^2}$.

7. 设函数 $f(x)$ 在 $[0,1]$ 上连续，在 $(0,1)$ 内可导，且 $f(0) = 0$，$f(1) = \dfrac{1}{3}$，证明：存在 $\xi \in \left(0, \dfrac{1}{2}\right)$，$\eta \in \left(\dfrac{1}{2}, 1\right)$，使得
$$f'(\xi) + f'(\eta) = \xi^2 + \eta^2.$$

8. 设 $f(x)$ 在 $[a,b]$ 上连续，在 (a,b) 内二阶可导，又连接 $A(a, f(a))$，$B(b, f(b))$ 两点的直线交曲线 $y = f(x)$ 于 $C(c, f(c))$，且 $a < c < b$，试证：至少存在一点 $\xi \in (a,b)$，使得
$$f''(\xi) = 0.$$

9. 设 $ab > 0$，证明：存在 $\xi \in (a,b)$，使得
$$a^2 f(b) - b^2 f(a) = ab(a-b) \left[\dfrac{2}{\xi} f(\xi) - f'(\xi) \right].$$

10. 设 $f(x)$，$g(x)$ 在 $[a,b]$ 上二阶可导，$g''(x) \neq 0$，$f(a) = g(a) = f(b) = g(b) = 0$，证明：（1）在开区间 (a,b) 内 $g(x) \neq 0$；（2）至少存在一点 $\xi \in (a,b)$，使 $\dfrac{f'(\xi)}{g'(\xi)} = \dfrac{f''(\xi)}{g''(\xi)}$.

11. 证明：当 $x > 0$ 时，$(x^2 - 1) \ln x \geqslant (x-1)^2$.

12. 求函数 $y = (x+1)(x-2)^2$ 的单调区间，极值及其曲线的凹凸区间与拐点（列表讨论）.

习题参考答案
与提示四

13. 证明：

（1）周长一定的矩形中，正方形面积最大；

（2）面积一定的矩形中，正方形周长最小.

14. 求正数 a，使它和它的倒数组成的和为最小.

第五章 不定积分

　　积分学的最基本的概念是关于一元函数的定积分与不定积分. 本章我们先从微分法的逆运算引出不定积分的概念,讨论它的性质及求不定积分的方法. 下一章再讲述定积分的基本内容.

§5.1 不定积分的概念与性质

一、原函数与不定积分

　　在第三章,我们利用速度问题和切线问题引出了导数的概念. 这两个问题都归结为要从已知函数求出它的导数,也就是微分问题. 现在我们要研究与之相反的问题,即研究从已知函数的导数求出原来的函数. 解决这个逆问题不仅是数学理论本身的需要,更主要的是它出现在许多实际问题中. 例如,已知速度 $v(t)$,求路程 $s(t)$;已知加速度 $a(t)$,求速度 $v(t)$;已知曲线上每一点处切线的斜率,求曲线方程等. 我们把这类已知 $f'(x)$ 求 $f(x)$ 的运算称为**积分法**. 下面先阐述原函数的概念.

　　定义 5.1.1　设 $F(x)$ 与 $f(x)$ 在区间 I 上有定义,若在 I 上,$F'(x)=f(x)$,则称 $F(x)$ 为 $f(x)$ 在区间 I 上的一个原函数.

　　例如,$\frac{1}{3}x^3$ 是 x^2 在区间 $(-\infty,+\infty)$ 内的一个原函数,因为 $\left(\frac{1}{3}x^3\right)'=x^2$;又如 $\sin^2 x$ 是 $\sin 2x$ 在 $(-\infty,+\infty)$ 内的一个原函数,因为 $(\sin^2 x)'=\sin 2x$.

　　在下一章中我们将证明:凡在区间 I 上连续的函数都有原函数. 由于初等函数是连续函数,因此说初等函数在其定义区间上都有原函数.

　　从定义 5.1.1 可知,若 $F(x)$ 是 $f(x)$ 在区间 I 上的一个原函数,则对任意常数 $C,F(x)+C$ 也是 $f(x)$ 在 I 上的原函数,因为在 I 上总有

$$[F(x)+C]'=F'(x)=f(x).$$

　　又若 $G(x)$ 也是 $f(x)$ 在 I 上的一个原函数,则在 I 上有

$$[G(x)-F(x)]'=G'(x)-F'(x)=f(x)-f(x)=0,$$

从而推知 $G(x)-F(x)$ 在 I 上是一个常数 C,即 $G(x)-F(x)=C$ 或

$$G(x)=F(x)+C.$$

　　上述结果表明,若 $f(x)$ 在 I 上有一个原函数 $F(x)$,则它就有无穷多个原函数,而且所有原函数具有 $F(x)+C$ 的形式,其中 C 为任意常数. 于是有下述定理:

　　定理 5.1.1(原函数的结构)　若 $F(x)$ 是 $f(x)$ 在区间 I 上的一个原函数,则 $f(x)$ 在 I 上

的所有原函数构成的集合为
$$\{F(x) + C \mid C \in \mathbf{R}\}. \tag{5.1}$$

我们把 $F(x)+C$ 称为 $f(x)$ 在 I 上的原函数的**一般表达式**,其中 C 为任意常数. 由此引出不定积分的概念.

定义 5.1.2 若 $F(x)$ 是 $f(x)$ 在区间 I 上的一个原函数,则 $f(x)$ 在 I 上的原函数的一般表达式 $F(x)+C$ (C 为任意常数)称为 $f(x)$ 在 I 上的**不定积分**,记作 $\int f(x)\,\mathrm{d}x$, 即

$$\int f(x)\,\mathrm{d}x = F(x) + C,$$

其中 $\int$ 称为**积分号**,$f(x)$ 称为**被积函数**,$f(x)\,\mathrm{d}x$ 称为**被积表达式**,x 称为**积分变量**,C 称为**积分常数**.

于是,若取定常数 C,则不定积分 $\int f(x)\,\mathrm{d}x$ 是函数 $f(x)$ 的一个原函数,当 C 遍取一切实数值,就得到 $f(x)$ 的所有原函数.

今后我们总假定不定积分是对其被积函数连续的区间来考虑的,不再指明有关区间. 不定积分的几何意义如图 5.1 所示.

设 $F(x)$ 是 $f(x)$ 的一个原函数,则 $y = F(x)$ 在平面上表示一条曲线,称它为 $f(x)$ 的一条**积分曲线**. 于是 $f(x)$ 的不定积分就表示积分曲线 $y = F(x)$ 沿着 y 轴方向作任意平行

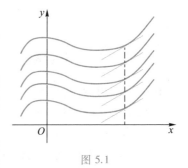

图 5.1

移动而产生的一族积分曲线中的任一条曲线. 显然,积分曲线族中的每一条积分曲线在具有同一横坐标 x 的点处有互相平行的切线,其斜率都等于 $f(x)$.

在求原函数的具体问题中,往往先求出原函数的一般表达式 $y = F(x)+C$,再从中确定一个满足条件 $y(x_0) = y_0$ (称为初始条件)的原函数 $y = y(x)$. 从几何上讲,就是从积分曲线族中找出一条通过点 (x_0, y_0) 的积分曲线.

例 1 设曲线通过点 $(0,1)$,且其上任一点处的切线斜率等于该点横坐标的平方,求此曲线的方程.

解 设所求曲线的方程为 $y = y(x)$,按题意有
$$y' = x^2.$$
于是
$$y = \frac{x^3}{3} + C.$$
因为曲线通过点 $(0,1)$,代入上式可得 $C = 1$. 故所求曲线的方程为
$$y = \frac{x^3}{3} + 1.$$

▶▶ **二、基本积分表**

根据不定积分的定义,若 $F'(x) = f(x)$,则

$$\int f(x)\,\mathrm{d}x = F(x) + C,$$

从而

$$\left(\int f(x)\,\mathrm{d}x\right)' = (F(x) + C)' = F'(x) = f(x),$$

或

$$\mathrm{d}\left(\int f(x)\,\mathrm{d}x\right) = \left(\int f(x)\,\mathrm{d}x\right)'\mathrm{d}x = f(x)\,\mathrm{d}x. \tag{5.2}$$

又若 $f(x)$ 是可导函数,则对 $f'(x)$ 求不定积分就有

$$\int f'(x)\,\mathrm{d}x = f(x) + C,$$

或

$$\int \mathrm{d}f(x) = f(x) + C. \tag{5.3}$$

从 (5.2) 和 (5.3) 两式不难看出,若不考虑积分常数 C,则微分符号 d 与积分符号 $\int$ 相继使用于某一函数 $f(x)$,不论先后次序,结果不变,也就是说,它们的作用恰好互相抵消,这正说明微分运算与积分运算是互为逆运算的关系. 于是,由求导的基本公式容易得出积分的基本公式,列表如下:

(1) $\int k\mathrm{d}x = kx + C$ (k 为常数);

(2) $\int x^{\mu}\mathrm{d}x = \dfrac{x^{\mu+1}}{\mu+1} + C(\mu \neq -1)$;

(3) $\int \dfrac{\mathrm{d}x}{x} = \ln|x| + C$;

(4) $\int \mathrm{e}^x\mathrm{d}x = \mathrm{e}^x + C$;

(5) $\int a^x\mathrm{d}x = \dfrac{a^x}{\ln a} + C(a > 0, a \neq 1)$;

(6) $\int \sin x\mathrm{d}x = -\cos x + C$;

(7) $\int \cos x\mathrm{d}x = \sin x + C$;

(8) $\int \sec^2 x\mathrm{d}x = \tan x + C$;

(9) $\int \csc^2 x\mathrm{d}x = -\cot x + C$;

(10) $\int \sec x \cdot \tan x\mathrm{d}x = \sec x + C$;

(11) $\int \csc x \cdot \cot x\mathrm{d}x = -\csc x + C$;

(12) $\int \dfrac{\mathrm{d}x}{\sqrt{1-x^2}} = \arcsin x + C$;

(13) $\displaystyle\int \frac{\mathrm{d}x}{1 + x^2} = \arctan x + C.$

上述积分基本公式都是从基本初等函数的求导公式直接得出的. 当然我们也可以利用一些已知的导数公式直接写出相应的积分公式. 例如在 §3.2 例 4 中, 我们分 $f(x) > 0$ 和 $f(x) < 0$ 两种情形求 $\ln|f(x)|$ 的导数, 把结果合并写为

$$(\ln|f(x)|)' = \frac{f'(x)}{f(x)} \quad (f(x) \neq 0 \text{ 且 } f(x) \text{ 可导}).$$

于是就有

$$\int \frac{f'(x)}{f(x)}\mathrm{d}x = \ln|f(x)| + C.$$

特别地, 取 $f(x) = x$, 得到公式 (3)

$$\int \frac{\mathrm{d}x}{x} = \ln|x| + C.$$

另取 $f(x) = \sin x$ 及 $f(x) = \sec x + \tan x$, 得到

$$\int \cot x\,\mathrm{d}x = \ln|\sin x| + C,$$

$$\int \sec x\,\mathrm{d}x = \ln|\sec x + \tan x| + C.$$

以后我们还会利用一些求导法则去推出相应的不定积分法则, 从而获得更多积分公式.

▶▶ 三、不定积分的性质

定理 5.1.2 若函数 $f(x)$ 和 $g(x)$ 在区间 I 上有原函数, 则 $kf(x)$ ($k \neq 0$ 为常数) 和 $f(x) \pm g(x)$ 在 I 上也都有原函数, 且

(1) $\displaystyle\int kf(x)\,\mathrm{d}x = k\int f(x)\,\mathrm{d}x;$ \hfill (5.4)

(2) $\displaystyle\int [f(x) \pm g(x)]\,\mathrm{d}x = \int f(x)\,\mathrm{d}x \pm \int g(x)\,\mathrm{d}x.$ \hfill (5.5)

证 设

$$\int f(x)\,\mathrm{d}x = F(x) + C_1,$$

其中 $F(x)$ 是 $f(x)$ 在 I 上的一个原函数, C_1 为任意常数. 则

$$k\int f(x)\,\mathrm{d}x = kF(x) + C,$$

且 $C = kC_1$ 为任意常数. 由于在 I 上

$$[kF(x)]' = kF'(x) = kf(x),$$

所以 $kF(x) + C$ 是 $kf(x)$ 在 I 上的原函数的一般表达式. 因此有

$$\int kf(x)\,\mathrm{d}x = kF(x) + C = k\int f(x)\,\mathrm{d}x,$$

(5.4) 式成立.

类似可证 $f(x) \pm g(x)$ 在 I 上有原函数, 且 (5.5) 式成立. □

利用不定积分的性质和基本积分表, 可求出一些简单函数的不定积分.

例 2 求下列不定积分:

(1) $\int \dfrac{(1-x)^2}{\sqrt{x}}\mathrm{d}x$;　　　　　(2) $\int \dfrac{x^4+1}{x^2+1}\mathrm{d}x$;

(3) $\int \mathrm{e}^x \left(2^x - \dfrac{\mathrm{e}^{-x}}{x\sqrt[3]{x}} \right) \mathrm{d}x$;　　　　(4) $\int \dfrac{1}{\cos^2 x \sin^2 x}\mathrm{d}x$;

(5) $\int \dfrac{\mathrm{d}x}{1+\cos x}$;　　　　　　(6) $\int \left(\sqrt{\dfrac{1+x}{1-x}} + \sqrt{\dfrac{1-x}{1+x}} \right) \mathrm{d}x$.

解　(1) $\int \dfrac{(1-x)^2}{\sqrt{x}}\mathrm{d}x = \int \dfrac{1-2x+x^2}{\sqrt{x}}\mathrm{d}x = \int x^{-\frac{1}{2}}\mathrm{d}x - 2\int x^{\frac{1}{2}}\mathrm{d}x + \int x^{\frac{3}{2}}\mathrm{d}x$

$$= 2x^{\frac{1}{2}} - 2 \cdot \dfrac{2}{3}x^{\frac{3}{2}} + \dfrac{2}{5}x^{\frac{5}{2}} + C$$

$$= \sqrt{x}\left(2 - \dfrac{4}{3}x + \dfrac{2}{5}x^2 \right) + C.$$

(2) $\int \dfrac{x^4+1}{x^2+1}\mathrm{d}x = \int \left(x^2 - 1 + \dfrac{2}{1+x^2} \right) \mathrm{d}x$

$$= \dfrac{1}{3}x^3 - x + 2\arctan x + C.$$

(3) $\int \mathrm{e}^x \left(2^x - \dfrac{\mathrm{e}^{-x}}{x\sqrt[3]{x}} \right) \mathrm{d}x = \int \left[(2\mathrm{e})^x - x^{-\frac{4}{3}} \right] \mathrm{d}x = \dfrac{(2\mathrm{e})^x}{\ln(2\mathrm{e})} + 3x^{-\frac{1}{3}} + C$

$$= \dfrac{2^x \mathrm{e}^x}{1+\ln 2} + \dfrac{3}{\sqrt[3]{x}} + C.$$

(4) $\int \dfrac{1}{\cos^2 x \sin^2 x}\mathrm{d}x = \int \dfrac{\sin^2 x + \cos^2 x}{\cos^2 x \sin^2 x}\mathrm{d}x = \int \sec^2 x\,\mathrm{d}x + \int \csc^2 x\,\mathrm{d}x$

$$= \tan x - \cot x + C.$$

(5) $\int \dfrac{\mathrm{d}x}{1+\cos x} = \int \dfrac{1-\cos x}{\sin^2 x}\mathrm{d}x = \int (\csc^2 x - \csc x \cot x)\,\mathrm{d}x$

$$= -\cot x + \csc x + C.$$

(6) $\int \left(\sqrt{\dfrac{1+x}{1-x}} + \sqrt{\dfrac{1-x}{1+x}} \right) \mathrm{d}x = \int \left(\dfrac{1+x}{\sqrt{1-x^2}} + \dfrac{1-x}{\sqrt{1-x^2}} \right) \mathrm{d}x = 2\int \dfrac{\mathrm{d}x}{\sqrt{1-x^2}}$

$$= 2\arcsin x + C.$$

习题 5.1

1. 求下列不定积分:

(1) $\int \left(1 - \dfrac{1}{x^2} \right) \sqrt{\sqrt{x}}\,\mathrm{d}x$;　　　　(2) $\int \dfrac{(1-x)^3}{x^3\sqrt{x}}\mathrm{d}x$;

(3) $\int \dfrac{\sqrt{x^4 + x^{-4} + 2}}{x^3}\mathrm{d}x$;　　　　(4) $\int \dfrac{\mathrm{e}^{3x}+1}{\mathrm{e}^x+1}\mathrm{d}x$;

(5) $\displaystyle\int \frac{3^{x+1} - 5^{x-1}}{15^x}\mathrm{d}x$;   (6) $\displaystyle\int \cos^2\frac{x}{2}\mathrm{d}x$;

(7) $\displaystyle\int \sin\frac{x}{2}\cos\frac{x}{2}\mathrm{d}x$;   (8) $\displaystyle\int \tan x(\sec x + \tan x)\mathrm{d}x$;

(9) $\displaystyle\int \frac{1}{\cos^2 x \sin^2 x}\mathrm{d}x$;   (10) $\displaystyle\int \frac{\cos 2x}{\cos x + \sin x}\mathrm{d}x$;

(11) $\displaystyle\int \frac{\sqrt{1+x^2} - \sqrt{1-x^2}}{\sqrt{1-x^4}}\mathrm{d}x$;   (12) $\displaystyle\int \sqrt{1-\sin 2x}\,\mathrm{d}x$;

(13) 设 $f(x) = \begin{cases} 2, & x>1, \\ x, & 0 \leqslant x \leqslant 1, \\ \sin x, & x<0, \end{cases}$ 求 $\displaystyle\int f(x)\mathrm{d}x$.

2. 已知 $f(x)$ 的一个原函数是 e^{-x^2}, 求不定积分 $\displaystyle\int f'(x)\mathrm{d}x$.

3. 已知 $\displaystyle\int f(x)\mathrm{d}x = \sin^2 x + C$, 求不定积分 $\displaystyle\int \frac{(\sin x + \cos x)^3}{1 + f(x)}\mathrm{d}x$.

习题参考答案
与提示 5.1

4. 设曲线通过点 $A(1,6)$, $B(2,-9)$, 且其上任一点处的切线斜率与这点横坐标的三次方成正比, 求此曲线的方程.

▶▶ §5.2 换元积分法

如何求原函数或不定积分? 只会利用基本积分表和积分的性质, 显然是不够的. 必须探寻更加切实可行的方法.

本节我们把微分法中的链式法则反过来用于求不定积分, 所得出的积分法则称为**换元积分法**.

▶▶ 一、第一类换元法(凑微分法)

定理 5.2.1 设 $u = \varphi((x)$ 在区间 I 上可导, $f(u)$ 在 $I_1 = \{u \mid u = \varphi(x), x \in I\}$ 上有原函数 $F(u)$, 则 $\displaystyle\int f[\varphi(x)]\varphi'(x)\mathrm{d}x$ 在 I 上存在, 且

$$\int f[\varphi(x)]\varphi'(x)\mathrm{d}x = F[\varphi(x)] + C. \tag{5.6}$$

证 根据复合函数求导法则, 有

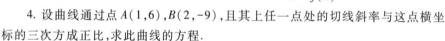

$$\frac{\mathrm{d}}{\mathrm{d}x}F[\varphi(x)] = F'(u)\big|_{u=\varphi(x)}\varphi'(x) = f(u)\big|_{u=\varphi(x)}\varphi'(x) = f[\varphi(x)]\varphi'(x).$$

所以 (5.6) 式成立. □

用第一类换元法求积分可按如下方式进行:

若 $\displaystyle\int g(x)\mathrm{d}x$ 不是基本积分表中的积分, 可设法将被积表达式 $g(x)\mathrm{d}x$ 变形为

$$g(x)\mathrm{d}x = f[\varphi(x)]\varphi'(x)\mathrm{d}x = f[\varphi(x)]\mathrm{d}\varphi(x),$$

即从 $g(x)$ 中分出一部分因式与 $\mathrm{d}x$ 结合, 凑成 $\mathrm{d}\varphi(x)$(所以第一类换元法又称**凑微分法**).

再令 $\varphi(x)=u$，得到基本积分表中的积分

$$\int f(u)\,\mathrm{d}u = F(u) + C,$$

最后代回原变量. 于是

$$\int g(x)\,\mathrm{d}x = \int f[\varphi((x)]\varphi'(x)\,\mathrm{d}x = \int f[\varphi(x)]\,\mathrm{d}\varphi(x)$$

$$\xlongequal{\ \ 令\ u=\varphi(x)\ \ } \int f(u)\,\mathrm{d}u = F(u) + C = F[\varphi(x)] + C.$$

例 1　求 $\int \tan x\mathrm{d}x$.

解　$\displaystyle\int \tan x\mathrm{d}x = \int \frac{\sin x}{\cos x}\mathrm{d}x = -\int \frac{\mathrm{d}(\cos x)}{\cos x} \xlongequal{\ \ 令\ u=\cos x\ \ } -\int \frac{\mathrm{d}u}{u} = -\ln|u| + C$

$\qquad\qquad\quad = -\ln|\cos x| + C.$

例 2　求 $\int 2x\mathrm{e}^{x^2}\mathrm{d}x$.

解　$\displaystyle\int 2x\mathrm{e}^{x^2}\mathrm{d}x = \int \mathrm{e}^{x^2}\mathrm{d}(x^2) \xlongequal{\ \ 令\ u=x^2\ \ } \int \mathrm{e}^u\,\mathrm{d}u = \mathrm{e}^u + C = \mathrm{e}^{x^2} + C.$

运算中的换元过程在熟练之后可以省略，即不必写出换元变量 u.

例 3　求下列不定积分：

(1) $\displaystyle\int \sin^4 x\cos^5 x\mathrm{d}x$;　　　　　(2) $\displaystyle\int \cos^2 x\mathrm{d}x$;

(3) $\displaystyle\int \cos^4 x\mathrm{d}x$;　　　　　(4) $\displaystyle\int \sin 2x\cos 3x\mathrm{d}x$;

(5) $\displaystyle\int \csc x\mathrm{d}x$;　　　　　(6) $\displaystyle\int \sec^4 x\mathrm{d}x$.

解　(1) $\displaystyle\int \sin^4 x\cos^5 x\mathrm{d}x = \int \sin^4 x\cos^4 x\mathrm{d}(\sin x)$

$\qquad\qquad\qquad\qquad = \int \sin^4 x(1 - \sin^2 x)^2\mathrm{d}(\sin x)$

$\qquad\qquad\qquad\qquad = \int (\sin^4 x - 2\sin^6 x + \sin^8 x)\mathrm{d}(\sin x)$

$\qquad\qquad\qquad\qquad = \dfrac{1}{5}\sin^5 x - \dfrac{2}{7}\sin^7 x + \dfrac{1}{9}\sin^9 x + C.$

(2) $\displaystyle\int \cos^2 x\mathrm{d}x = \dfrac{1}{2}\int(1 + \cos 2x)\mathrm{d}x = \dfrac{1}{2}\int\mathrm{d}x + \dfrac{1}{4}\int\cos 2x\mathrm{d}(2x)$

$\qquad\qquad\quad = \dfrac{x}{2} + \dfrac{\sin 2x}{4} + C.$

类似求出 $\displaystyle\int \sin^2 x\mathrm{d}x = \dfrac{x}{2} - \dfrac{\sin 2x}{4} + C.$

(3) $\displaystyle\int \cos^4 x\mathrm{d}x = \int\left(\dfrac{1 + \cos 2x}{2}\right)^2\mathrm{d}x = \int\left(\dfrac{1}{4} + \dfrac{1}{2}\cos 2x + \dfrac{1}{4}\cos^2 2x\right)\mathrm{d}x$

$\qquad\qquad\quad = \dfrac{1}{4}\int\mathrm{d}x + \dfrac{1}{4}\int\cos 2x\mathrm{d}(2x) + \dfrac{1}{8}\int\cos^2 2x\mathrm{d}(2x)$

$$= \frac{1}{4}x + \frac{1}{4}\sin 2x + \frac{1}{8}\left(x + \frac{1}{4}\sin 4x\right) + C$$

$$= \frac{3}{8}x + \frac{1}{4}\sin 2x + \frac{1}{32}\sin 4x + C.$$

$(4) \int \sin 2x \cos 3x \mathrm{d}x = \frac{1}{2}\int (\sin 5x - \sin x)\mathrm{d}x$

$$= \frac{1}{10}\int \sin 5x \mathrm{d}(5x) - \frac{1}{2}\int \sin x \mathrm{d}x$$

$$= -\frac{1}{10}\cos 5x + \frac{1}{2}\cos x + C.$$

$(5) \int \csc x \mathrm{d}x = \int \frac{\mathrm{d}x}{\sin x} = \int \frac{\mathrm{d}x}{2\sin \frac{x}{2}\cos \frac{x}{2}} = \int \frac{\mathrm{d}\left(\tan \frac{x}{2}\right)}{\tan \frac{x}{2}} = \ln\left|\tan \frac{x}{2}\right| + C.$

因为

$$\tan \frac{x}{2} = \frac{1 - \cos x}{\sin x} = \csc x - \cot x,$$

所以

$$\int \csc x \mathrm{d}x = \ln|\csc x - \cot x| + C.$$

$(6) \int \sec^4 x \mathrm{d}x = \int \sec^2 x \mathrm{d}(\tan x) = \int (1 + \tan^2 x)\mathrm{d}(\tan x)$

$$= \tan x + \frac{1}{3}\tan^3 x + C.$$

例4 求下列不定积分：

$(1) \int \frac{\mathrm{d}x}{a^2 + x^2}(a \neq 0);$ $(2) \int \frac{\mathrm{d}x}{x^2 - a^2}(a \neq 0);$

$(3) \int \frac{\mathrm{d}x}{\sqrt{a^2 - x^2}}(a > 0);$ $(4) \int x\sqrt{1 - x^2}\,\mathrm{d}x;$

$(5) \int \frac{\mathrm{d}x}{x(x^6 + 4)};$ $(6) \int \frac{\mathrm{d}x}{x^4 + 1}.$

解 $(1) \int \frac{\mathrm{d}x}{a^2 + x^2} = \frac{1}{a}\int \frac{\mathrm{d}\left(\frac{x}{a}\right)}{1 + \left(\frac{x}{a}\right)^2} = \frac{1}{a}\arctan \frac{x}{a} + C.$

$(2) \int \frac{\mathrm{d}x}{x^2 - a^2} = \frac{1}{2a}\int \left(\frac{1}{x - a} - \frac{1}{x + a}\right)\mathrm{d}x$

$$= \frac{1}{2a}(\ln|x - a| - \ln|x + a|) + C$$

$$= \frac{1}{2a} \ln \left| \frac{x - a}{x + a} \right| + C.$$

(3) $\displaystyle \int \frac{\mathrm{d}x}{\sqrt{a^2 - x^2}} = \int \frac{\mathrm{d}\left(\dfrac{x}{a} \right)}{\sqrt{1 - \left(\dfrac{x}{a} \right)^2}} = \arcsin \frac{x}{a} + C.$

(4) $\displaystyle \int x\sqrt{1 - x^2}\,\mathrm{d}x = -\frac{1}{2}\int \sqrt{1 - x^2}\,\mathrm{d}(1 - x^2) = -\frac{1}{3}(1 - x^2)^{\frac{3}{2}} + C.$

(5) $\displaystyle \int \frac{\mathrm{d}x}{x(x^6 + 4)} = \frac{1}{4}\int \frac{x^6 + 4 - x^6}{x(x^6 + 4)}\mathrm{d}x = \frac{1}{4}\int \left(\frac{1}{x} - \frac{x^5}{x^6 + 4} \right)\mathrm{d}x$

$$= \frac{1}{4}\ln |x| - \frac{1}{24}\ln(x^6 + 4) + C.$$

(6) $\displaystyle \int \frac{\mathrm{d}x}{x^4 + 1} = \frac{1}{2}\int \left(\frac{x^2 + 1}{x^4 + 1} - \frac{x^2 - 1}{x^4 + 1} \right)\mathrm{d}x = \frac{1}{2}\int \frac{1 + \dfrac{1}{x^2}}{x^2 + \dfrac{1}{x^2}}\mathrm{d}x - \frac{1}{2}\int \frac{1 - \dfrac{1}{x^2}}{x^2 + \dfrac{1}{x^2}}\mathrm{d}x$

$$= \frac{1}{2}\int \frac{\mathrm{d}\left(x - \dfrac{1}{x} \right)}{\left(x - \dfrac{1}{x} \right)^2 + 2} - \frac{1}{2}\int \frac{\mathrm{d}\left(x + \dfrac{1}{x} \right)}{\left(x + \dfrac{1}{x} \right)^2 - 2}$$

$$= \frac{1}{2\sqrt{2}}\arctan \frac{x^2 - 1}{\sqrt{2}\,x} - \frac{1}{4\sqrt{2}}\ln \left| \frac{x^2 - \sqrt{2}\,x + 1}{x^2 + \sqrt{2}\,x + 1} \right| + C.$$

▶▶ 二、第二类换元法

定理 5.2.2 设函数 $x = \varphi(t)$ 在区间 I_1 上单调、可导且 $\varphi'(t) \neq 0$，$f(x)$ 在 $I = \{x \mid x = \varphi(t), t \in I_1\}$ 上有定义，并设 $f[\varphi(t)]\varphi'(t)$ 有原函数 $F(t)$，则 $\displaystyle\int f(x)\,\mathrm{d}x$ 在 I 上存在，且

$$\int f(x)\,\mathrm{d}x = F[\varphi^{-1}(x)] + C. \tag{5.7}$$

证 因为 $x = \varphi(t)$ 在 I_1 上单调、可导且 $\varphi'(t) \neq 0$，所以它的反函数 $t = \varphi^{-1}(x)$ 在对应区间 I 上单调、可导且 $[\varphi^{-1}(x)]' = \dfrac{1}{\varphi'(t)}$. 根据复合函数和反函数的求导法则就有

$$\frac{\mathrm{d}}{\mathrm{d}x}F[\varphi^{-1}(x)] = F'(t)[\varphi^{-1}(x)]' = f[\varphi(t)]\varphi'(t) \cdot \frac{1}{\varphi'(t)} = f(x),$$

所以 (5.7) 式成立. □

这里 $\displaystyle\int f(x)\,\mathrm{d}x$ 不是基本积分表中的积分，也看不出通过对被积表达式变形，达到凑微分换元的效果. 故可考虑先作变量代换 $x = \varphi(t)$，将被积表达式化为

$$f(x)\,\mathrm{d}x = f[\varphi(t)]\varphi'(t)\,\mathrm{d}t,$$

且容易求出 $f[\varphi(t)]\varphi'(t)$ 的原函数 $F(t)$. 再用 $x=\varphi(t)$ 的反函数 $t=\varphi^{-1}(x)$ 代回原变量. 于是

$$\int f(x)\mathrm{d}x = \int f[\varphi(t)]\varphi'(t)\mathrm{d}t = [F(t)+C]\big|_{t=\varphi^{-1}(x)} = F[\varphi^{-1}(x)] + C.$$

由假设可知,换元 $x=\varphi(t)$ 应在单调区间 I_1 上进行.

例 5 求 $\int \sqrt{a^2-x^2}\,\mathrm{d}x (a>0)$.

解 令 $x=a\sin t\left(|t|<\dfrac{\pi}{2}\right)$,则 $\sqrt{a^2-x^2}=a\cos t, \mathrm{d}x=a\cos t\mathrm{d}t$. 于是

$$\int \sqrt{a^2-x^2}\,\mathrm{d}x = \int a\cos t \cdot a\cos t\mathrm{d}t = a^2\int \cos^2 t\mathrm{d}t$$

$$= a^2\left(\frac{t}{2}+\frac{\sin 2t}{4}\right) + C = \frac{a^2}{2}(t+\sin t\cos t) + C$$

$$= \frac{a^2}{2}\arcsin\frac{x}{a} + \frac{x}{2}\sqrt{a^2-x^2} + C.$$

例 6 求 $\int \dfrac{\mathrm{d}x}{\sqrt{a^2+x^2}}(a>0)$.

解 令 $x=a\tan t\left(|t|<\dfrac{\pi}{2}\right)$,则 $\sqrt{a^2+x^2}=a\sec t, \mathrm{d}x=a\sec^2 t\mathrm{d}t$,如图 5.2 所示,

$$\int \frac{\mathrm{d}x}{\sqrt{a^2+x^2}} = \int \frac{a\sec^2 t}{a\sec t}\mathrm{d}t = \int \sec t\mathrm{d}t$$

$$= \ln|\sec t + \tan t| + C_1$$

$$= \ln\left(\frac{\sqrt{a^2+x^2}}{a} + \frac{x}{a}\right) + C_1$$

$$= \ln(x+\sqrt{a^2+x^2}) + C,$$

其中 $C=C_1-\ln a$.

例 7 求 $\int \dfrac{\mathrm{d}x}{\sqrt{x^2-a^2}}(a>0)$.

解 令 $x=a\sec t\left(0<t<\dfrac{\pi}{2}\right)$,则 $\sqrt{x^2-a^2}=a\tan t, \mathrm{d}x=a\sec t\tan t\mathrm{d}t$,如图 5.3 所示,

$$\int \frac{\mathrm{d}x}{\sqrt{x^2-a^2}} = \int \frac{a\sec t\tan t}{a\tan t}\mathrm{d}t = \int \sec t\mathrm{d}t$$

$$= \ln|\sec t + \tan t| + C_1$$

$$= \ln\left|\frac{x}{a} + \frac{\sqrt{x^2-a^2}}{a}\right| + C_1$$

$$= \ln|x+\sqrt{x^2-a^2}| + C.$$

其中 $C=C_1-\ln a$.

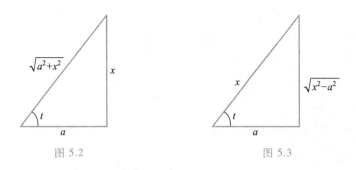

图 5.2   图 5.3

从上面三个例子看到, 当被积函数含有根式 $\sqrt{a^2-x^2}$、$\sqrt{a^2+x^2}$、$\sqrt{x^2-a^2}$ 时, 可采用三角代换, 分别令 $x=a\sin t\left(|t|<\dfrac{\pi}{2}\right)$、$x=a\tan t\left(|t|<\dfrac{\pi}{2}\right)$、$x=a\sec t\left(0<t<\dfrac{\pi}{2}\right)$ 以消去根号, 简化被积表达式.

有时为了消去被积函数分母中的变量因子 x^n, 常采用**倒代换法**换元.

例 8 求 $\displaystyle\int\dfrac{\sqrt{1-x^2}}{x^4}\mathrm{d}x$.

解 令 $x=\dfrac{1}{t}\,(t>0)$, 则 $\sqrt{1-x^2}=\dfrac{\sqrt{t^2-1}}{t}$, $\mathrm{d}x=-\dfrac{1}{t^2}\mathrm{d}t$, 于是

$$\int\dfrac{\sqrt{1-x^2}}{x^4}\mathrm{d}x=-\int t\sqrt{t^2-1}\,\mathrm{d}t=-\dfrac{1}{2}\int\sqrt{t^2-1}\,\mathrm{d}(t^2-1)$$

$$=-\dfrac{(1-x^2)^{\frac{3}{2}}}{3x^3}+C.$$

下面的例子表明, 换元法虽然也有些规律可循, 但在具体运用时十分灵活. 不定积分的求出在很大程度上依赖于我们的实际经验、运算能力和技巧.

例 9 求下列不定积分:

(1) $\displaystyle\int\dfrac{\sqrt{1+\ln x}}{x\ln x}\mathrm{d}x$;   (2) $\displaystyle\int\dfrac{\mathrm{d}x}{\sqrt{1+\mathrm{e}^x}}$;

(3) $\displaystyle\int\dfrac{x+1}{x(1+x\mathrm{e}^x)}\mathrm{d}x$;   (4) $\displaystyle\int\dfrac{\mathrm{d}x}{x\sqrt{4x^2+9}}$.

解 (1) 令 $\sqrt{1+\ln x}=t$, 则 $1+\ln x=t^2$, $\dfrac{1}{x}\mathrm{d}x=2t\mathrm{d}t$,

$$\int\dfrac{\sqrt{1+\ln x}}{x\ln x}\mathrm{d}x=\int\dfrac{t}{t^2-1}\cdot 2t\mathrm{d}t=2\int\left(1+\dfrac{1}{t^2-1}\right)\mathrm{d}t=2t+\ln\left|\dfrac{t-1}{t+1}\right|+C$$

$$=2\sqrt{1+\ln x}+\ln\left|\dfrac{\sqrt{1+\ln x}-1}{\sqrt{1+\ln x}+1}\right|+C.$$

（2）令 $\sqrt{1+e^x}=t$，则 $e^x=t^2-1$，$e^x dx=2t dt$，

$$\int \frac{dx}{\sqrt{1+e^x}} = \int \frac{e^x dx}{e^x \sqrt{1+e^x}} = \int \frac{2dt}{t^2-1}$$

$$= \ln \left| \frac{t-1}{t+1} \right| + C = \ln \left| \frac{\sqrt{1+e^x}-1}{\sqrt{1+e^x}+1} \right| + C.$$

（3）令 $xe^x=t$，则 $(1+x)e^x dx=dt$，

$$\int \frac{x+1}{x(1+xe^x)} dx = \int \frac{(x+1)e^x}{xe^x(1+xe^x)} dx = \int \frac{dt}{t(1+t)}$$

$$= \int \left(\frac{1}{t} - \frac{1}{1+t} \right) dt = \ln \left| \frac{t}{1+t} \right| + C$$

$$= \ln \left| \frac{xe^x}{1+xe^x} \right| + C.$$

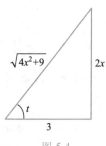

图 5.4

（4）令 $2x=3\tan t \left(|t| < \frac{\pi}{2} \right)$，则 $\sqrt{4x^2+9}=3\sec t$，$2dx=3\sec^2 t dt$，如图 5.4 所示，

$$\int \frac{dx}{x\sqrt{4x^2+9}} = \int \frac{2dx}{2x\sqrt{4x^2+9}}$$

$$= \int \frac{3\sec^2 t dt}{3\tan t \cdot 3\sec t} = \frac{1}{3} \int \csc t dt$$

$$= \frac{1}{3} \ln |\csc t - \cot t| + C$$

$$= \frac{1}{3} \ln \left| \frac{\sqrt{4x^2+9}}{2x} - \frac{3}{2x} \right| + C$$

$$= \frac{1}{3} \ln \frac{\sqrt{x^2+9}-3}{2|x|} + C.$$

例 10 求 $\int \frac{dx}{x\sqrt{4-x^2}}$.

解法一 令 $x=2\sin t \left(|t| < \frac{\pi}{2} \right)$，则

$$\int \frac{dx}{x\sqrt{4-x^2}} = \int \frac{2\cos t}{4\sin t \cos t} dt = \frac{1}{2} \int \csc t dt$$

$$= \frac{1}{2} \int \ln |\csc t - \cot t| + C$$

$$= \frac{1}{2} \ln \left| \frac{2-\sqrt{4-x^2}}{x} \right| + C.$$

解法二 令 $x=\frac{1}{t} \left(t > \frac{1}{2} \right)$，则

$$\int \frac{\mathrm{d}x}{x\sqrt{4-x^2}} = \int \frac{t^2}{\sqrt{4t^2-1}} \cdot \left(-\frac{1}{t^2}\right)\mathrm{d}t$$

$$= -\int \frac{\mathrm{d}t}{\sqrt{4t^2-1}} = -\frac{1}{2}\ln|2t+\sqrt{4t^2-1}| + C$$

$$= -\frac{1}{2}\ln\left|\frac{2+\sqrt{4-x^2}}{x}\right| + C.$$

解法三 令 $\sqrt{4-x^2}=t\,(0<t<2)$，则 $x^2=4-t^2, x\mathrm{d}x=-t\mathrm{d}t$,

$$\int \frac{\mathrm{d}x}{x\sqrt{4-x^2}} = \int \frac{x\mathrm{d}x}{x^2\sqrt{4-x^2}} = \int \frac{\mathrm{d}t}{t^2-4} = \frac{1}{4}\ln\left|\frac{t-2}{t+2}\right| + C$$

$$= \frac{1}{4}\ln\left|\frac{\sqrt{4-x^2}-2}{\sqrt{4-x^2}+2}\right| + C.$$

本例采用三种不同的方法换元,其结果形式虽然不同,但均可互相转化. 此外,本例还可采用其他方法换元,如令 $x^2=\frac{1}{t}\left(t>\frac{1}{4}\right)$, $\sqrt{\frac{2+x}{2-x}}=t\,(t>0)$ 等. 从而进一步说明换元积分法的灵活性. 我们只有在熟记基本积分公式的基础上,通过做大量的练习去积累经验,才能做到熟中生巧,运用自如.

习题 5.2

1. 求下列不定积分:

(1) $\int \cos(3x-1)\mathrm{d}x$;

(2) $\int \sqrt{5x+2}\,\mathrm{d}x$;

(3) $\int \frac{1}{1+4x^2}\mathrm{d}x$;

(4) $\int \frac{x}{1+4x^2}\mathrm{d}x$;

(5) $\int \frac{2\ln x}{x}\mathrm{d}x$;

(6) $\int \frac{1}{\sqrt[3]{4x-1}}\mathrm{d}x$;

(7) $\int x\sin x^2\mathrm{d}x$;

(8) $\int \frac{x+1}{x^2+2x+1}\mathrm{d}x$;

(9) $\int \frac{\cos x}{\sin^2 x}\mathrm{d}x$;

(10) $\int \frac{1}{\cos^2 x\sqrt{1+\tan x}}\mathrm{d}x$;

(11) $\int \frac{\mathrm{e}^{\arctan x}}{1+x^2}\mathrm{d}x$;

(12) $\int \frac{1}{(\arccos x)^2\sqrt{1-x^2}}\mathrm{d}x$;

(13) $\int \frac{\mathrm{e}^x}{1+\mathrm{e}^{2x}}\mathrm{d}x$;

(14) $\int \frac{2x\ln(1+x^2)}{1+x^2}\mathrm{d}x$;

(15) $\int \cot x\mathrm{d}x$;

(16) $\int \sin x\cos x\mathrm{d}x$;

(17) $\int \sin^3 x\cos^4 x\mathrm{d}x$;

(18) $\int \sin^4 x\cos^2 x\mathrm{d}x$;

(19) $\int \tan^3 x\sec^3 x\mathrm{d}x$;

(20) $\int \tan^4 x\sec^2 x\mathrm{d}x$;

$(21)\ \int \sin 2x\cos 3x\mathrm{d}x;$　　　　　$(22)\ \int \cos x\cos 3x\mathrm{d}x.$

2. 求下列不定积分:

$(1)\ \displaystyle\int \frac{1}{1+\sqrt[3]{x}}\mathrm{d}x;$　　　　　$(2)\ \displaystyle\int \frac{1}{x}\sqrt{\frac{1+x}{1-x}}\mathrm{d}x;$

$(3)\ \displaystyle\int \sqrt{4-x^2}\,\mathrm{d}x;$　　　　　$(4)\ \displaystyle\int \frac{1}{\sqrt{x^2-4}}\mathrm{d}x;$

$(5)\ \displaystyle\int \frac{1}{x^2\sqrt{x^2-4}}\mathrm{d}x;$　　　　　$(6)\ \displaystyle\int \frac{1}{1+\sqrt{1+x}}\mathrm{d}x;$

$(7)\ \displaystyle\int \frac{1}{x\sqrt{x^2+1}}\mathrm{d}x;$　　　　　$(8)\ \displaystyle\int \frac{x-1}{x^2+2x+3}\mathrm{d}x;$

$(9)\ \displaystyle\int \frac{x-1}{(x^2+2x+3)^2}\mathrm{d}x;$　　　　　$(10)\ \displaystyle\int \frac{\sqrt{x}}{\sqrt{x}-\sqrt[3]{x}}\mathrm{d}x;$

$(11)\ \displaystyle\int \frac{x^2+1}{x^4+1}\mathrm{d}x;$　　　　　$(12)\ \displaystyle\int \frac{1}{x+x^9}\mathrm{d}x;$

$(13)\ \displaystyle\int \frac{x^{14}}{(x^5+1)^4}\mathrm{d}x;$　　　　　$(14)\ \displaystyle\int \frac{\mathrm{d}x}{x+\sqrt{1-x^2}};$

$(15)\ \displaystyle\int \frac{x^2}{\sqrt{x^2-4}}\mathrm{d}x;$　　　　　$(16)\ \displaystyle\int \sqrt{\frac{a+x}{a-x}}\,\mathrm{d}x\,(a>0);$

$(17)\ \displaystyle\int \frac{\mathrm{d}x}{\sqrt{e^x+1}};$　　　　　$(18)\ \displaystyle\int \frac{x^5}{\sqrt{1+x^2}}\mathrm{d}x;$

$(19)\ \displaystyle\int \frac{1}{\sqrt{x(9-x)}}\mathrm{d}x;$　　　　　$(20)\ \displaystyle\int \frac{1}{\sqrt[3]{(x+1)^2(x-1)^4}}\mathrm{d}x.$

习题参考答案
与提示 5.2

▶▶ §5.3　分部积分法

积分法中另一个重要方法是分部积分法,它对应于微分法中乘积的求导法则.

定理 5.3.1　若函数 $u(x)$ 与 $v(x)$ 可导,且不定积分 $\displaystyle\int u'(x)v(x)\mathrm{d}x$ 存在,则 $\displaystyle\int u(x)v'x\mathrm{d}x$ 也存在,并有

$$\int u(x)v'(x)\mathrm{d}x = u(x)v(x) - \int u'(x)v(x)\mathrm{d}x. \tag{5.8}$$

证　根据乘积的求导法则有

$$[u(x)v(x)]' = u'(x)v(x) + u(x)v'(x),$$

可得

$$u(x)v'(x) = [u(x)v(x)]' - u'(x)v(x).$$

将上式两边求不定积分就得到(5.8)式.　　　　　　　　　　　　　　　　　□

公式(5.8)称为**分部积分公式**,且简单地写作

$$\int u \mathrm{d}v = uv - \int v \mathrm{d}u. \tag{5.9}$$

上式表明,当积分 $\int u v' \mathrm{d}x = \int u \mathrm{d}v$ 不易求出时,可以考虑将其中的 u 与 v 互换,如果所得积分 $\int v u' \mathrm{d}x = \int v \mathrm{d}u$ 容易求出,那么利用公式(5.8)或(5.9),即求出原来的积分 $\int u v' \mathrm{d}x = \int u \mathrm{d}v$.

例 1 求 $\int x \cos x \mathrm{d}x$.

解 $\int x \cos x \mathrm{d}x = \int x \mathrm{d}\sin x = x \sin x - \int \sin x \mathrm{d}x = x \sin x + \cos x + C.$

若令 $u = \cos x$,则得

$$\int x \cos x \mathrm{d}x = \int \cos x \mathrm{d}\frac{x^2}{2} = \frac{x^2}{2} \cos x + \int \frac{x^2}{2} \sin x \mathrm{d}x,$$

反而使所求积分更加复杂. 可见,使用分部积分法的关键在于被积表达式中 u 和 v 的适当选择.

分析基本初等函数的导数会发现,反三角函数或对数函数的导数为代数函数(即有理函数或无理函数),变得简单了. 幂函数 $x^n (n \in \mathbf{N}_+)$ 的导数 nx^{n-1} 则降了一次幂,而指数函数和三角函数的导数仍为类型相同的函数. 因此,有人提出"反对幂指三"的经验顺序:如果被积函数中出现基本初等函数中两类函数的乘积,那么次序在前者为 u,在后者为 v'. 具体地说,若出现反三角函数或对数函数与幂函数的乘积,则幂函数为 v',通过凑微分得到 $v' \mathrm{d}x = \mathrm{d}v$,称为**升幂方法**;若出现幂函数与指数函数或三角函数的乘积,则令幂函数为 u,使用分部积分后能使幂函数降幂一次,称为**降幂方法**;若出现指数函数与三角函数(指正弦函数与余弦函数)的乘积,则 u, v' 可以任选(选定后就应固定下来),经过两次或两次以上分部积分,会出现与原来积分相同的项,经过移项、合并后即可求出积分,称为**循环方法**.

例 2 求下列不定积分:

(1) $\int x \ln x \mathrm{d}x$;   (2) $\int x \arctan x \mathrm{d}x$;

(3) $\int x^2 \mathrm{e}^x \mathrm{d}x$;   (4) $\int x \sin^2 x \mathrm{d}x$.

解 (1) $\displaystyle\int x \ln x \mathrm{d}x = \int \ln x \mathrm{d}\frac{x^2}{2} = \frac{x^2}{2} \ln x - \int \frac{x^2}{2} \cdot \frac{1}{x} \mathrm{d}x$

$\displaystyle\qquad = \frac{x^2}{2} \ln x - \frac{1}{2} \int x \mathrm{d}x$

$\displaystyle\qquad = \frac{x^2}{2} \ln x - \frac{x^2}{4} + C.$

(2) $\displaystyle\int x \arctan x \mathrm{d}x = \int \arctan x \mathrm{d}\frac{x^2}{2} = \frac{x^2}{2} \arctan x - \frac{1}{2} \int \frac{x^2}{1 + x^2} \mathrm{d}x$

$\displaystyle\qquad = \frac{x^2}{2} \arctan x - \frac{1}{2} \int \left(1 - \frac{1}{1 + x^2}\right) \mathrm{d}x$

$\displaystyle\qquad = \frac{x^2}{2} \arctan x - \frac{1}{2} (x - \arctan x) + C$

$$= \frac{1}{2}(x^2 + 1)\arctan x - \frac{1}{2}x + C.$$

(3) $\int x^2 \mathrm{e}^x \mathrm{d}x = \int x^2 \mathrm{d}\mathrm{e}^x = x^2 \mathrm{e}^x - \int 2x\mathrm{e}^x \mathrm{d}x$

$$= x^2 \mathrm{e}^x - 2\int x\mathrm{d}\mathrm{e}^x = x^2 \mathrm{e}^x - 2x\mathrm{e}^x + 2\int \mathrm{e}^x \mathrm{d}x$$

$$= (x^2 - 2x + 2)\mathrm{e}^x + C.$$

(4) $\int x\sin^2 x\mathrm{d}x = \int x \dfrac{1 - \cos 2x}{2}\mathrm{d}x$

$$= \frac{1}{2}\int x\mathrm{d}x - \frac{1}{4}\int x\mathrm{d}\sin 2x$$

$$= \frac{1}{4}x^2 - \frac{1}{4}x\sin 2x + \frac{1}{4}\int \sin 2x\mathrm{d}x$$

$$= \frac{1}{4}x^2 - \frac{1}{4}x\sin 2x - \frac{1}{8}\cos 2x + C.$$

例 3   求 $I = \int \mathrm{e}^{ax}\sin bx\mathrm{d}x\,(ab \neq 0)$.

解 $I = \dfrac{1}{a}\int \sin bx\mathrm{d}\mathrm{e}^{ax} = \dfrac{1}{a}\mathrm{e}^{ax}\sin bx - \dfrac{b}{a}\int \mathrm{e}^{ax}\cos bx\mathrm{d}x$

$$= \frac{1}{a}\mathrm{e}^{ax}\sin bx - \frac{b}{a^2}\int \cos bx\mathrm{d}\mathrm{e}^{ax}$$

$$= \frac{1}{a}\mathrm{e}^{ax}\sin bx - \frac{b}{a^2}\mathrm{e}^{ax}\cos bx - \frac{b^2}{a^2}I,$$

所以

$$I = \frac{\mathrm{e}^{ax}}{a^2 + b^2}(a\sin bx - b\cos bx) + C.$$

类似求出

$$\int \mathrm{e}^{ax}\cos bx\mathrm{d}x = \frac{\mathrm{e}^{ax}}{a^2 + b^2}(a\cos bx + b\sin bx) + C.$$

值得注意的是,分部积分法的适用范围非常广泛,远非限于上述几种函数乘积的形式. 凡运用公式(5.9),使得积分 $\int v\mathrm{d}u$ 容易求出,皆可考虑使用.

例 4   求 $\int \sqrt{x^2 + a^2}\,\mathrm{d}x\,(a > 0)$.

解 $\int \sqrt{x^2 + a^2}\,\mathrm{d}x = x\sqrt{x^2 + a^2} - \int x \cdot \dfrac{x}{\sqrt{x^2 + a^2}}\mathrm{d}x$

$$= x\sqrt{x^2 + a^2} - \int\left(\sqrt{x^2 + a^2} - \frac{a^2}{\sqrt{x^2 + a^2}}\right)\mathrm{d}x$$

$$= x\sqrt{x^2 + a^2} - \int \sqrt{x^2 + a^2}\,\mathrm{d}x + a^2\ln(x + \sqrt{x^2 + a^2}),$$

所以

$$\int \sqrt{x^2 + a^2}\,\mathrm{d}x = \frac{x}{2}\sqrt{x^2 + a^2} + \frac{a^2}{2}\ln(x + \sqrt{x^2 + a^2}) + C.$$

类似求出

$$\int \sqrt{x^2 - a^2}\,\mathrm{d}x = \frac{x}{2}\sqrt{x^2 - a^2} - \frac{a^2}{2}\ln|x + \sqrt{x^2 - a^2}| + C.$$

例 5 求 $\int \sec^3 x\,\mathrm{d}x$.

解 $\int \sec^3 x\,\mathrm{d}x = \int \sec x\,\mathrm{d}\tan x$

$$= \sec x\tan x - \int \tan x \cdot \sec x\tan x\,\mathrm{d}x$$

$$= \sec x\tan x - \int (\sec^2 x - 1)\sec x\,\mathrm{d}x$$

$$= \sec x\tan x - \int \sec^3 x\,\mathrm{d}x + \int \sec x\,\mathrm{d}x,$$

所以

$$\int \sec^3 x\,\mathrm{d}x = \frac{1}{2}\sec x\tan x + \frac{1}{2}\int \sec x\,\mathrm{d}x$$

$$= \frac{1}{2}\sec x\tan x + \frac{1}{2}\ln|\sec x + \tan x| + C.$$

例 6 求 $\int \dfrac{\ln \cos x}{\cos^2 x}\,\mathrm{d}x$.

解 $\int \dfrac{\ln \cos x}{\cos^2 x}\,\mathrm{d}x = \int \ln \cos x\,\mathrm{d}\tan x = \tan x \cdot \ln \cos x + \int \tan^2 x\,\mathrm{d}x$

$$= \tan x \cdot \ln \cos x + \int (\sec^2 x - 1)\,\mathrm{d}x$$

$$= \tan x \cdot \ln \cos x + \tan x - x + C.$$

例 7 求 $\int \dfrac{x^5}{(x^3 - 2)^2}\,\mathrm{d}x$.

解 $\int \dfrac{x^5}{(x^3 - 2)^2}\,\mathrm{d}x = -\dfrac{1}{3}\int x^3\,\mathrm{d}\dfrac{1}{x^3 - 2} = -\dfrac{x^3}{3(x^3 - 2)} + \dfrac{1}{3}\int \dfrac{\mathrm{d}x^3}{x^3 - 2}$

$$= -\dfrac{x^3}{3(x^3 - 2)} + \dfrac{1}{3}\ln|x^3 - 2| + C.$$

例 8 求 $I_n = \int \dfrac{\mathrm{d}x}{(x^2 + a^2)^n}$ $(n \in \mathbf{N}_+, a \neq 0)$ 的递推公式,并计算 I_2.

解 当 $n = 1$ 时, $I_1 = \int \dfrac{\mathrm{d}x}{x^2 + a^2} = \dfrac{1}{a}\arctan \dfrac{x}{a} + C$.

当 $n > 1$ 时, $I_{n-1} = \int \dfrac{\mathrm{d}x}{(x^2 + a^2)^{n-1}} = \dfrac{x}{(x^2 + a^2)^{n-1}} + \int x\dfrac{(n-1) \cdot 2x}{(x^2 + a^2)^n}\,\mathrm{d}x$

$$= \frac{x}{(x^2 + a^2)^{n-1}} + 2(n-1)\int \frac{x^2}{(x^2 + a^2)^n}\mathrm{d}x$$

$$= \frac{x}{(x^2 + a^2)^{n-1}} + 2(n-1)\int \frac{x^2 + a^2 - a^2}{(x^2 + a^2)^n}\mathrm{d}x$$

$$= \frac{x}{(x^2 + a^2)^{n-1}} + 2(n-1)(I_{n-1} - a^2 I_n),$$

从上式解得

$$I_n = \frac{1}{2(n-1)a^2}\left[\frac{x}{(x^2 + a^2)^{n-1}} + (2n-3)I_{n-1}\right].$$

所以

$$I_2 = \frac{1}{2a^2}\left[\frac{x}{(x^2 + a^2)} + \frac{1}{a}\arctan\frac{x}{a}\right] + C.$$

求不定积分有时需要兼用换元法与分部积分法.

例 9　求 $\int x\mathrm{e}^{\sqrt{x}}\mathrm{d}x$.

解　令 $\sqrt{x} = t$, 则 $x = t^2$, $\mathrm{d}x = 2t\mathrm{d}t$.

$$\int x\mathrm{e}^{\sqrt{x}}\mathrm{d}x = 2\int t^3 \mathrm{e}^t \mathrm{d}t = 2t^3 \mathrm{e}^t - 6\int t^2 \mathrm{e}^t \mathrm{d}t$$

$$= 2t^3 \mathrm{e}^t - 6t^2 \mathrm{e}^t + 12\int t\mathrm{e}^t \mathrm{d}t$$

$$= 2t^3 \mathrm{e}^t - 6t^2 \mathrm{e}^t + 12t\mathrm{e}^t - 12\mathrm{e}^t + C$$

$$= 2(x\sqrt{x} - 3x + 6\sqrt{x} - 6)\mathrm{e}^{\sqrt{x}} + C.$$

在以上两节求不定积分的例子中, 我们曾多次把一些积分所得结果直接代入运算中作为公式应用. 现在将这些结果汇总起来, 作为对基本积分表的补充:

(14) $\int \tan x\mathrm{d}x = -\ln|\cos x| + C$;

(15) $\int \cot x\mathrm{d}x = \ln|\sin x| + C$;

(16) $\int \sec x\mathrm{d}x = \ln|\sec x + \tan x| + C$;

(17) $\int \csc x\mathrm{d}x = \ln|\csc x - \cot x| + C$;

(18) $\int \sin^2 x\mathrm{d}x = \frac{x}{2} - \frac{\sin^2 2x}{4} + C$;

(19) $\int \cos^2 x\mathrm{d}x = \frac{x}{2} + \frac{\sin^2 2x}{4} + C$;

(20) $\int \frac{\mathrm{d}x}{a^2 + x^2} = \frac{1}{a}\arctan\frac{x}{a} + C (a \neq 0)$;

(21) $\int \frac{\mathrm{d}x}{x^2 - a^2} = \frac{1}{2a}\ln\left|\frac{x-a}{x+a}\right| + C (a \neq 0)$;

$(22)\ \displaystyle\int\frac{\mathrm{d}x}{a^2-x^2}=\frac{1}{2a}\ln\left|\frac{a+x}{a-x}\right|+C\,(a\neq0)\,;$

$(23)\ \displaystyle\int\frac{\mathrm{d}x}{\sqrt{a^2-x^2}}=\arcsin\frac{x}{a}+C\,(a>0)\,;$

$(24)\ \displaystyle\int\frac{\mathrm{d}x}{\sqrt{a^2+x^2}}=\ln(x+\sqrt{a^2+x^2})+C\,(a>0)\,;$

$(25)\ \displaystyle\int\frac{\mathrm{d}x}{\sqrt{x^2-a^2}}=\ln\left|x+\sqrt{x^2-a^2}\right|+C\,(a>0)\,;$

$(26)\ \displaystyle\int\sqrt{a^2-x^2}\,\mathrm{d}x=\frac{x}{2}\sqrt{a^2-x^2}+\frac{a^2}{2}\arcsin\frac{x}{a}+C\,(a>0)\,;$

$(27)\ \displaystyle\int\sqrt{a^2+x^2}\,\mathrm{d}x=\frac{x}{2}\sqrt{a^2+x^2}+\frac{a^2}{2}\ln(x+\sqrt{a^2+x^2})+C\,(a>0)\,;$

$(28)\ \displaystyle\int\sqrt{x^2-a^2}\,\mathrm{d}x=\frac{x}{2}\sqrt{x^2-a^2}-\frac{a^2}{2}\ln\left|x+\sqrt{x^2-a^2}\right|+C\,(a>0).$

例 10　求 $\displaystyle\int\frac{1-x}{\sqrt{9-4x^2}}\mathrm{d}x.$

解　$\displaystyle\int\frac{1-x}{\sqrt{9-4x^2}}\mathrm{d}x=\frac{1}{2}\int\frac{\mathrm{d}(2x)}{\sqrt{9-4x^2}}+\frac{1}{8}\int\frac{\mathrm{d}(9-4x^2)}{\sqrt{9-4x^2}}$

$\displaystyle\qquad\qquad\qquad=\frac{1}{2}\arcsin\frac{2x}{3}+\frac{1}{4}\sqrt{9-4x^2}+C.$

例 11　求 $\displaystyle\int\sqrt{x^2+x}\,\mathrm{d}x.$

解　$\displaystyle\int\sqrt{x^2+x}\,\mathrm{d}x=\int\sqrt{\left(x+\frac{1}{2}\right)^2-\frac{1}{4}}\,\mathrm{d}\left(x+\frac{1}{2}\right)$

$\displaystyle\qquad\qquad=\frac{x+\dfrac{1}{2}}{2}\sqrt{x^2+x}-\frac{\dfrac{1}{4}}{2}\ln\left|x+\frac{1}{2}+\sqrt{x^2+x}\right|+C$

$\displaystyle\qquad\qquad=\frac{2x+1}{4}\sqrt{x^2+x}-\frac{1}{8}\ln\left|x+\frac{1}{2}+\sqrt{x^2+x}\right|+C.$

例 12　设 M,N,p,q 都是常数，且 $p^2-4q<0.$ 求 $I=\displaystyle\int\frac{Mx+N}{x^2+px+q}\mathrm{d}x.$

解　$\displaystyle I=\frac{M}{2}\int\frac{2x+p}{x^2+px+q}\mathrm{d}x+\left(N-\frac{Mp}{2}\right)\int\frac{\mathrm{d}\left(x+\dfrac{p}{2}\right)}{\left(x+\dfrac{p}{2}\right)^2+\left(q-\dfrac{p^2}{4}\right)}$

$\displaystyle\qquad=\frac{M}{2}\ln\left|x^2+px+q\right|+\frac{2N-Mp}{\sqrt{4q-p^2}}\arctan\frac{2x+p}{\sqrt{4q-p^2}}+C.$

1. 求下列不定积分:

(1) $\int \sqrt{x} \ln^2 x \mathrm{d}x$;

(2) $\int x^2 \sin 2x \mathrm{d}x$;

(3) $\int \dfrac{\arcsin x}{x^2} \mathrm{d}x$;

(4) $\int x^2 \mathrm{e}^{x^3} \mathrm{d}x$;

(5) $\int \dfrac{x \ln(x + \sqrt{1 + x^2})}{\sqrt{1 + x^2}} \mathrm{d}x$;

(6) $\int \sin(\ln x) \mathrm{d}x$;

(7) $\int \dfrac{\ln(\cos x)}{\cos^2 x} \mathrm{d}x$;

(8) $\int \dfrac{x \cos x}{\sin^3 x} \mathrm{d}x$;

(9) $\int \dfrac{x \mathrm{e}^x}{\sqrt{\mathrm{e}^x - 1}} \mathrm{d}x$;

(10) $\int x^2 a^x \mathrm{d}x$;

(11) $\int \dfrac{x \ln x}{(x^2 - 1)^{\frac{3}{2}}} \mathrm{d}x$;

(12) $\int \dfrac{x + \sin x}{1 + \cos x} \mathrm{d}x$.

(13) $\int \left[\ln(\ln x) + \dfrac{1}{\ln x} \right] \mathrm{d}x$.

习题参考答案
与提示 5.3

§5.4 有理函数和可化为有理函数的积分

换元积分法与分部积分法是求不定积分的两个基本方法. 在此基础上我们讨论有理函数和三角函数有理式的积分, 这些不定积分看似复杂, 但总可以按照一定的步骤进行求解.

一、有理函数的积分

有理函数是指两个多项式的商所表示的函数, 其一般形式为

$$\frac{f(x)}{g(x)} = \frac{a_0 x^n + a_1 x^{n-1} + \cdots + a_{n-1} x + a_n}{b_0 x^m + b_1 x^{m-1} + \cdots + b_{m-1} x + b_m}, \tag{5.10}$$

其中 n, m 为非负整数, $a_0, a_1, \cdots, a_n$ 与 $b_0, b_1, \cdots, b_m$ 都是常数, 且 $a_0 \neq 0, b_0 \neq 0$. 若 $m > n$, 则称它为**真分式**, 若 $m \leqslant n$, 则称它为**假分式**.

由多项式的除法可知, 假分式可以化为一个多项式与一个真分式的和. 而多项式的积分是容易计算的, 故只需研究真分式的积分. 为此, 我们不妨假设 (5.10) 为真分式. 下面陈述代数学中的两个定理 (证明从略).

定理 5.4.1 (实系数多项式的因式分解定理) 实系数多项式 $g(x)$ 总可以唯一地分解成实系数的一次因式和二次素因式的乘积, 即

$$g(x) = b_0 (x - a)^k \cdots (x - b)^l (x^2 + px + q)^\lambda \cdots (x^2 + rx + s)^\mu, \tag{5.11}$$

其中 $b_0 \neq 0, k, \cdots, l, \lambda, \cdots, \mu$ 为正整数, $k + \cdots + l + 2(\lambda + \cdots + \mu) = m, p^2 - 4q < 0, \cdots, r^2 - 4s < 0$.

定理 5.4.2 (部分分式定理) 若 $g(x)$ 已写成 (5.11) 式, 则真分式 $\dfrac{f(x)}{g(x)}$ 可以唯一地分解

为下列部分分式：

$$\frac{f(x)}{g(x)} = \frac{1}{b_0}\left[A(x) + \cdots + B(x) + U(x) + \cdots + V(x) \right],$$

其中

$$A(x) = \frac{A_1}{x-a} + \frac{A_2}{(x-a)^2} + \cdots + \frac{A_k}{(x-a)^k} + \cdots,$$

$$B(x) = \frac{B_1}{x-b} + \frac{B_2}{(x-b)^2} + \cdots + \frac{B_l}{(x-b)^l},$$

$$U(x) = \frac{P_1 x + Q_1}{x^2 + px + q} + \frac{P_2 x + Q_2}{(x^2 + px + q)^2} + \cdots + \frac{P_\lambda x + Q_\lambda}{(x^2 + px + q)^\lambda} + \cdots,$$

$$V(x) = \frac{R_1 x + S_1}{x^2 + rx + s} + \frac{R_2 x + S_2}{(x^2 + rx + s)^2} + \cdots + \frac{R_\mu x + S_\mu}{(x^2 + rx + s)^\mu},$$

$A_1, A_2, \cdots, A_k, \cdots, B_1, B_2, \cdots, B_l, P_1, Q_1, \cdots, P_\lambda, Q_\lambda, \cdots, R_1, S_1, \cdots, R_\mu, S_\mu$ 都是实数，$k, \cdots, l,$ $\lambda, \cdots, \mu$ 都是正整数，且 $p^2 - 4q < 0, \cdots, r^2 - 4s < 0.$

于是任何真分式的积分都归结为求下述两种类型的积分：

（Ⅰ）$\int \frac{A}{(x-a)^k} dx$；   （Ⅱ）$\int \frac{Mx+N}{(x^2+px+q)^k} dx$，

其中 A, M, N, a, p, q 都是实数，k 为正整数，且 $p^2 - 4q < 0.$

对于类型（Ⅰ），当 $k = 1$ 时，

$$\int \frac{A}{x-a} dx = A\ln|x-a| + C.$$

当 $k > 1$ 时，

$$\int \frac{A}{(x-a)^k} dx = \frac{A}{(1-k)(x-a)^{k-1}} + C.$$

对于类型（Ⅱ），当 $k = 1$ 时，§5.3 例 12 已算出它的积分. 当 $k > 1$ 时，令 $x + \frac{p}{2} = t$，并记 $q -$ $\frac{p^2}{4} = a^2, N - \frac{Mp}{2} = B$，得

$$\int \frac{Mx+N}{(x^2+px+q)^k} dx = \int \frac{Mt+B}{(t^2+a^2)^k} dt = M\int \frac{t}{(t^2+a^2)^k} dt + B\int \frac{dt}{(t^2+a^2)^k},$$

上式等号右边的第一个积分

$$M\int \frac{t}{(t^2+a^2)^k} dt = \frac{M}{2}\int \frac{d(t^2+a^2)}{(t^2+a^2)^k} = \frac{M}{2(1-k)} \cdot \frac{1}{(t^2+a^2)^{k-1}} + C.$$

而等号右边的第二个积分已由 §5.3 例 8 导出递推公式，经 k 次递推即可求出积分. 因此我们有下述定理：

定理 5.4.3 凡有理函数的不定积分一定能表示成有理函数、对数函数、反正切函数的代数和.

例 1 求 $\int \frac{x+3}{x^2+5x+6} dx.$

解 因为 $x^2+5x+6=(x-2)(x-3)$，被积函数可分解为

$$\frac{x+3}{x^2+5x+6}=\frac{A}{x-2}+\frac{B}{x-3},$$

其中 A,B 为待定常数. 等式两边同乘 $(x-2)(x-3)$，得

$$x+3=A(x-3)+B(x-2),\tag{5.12}$$

即

$$x+3=(A+B)x-(3A+2B).$$

比较等式两边同次幂的系数有

$$\begin{cases} A+B=1,\\ -(3A+2B)=3. \end{cases}$$

由此可确定 $A=-5,B=6$. 所以

$$\int\frac{x+3}{x^2+5x+6}\mathrm{d}x=\int\left(\frac{6}{x-3}-\frac{5}{x-2}\right)\mathrm{d}x=6\ln|x-3|-5\ln|x-2|+C.$$

例 1 中确定待定常数 A,B 的方法称为**比较系数法**. 也可采用**赋值法**：在 (5.12) 中令 $x=2$，得 $A=-5$；令 $x=3$，得 $B=6$，所得结果与上面相同.

例 2 求 $\int\frac{x^2+2x+3}{x^3+2x^2-x-2}\mathrm{d}x$.

解 因为 $x^3+2x^2-x-2=(x-1)(x+1)(x+2)$，被积函数可分解为

$$\frac{x^2+2x+3}{x^3+2x^2-x-2}=\frac{A}{x-1}+\frac{B}{x+1}+\frac{C}{x+2}.$$

去分母，得

$$x^2+2x+3=A(x+1)(x+2)+B(x-1)(x+2)+C(x-1)(x+1).$$

上式中令 $x=1$，得 $A=1$；令 $x=-1$，得 $B=-1$；令 $x=-2$，得 $C=1$. 所以

$$\begin{aligned} \int\frac{x^2+2x+3}{x^3+2x^2-x-2}\mathrm{d}x &=\int\left(\frac{1}{x-1}-\frac{1}{x+1}+\frac{1}{x+2}\right)\mathrm{d}x\\ &=\ln|x-1|-\ln|x+1|+\ln|x+2|+C\\ &=\ln\left|\frac{x^2+x-2}{x+1}\right|+C. \end{aligned}$$

例 3 求 $\int\frac{\mathrm{d}x}{x(x-1)^2}$.

解

$$\begin{aligned} \frac{1}{x(x-1)^2} &=\frac{x-(x-1)}{x(x-1)^2}=\frac{1}{(x-1)^2}-\frac{1}{x(x-1)}\\ &=\frac{1}{(x-1)^2}-\frac{x-(x-1)}{x(x-1)}=\frac{1}{(x-1)^2}-\frac{1}{x-1}+\frac{1}{x}. \end{aligned}$$

于是

$$\begin{aligned} \int\frac{\mathrm{d}x}{x(x-1)^2} &=\int\left[\frac{1}{x}-\frac{1}{x-1}+\frac{1}{(x-1)^2}\right]\mathrm{d}x\\ &=\ln|x|-\ln|x-1|-\frac{1}{x-1}+C. \end{aligned}$$

虽然我们已经从理论上阐明有理函数的积分一定能用初等函数来表达,并且积分可以按步骤进行. 但是,这种常规的做法并不简便. 其实把真分式分解为部分分式不必拘泥于常规方法,如例 3 采用**分项法**进行分解就比较简捷.

例 4 求下列不定积分:

(1) $\displaystyle\int \frac{x-2}{x^2+2x+3}dx$;   (2) $\displaystyle\int \frac{x^2}{(x^2+2x+2)^2}dx$;

(3) $\displaystyle\int \frac{dx}{x^4(x^2+1)}$;   (4) $\displaystyle\int \frac{2x^3+2x^2+5x+5}{x^4+5x^2+4}dx$.

解 (1) $\displaystyle\int \frac{x-2}{x^2+2x+3}dx = \frac{1}{2}\int \frac{(2x+2)-6}{x^2+2x+3}dx$

$$= \frac{1}{2}\int \frac{d(x^2+2x+3)}{x^2+2x+3} - 3\int \frac{d(x+1)}{(x+1)^2+(\sqrt{2})^2}$$

$$= \frac{1}{2}\ln|x^2+2x+3| - \frac{3}{\sqrt{2}}\arctan\frac{x+1}{\sqrt{2}} + C.$$

(2) $\displaystyle\int \frac{x^2}{(x^2+2x+2)^2}dx = \int \frac{x^2+2x+2-(2x+2)}{(x^2+2x+2)^2}dx$

$$= \int \frac{dx}{(x+1)^2+1} - \int \frac{d(x^2+2x+2)}{(x^2+2x+2)^2}$$

$$= \arctan(x+1) + \frac{1}{x^2+2x+2} + C.$$

(3) $\displaystyle\int \frac{dx}{x^4(x^2+1)} = \int \frac{x^4-(x^4+x^2)+(x^2+1)}{x^4(x^2+1)}dx$

$$= \int \frac{dx}{x^2+1} - \int \frac{dx}{x^2} + \int \frac{dx}{x^4}$$

$$= \arctan x + \frac{1}{x} - \frac{1}{3x^3} + C.$$

(4) $\displaystyle\int \frac{2x^3+2x^2+5x+5}{x^4+5x^2+4}dx = \int \frac{2x^3+5x}{x^4+5x^2+4}dx + \int \frac{2x^2+5}{x^4+5x^2+4}dx$

$$= \frac{1}{2}\int \frac{d(x^4+5x^2+5)}{x^4+5x^2+4} + \int \frac{(x^2+1)+(x^2+4)}{(x^2+1)(x^2+4)}dx$$

$$= \frac{1}{2}\ln|x^4+5x^2+4| + \frac{1}{2}\arctan\frac{x}{2} + \arctan x + C.$$

▶▶ **二、三角函数有理式的积分**

用 $R(u,v)$ 表示由函数 $u=u(x)$, $v=v(x)$ 与常数经有限次四则运算所得的函数,称它为 u,v 的**有理式**. 因为三角函数中正切、余切、正割和余割都可以用正弦、余弦表示,所以我们把三角函数有理式记作 $R(\sin x,\cos x)$.

由于

$$\sin x = \frac{2\sin\dfrac{x}{2}\cos\dfrac{x}{2}}{\sin^2\dfrac{x}{2} + \cos^2\dfrac{x}{2}} = \frac{2\tan\dfrac{x}{2}}{1 + \tan^2\dfrac{x}{2}},$$

$$\cos x = \frac{\cos^2\dfrac{x}{2} - \sin^2\dfrac{x}{2}}{\sin^2\dfrac{x}{2} + \cos^2\dfrac{x}{2}} = \frac{1 - \tan^2\dfrac{x}{2}}{1 + \tan^2\dfrac{x}{2}},$$

若令 $\tan\dfrac{x}{2} = t$（称为**万能代换**），则

$$\sin x = \frac{2t}{1 + t^2}, \quad \cos x = \frac{1 - t^2}{1 + t^2}.$$

且由 $x = 2\arctan t$，得

$$\mathrm{d}x = \frac{2}{1 + t^2}\mathrm{d}t.$$

于是

$$\int R(\sin x, \cos x)\,\mathrm{d}x = \int R\left(\frac{2t}{1 + t^2}, \frac{1 - t^2}{1 + t^2}\right)\frac{2}{1 + t^2}\mathrm{d}t.$$

这样，我们就把三角函数有理式的积分化成有理函数的积分. 因此，三角函数有理式的积分也是一定可以积出的.

例 5　求 $\displaystyle\int \frac{\mathrm{d}x}{5 - 4\cos x}$.

解　令 $\tan\dfrac{x}{2} = t$，则

$$\int \frac{\mathrm{d}x}{5 - 4\cos x} = \int \frac{\dfrac{2}{1 + t^2}\mathrm{d}t}{5 - 4\dfrac{1 - t^2}{1 + t^2}} = \int \frac{2}{1 + 9t^2}\mathrm{d}t$$

$$= \frac{2}{3}\int \frac{\mathrm{d}(3t)}{1 + (3t)^2} = \frac{2}{3}\arctan 3t + C$$

$$= \frac{2}{3}\arctan\left(3\tan\frac{x}{2}\right) + C.$$

例 6　求 $\displaystyle\int \frac{1 + \sin x}{\sin x(1 + \cos x)}\mathrm{d}x$.

解　令 $\tan\dfrac{x}{2} = t$，则

$$\int \frac{1 + \sin x}{\sin x(1 + \cos x)}\mathrm{d}x = \int \frac{1 + \dfrac{2t}{1 + t^2}}{\dfrac{2t}{1 + t^2}\left(1 + \dfrac{1 - t^2}{1 + t^2}\right)} \cdot \frac{2}{1 + t^2}\mathrm{d}t$$

$$= \frac{1}{2}\int\left(t + 2 + \frac{1}{t}\right)\mathrm{d}t$$

$$= \frac{1}{2}\left(\frac{1}{2}t^2 + 2t + \ln|t|\right) + C$$

$$= \frac{1}{4}\tan^2\frac{x}{2} + \tan\frac{x}{2} + \frac{1}{2}\ln\left|\tan\frac{x}{2}\right| + C.$$

万能代换虽然是普遍适用的,但对以下几种特殊情形,可选择更简便的代换:

(1) 若 $R(-\sin x, \cos x) = -R(\sin x, \cos x)$,则令 $\cos x = t$;

(2) 若 $R(\sin x, -\cos x) = -R(\sin x, \cos x)$,则令 $\sin x = t$;

(3) 若 $R(-\sin x, -\cos x) = R(\sin x, \cos x)$,则令 $\tan x = t$.

例 7　求 $\int\dfrac{\sin^2 x}{\cos^3 x}\mathrm{d}x$.

解　令 $\sin x = t$,则 $\cos x\,\mathrm{d}x = \mathrm{d}t$.

$$\int\frac{\sin^2 x}{\cos^3 x}\mathrm{d}x = \int\frac{t^2\mathrm{d}t}{(1 - t^2)^2} = \frac{1}{2}\int t\,\mathrm{d}\frac{1}{1 - t^2}$$

$$= \frac{t}{2(1 - t^2)} - \frac{1}{2}\int\frac{\mathrm{d}t}{1 - t^2} = \frac{t}{2(1 - t^2)} - \frac{1}{4}\ln\left|\frac{1 + t}{1 - t}\right| + C$$

$$= \frac{\sin x}{2\cos^2 x} - \frac{1}{4}\ln\left|\frac{1 + \sin x}{1 - \sin x}\right| + C.$$

例 8　求 $\int\dfrac{\mathrm{d}x}{a^2\sin^2 x + b^2\cos^2 x}\ (ab \neq 0)$.

解　$\displaystyle\int\frac{\mathrm{d}x}{a^2\sin^2 x + b^2\cos^2 x} = \int\frac{1}{a^2\tan^2 x + b^2}\cdot\frac{\mathrm{d}x}{\cos^2 x} = \frac{1}{a^2}\int\frac{\mathrm{d}(\tan x)}{\tan^2 x + \left(\dfrac{b}{a}\right)^2}$

$$= \frac{1}{ab}\arctan\left(\frac{a}{b}\tan x\right) + C.$$

形如 $\displaystyle\int\frac{\alpha\sin x + \beta\cos x}{a\sin x + b\cos x}\mathrm{d}x$ 的积分(其中 α, β, a, b 都是常数,且 $a^2 + b^2 \neq 0$),可设

$$\alpha\sin x + \beta\cos x = A(a\sin x + b\cos x) + B(a\cos x - b\sin x),$$

比较系数得

$$Aa - Bb = \alpha, \quad Ab + Ba = \beta.$$

从以上两式中确定 A, B,则

$$\int\frac{\alpha\sin x + \beta\cos x}{a\sin x + b\cos x}\mathrm{d}x = Ax + B\ln|a\sin x + b\cos x| + C.$$

例 9　求 $\int\dfrac{3\sin x + 2\cos x}{2\sin x + 3\cos x}\mathrm{d}x$.

解　令 $3\sin x + 2\cos x = a(2\sin x + 3\cos x) + b(2\cos x - 3\sin x)$,则

$$2a - 3b = 3, \quad 3a + 2b = 2.$$

解得 $a = \dfrac{12}{13}, b = -\dfrac{5}{13}$. 所以

$$\int \frac{3\sin x + 2\cos x}{2\sin x + 3\cos x}\mathrm{d}x = \frac{12}{13}x - \frac{5}{13}\ln |2\sin x + 3\cos x| + C.$$

例 10 求 $\displaystyle\int \frac{\mathrm{d}x}{x + \sqrt{1 - x^2}}$.

解 令 $x = \sin t\left(\ |t| < \dfrac{\pi}{2}\right)$, 则

$$\int \frac{\mathrm{d}x}{x + \sqrt{1 - x^2}} = \int \frac{\cos t \mathrm{d}t}{\sin t + \cos t} = \frac{1}{2}\int \frac{\sin t + \cos t + \cos t - \sin t}{\sin t + \cos t}\mathrm{d}t$$

$$= \frac{1}{2}t + \frac{1}{2}\ln |\sin t + \cos t| + C$$

$$= \frac{1}{2}\arcsin x + \frac{1}{2}\ln |x + \sqrt{1 - x^2}| + C.$$

▶▶ **三、简单无理函数的积分**

对于被积函数为无理式的不定积分,可设法通过变形或变量代换将它转化为有理函数的积分.

形如 $\displaystyle\int R\left(x, \sqrt{\dfrac{ax + b}{cx + d}}\right)\mathrm{d}x$ 的积分,可令 $\sqrt{\dfrac{ax+b}{cx+d}} = t$. 形如 $\displaystyle\int R(x, \sqrt{ax^2 + bx + c})\mathrm{d}x$ 的积分,

先对 $ax^2 + bx + c$ 进行配方,转化为 $\displaystyle\int R(t, \sqrt{t^2 \pm \alpha^2})\mathrm{d}t$ 及 $\displaystyle\int R(t, \sqrt{\alpha^2 - t^2})\mathrm{d}t$ 的积分,再作三角代换,化为三角函数的有理式的积分.

例 11 求 $\displaystyle\int \frac{\mathrm{d}x}{\sqrt[3]{(x + 1)^2(x - 1)^4}}$.

解 $\sqrt[3]{(x+1)^2(x-1)^4} = (x^2 - 1)\sqrt[3]{\dfrac{x-1}{x+1}}$.

令 $\sqrt[3]{\dfrac{x-1}{x+1}} = t$, 则 $x = \dfrac{1+t^3}{1-t^3}, x^2 - 1 = \dfrac{4t^3}{(1-t^3)^2}, \mathrm{d}x = \dfrac{6t^2}{(1-t^3)^2}\mathrm{d}t$.

$$\int \frac{\mathrm{d}x}{\sqrt[3]{(x + 1)^2(x - 1)^4}} = \int \frac{(1 - t^3)^2}{4t^4} \cdot \frac{6t^2}{(1 - t^3)^2}\mathrm{d}t = \frac{3}{2}\int \frac{\mathrm{d}t}{t^2}$$

$$= -\frac{3}{2t} + C = -\frac{3}{2}\sqrt[3]{\frac{x + 1}{x - 1}} + C.$$

例 12 求 $\displaystyle\int \frac{\sqrt[3]{1 + \sqrt[4]{x}}}{\sqrt{x}}\mathrm{d}x$.

解 令 $\sqrt[3]{1+\sqrt[4]{x}} = t$, 则 $x = (t^3 - 1)^4, \mathrm{d}x = 12t^2(t^3 - 1)^3\mathrm{d}t$.

$$\int \frac{\sqrt[3]{1+\sqrt[4]{x}}}{\sqrt{x}}dx = \int \frac{t}{(t^3-1)^2} \cdot 12t^2(t^3-1)^3 dt = 12\int t^3(t^3-1)dt$$

$$= \frac{12}{7}t^7 - 3t^4 + C$$

$$= \frac{12}{7}(1+\sqrt[4]{x})^{\frac{7}{3}} - 3(1+\sqrt[4]{x})^{\frac{4}{3}} + C.$$

如果被积函数中含有不同根指数的同一个函数的根式,我们可以取各不同根指数的最小公倍数作为这一函数的根指数,并以所得根式为新的积分变量 t,从而同时消除被积函数中的这些根式.

例 13 求 $\int \dfrac{dx}{\sqrt{x}+\sqrt[3]{x}}$.

解 令 $x=t^6(t>0)$,则

$$\int \frac{dx}{\sqrt{x}+\sqrt[3]{x}} = \int \frac{6t^5 dt}{t^3+t^2} = 6\int \left(t^2 - t + 1 - \frac{1}{1+t}\right)dt$$

$$= 6\left(\frac{t^3}{3} - \frac{t^2}{2} + t - \ln(1+t)\right) + C$$

$$= 2\sqrt{x} - 3\sqrt[3]{x} + 6\sqrt[6]{x} - 6\ln(1+\sqrt[6]{x}) + C.$$

当然我们也应该想到寻找更简便的方法,以尽量避免这种一般化的程序.

例 14 求 $\int \dfrac{x^2}{\sqrt{x^2+1}}dx$.

解 $\int \dfrac{x^2}{\sqrt{x^2+1}}dx = \int \left(\sqrt{x^2+1} - \dfrac{1}{\sqrt{x^2+1}}\right)dx$

$$= \frac{x}{2}\sqrt{x^2+1} + \frac{1}{2}\ln(x+\sqrt{x^2+1}) - \ln(x+\sqrt{x^2+1}) + C.$$

$$= \frac{x}{2}\sqrt{x^2+1} - \frac{1}{2}\ln(x+\sqrt{x^2+1}) + C.$$

例 15 求 $\int \dfrac{dx}{\sqrt{1-x}+\sqrt{1+x}+\sqrt{2}}$.

解 $\int \dfrac{dx}{\sqrt{1-x}+\sqrt{1+x}+\sqrt{2}} = \int \dfrac{(\sqrt{1-x}+\sqrt{1+x})-\sqrt{2}}{2\sqrt{1-x^2}}dx$

$$= \frac{1}{2}\int \left(\frac{1}{\sqrt{1+x}} + \frac{1}{\sqrt{1-x}} - \frac{\sqrt{2}}{\sqrt{1-x^2}}\right)dx$$

$$= \sqrt{1+x} - \sqrt{1-x} - \frac{1}{\sqrt{2}}\arcsin x + C.$$

至此我们已经深刻地体会到,换元积分法和分部积分法是我们求不定积分的基本方法,初等函数的积分公式以及随后补充的积分公式组成基本积分表. 我们进行不定积分运算主

要依赖于"两法一表"来完成.

至于有理函数和三角函数有理式的积分,虽然按一定的步骤能够求出,但还是可以考虑寻求更简便的积分方法.

另外需要指出的是,通常所说的"求不定积分",其实是指用初等函数的形式把这个积分表示出来. 在这个意义下,下列不定积分:

$$\int e^{x^2} dx, \quad \int \frac{dx}{\ln x}, \quad \int \frac{\sin x}{x} dx, \quad \int \sqrt{1 - k^2 \sin^2 x} \, dx \quad (0 < k^2 < 1)$$

虽然存在,但都是求不出来的,因为它们无法用初等函数来表示. 由此可见,初等函数的导数仍是初等函数,但初等函数的不定积分却不一定是初等函数.

习题 5.4

1. 求下列不定积分:

(1) $\displaystyle\int \frac{x}{x^2 - 3x + 2} dx$;

(2) $\displaystyle\int \frac{dx}{x^4 - 1}$;

(3) $\displaystyle\int \frac{dx}{x(x^9 + 2)}$;

(4) $\displaystyle\int \frac{\sqrt{x + 1}}{x + 2} dx$;

(5) $\displaystyle\int \frac{dx}{(1 - x)^2 \sqrt{1 - x^2}}$;

(6) $\displaystyle\int \frac{dx}{x\sqrt{x^2 - 2x - 3}}$;

(7) $\displaystyle\int \frac{dx}{1 + \sin x + \cos x}$;

(8) $\displaystyle\int \frac{dx}{(2 + \cos x)\sin x}$;

(9) $\displaystyle\int \frac{1 + \sin x}{3 + \cos x} dx$;

(10) $\displaystyle\int \frac{\arcsin e^x}{e^x} dx$;

(11) $\displaystyle\int e^x \left(\frac{1 - x}{1 + x^2}\right)^2 dx$;

(12) $\displaystyle\int e^x \frac{1 + \sin x}{1 + \cos x} dx$.

2. 设 $y = y(x)$ 是由方程 $y^2(x - y) = x^2$ 所确定的隐函数,试求 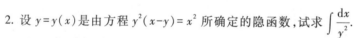 $\displaystyle\int \frac{dx}{y^2}$.

3. 求 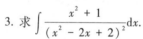 $\displaystyle\int \frac{x^2 + 1}{(x^2 - 2x + 2)^2} dx$.

习题参考答案
与提示 5.4

总习题五

1. 单项选择题:

(1) 设 $F(x)$ 是 $f(x)$ 的原函数,则 $\displaystyle\int \sin 3x f(\cos 3x) dx = ($ $)$.

    A. $F(\sin 3x) + C$

    B. $\dfrac{1}{3} F(\sin 3x) + C$

    C. $F(\cos 3x) + C$

    D. $-\dfrac{1}{3} F(\cos 3x) + C$

(2) 若 e^{-x} 是 $f(x)$ 的一个原函数,则 $\displaystyle\int x^2 f'(\ln x) dx = ($ $)$.

A. $\dfrac{1}{2}x^2+C$ B. $-\dfrac{1}{2}x^2+C$ C. x^2+C D. $-x^2+C$

(3) 设 $f(x)=\mathrm{e}^{-x}$，则 $\displaystyle\int\dfrac{f'(\ln x)}{x}\mathrm{d}x=$（   ）.

   A. $\ln x+C$ B. $-\ln x+C$ C. $\dfrac{1}{x}+C$ D. $-\dfrac{1}{x}+C$

(4) 设 $\displaystyle\int f(x)\mathrm{d}x=\dfrac{1}{x}+C$，则 $f'(x)=$（   ）.

   A. $\ln|x|$ B. $\dfrac{1}{x}$ C. $-\dfrac{1}{x^2}$ D. $\dfrac{2}{x^3}$

(5) 若 $\displaystyle\int\sin f(x)\mathrm{d}x=x\sin f(x)-\int\cos f(x)\mathrm{d}x$，且 $f(1)=0$，则 $\displaystyle\int\sin f(x)\mathrm{d}x=$（   ）.

   A. $x\sin\ln x-x\cos\ln x+C$ B. $x\sin\ln x+x\cos\ln x+C$

   C. $\dfrac{x}{2}\sin\ln x-\dfrac{x}{2}\cos\ln x+C$ D. $\dfrac{x}{2}\sin\ln x+\dfrac{x}{2}\cos\ln x+C$

(6) 设 $F(x)=f(x)-\dfrac{1}{f(x)}$，$g(x)=f(x)+\dfrac{1}{f(x)}$，$F'(x)=g^2(x)$，且 $f\left(\dfrac{\pi}{4}\right)=1$，则 $f(x)=$（   ）.

   A. $\tan x$ B. $\cot x$ C. $\sin\left(x+\dfrac{\pi}{4}\right)$ D. $\cos\left(x-\dfrac{\pi}{4}\right)$

2. 填空题：

(1) 设 $f'(e^x)=1+x$，则 $f(x)=$ _____.

(2) 设 $\displaystyle\int xf(x)\mathrm{d}x=\arcsin x+C$，则 $\displaystyle\int\dfrac{1}{f(x)}\mathrm{d}x=$ _____.

(3) $\displaystyle\int x(1+x)^{10}\mathrm{d}x=$ _____.

(4) 设 $f(x)\neq0$，且具有二阶连续导数，则 $\displaystyle\int\left\{\dfrac{f''(x)}{f(x)}-\dfrac{[f'(x)]^2}{[f(x)]^2}\right\}\mathrm{d}x=$ _____.

(5) 设 $f'(x)=1$，$f(0)=0$，则 $\displaystyle\int f(x)\mathrm{d}x=$ _____.

(6) 设 $f(x)$ 有一个原函数 $\dfrac{\sin x}{x}$，则 $\displaystyle\int xf'(x)\mathrm{d}x=$ _____.

3. 求下列不定积分：

(1) $\displaystyle\int\dfrac{\mathrm{d}x}{\cos^4 x}$；   (2) $\displaystyle\int x^2\mathrm{e}^{-x^3}\mathrm{d}x$；

(3) $\displaystyle\int\dfrac{\mathrm{d}x}{\mathrm{e}^x+\mathrm{e}^{-x}}$；   (4) $\displaystyle\int\left(1-\dfrac{1}{x^2}\right)\mathrm{e}^{\left(x+\frac{1}{x}\right)}\mathrm{d}x$；

(5) $\displaystyle\int x^2\cot 2x^3\mathrm{d}x$；   (6) $\displaystyle\int\dfrac{\mathrm{d}x}{x^2+2x+3}$；

(7) $\displaystyle\int\dfrac{1+x}{\sqrt{1-x^2}}\mathrm{d}x$；   (8) $\displaystyle\int\dfrac{\mathrm{d}x}{3+2x-x^2}$；

(9) $\displaystyle\int\tan^3 x\sec x\mathrm{d}x$；   (10) $\displaystyle\int\sqrt{\dfrac{1-2x}{1+2x}}\mathrm{d}x$.

4. 求下列不定积分：

(1) $\displaystyle\int\dfrac{x^2}{\sqrt{a^2-x^2}}\mathrm{d}x$；   (2) $\displaystyle\int\dfrac{\mathrm{d}x}{1+\sqrt{2x}}$；

$(3)\displaystyle\int\frac{\mathrm{d}x}{1+\sqrt{1-x^2}};$

$(4)\displaystyle\int\frac{\mathrm{d}x}{(1-x^2)^{\frac{3}{2}}};$

$(5)\displaystyle\int\frac{\mathrm{e}^{2x}}{\sqrt{3\mathrm{e}^x-2}}\mathrm{d}x;$

$(6)\displaystyle\int\frac{\mathrm{d}x}{x^2\sqrt{1+x^2}};$

$(7)\displaystyle\int\frac{\mathrm{d}x}{\sqrt{(x-1)(2-x)}};$

$(8)\displaystyle\int\frac{\mathrm{d}x}{\sqrt{x}(1+\sqrt[3]{x})}.$

5. 求下列不定积分：

$(1)\displaystyle\int x^3\ln^2 x\mathrm{d}x;$

$(2)\displaystyle\int\ln(x+\sqrt{1+x^2})\mathrm{d}x;$

$(3)\displaystyle\int x\ln\frac{x-1}{x+1}\mathrm{d}x;$

$(4)\displaystyle\int\frac{\arcsin x}{x^2}\mathrm{d}x;$

$(5)\displaystyle\int\sin x\cdot\ln(\tan x)\mathrm{d}x;$

$(6)\displaystyle\int\arctan\sqrt{x^2-1}\mathrm{d}x;$

$(7)\displaystyle\int\frac{x^2}{1+x^2}\arctan x\mathrm{d}x;$

$(8)\displaystyle\int\frac{\ln\sin x}{\cos^2 x}\mathrm{d}x;$

$(9)\displaystyle\int(\sin 2x)\ln(\sin x)\mathrm{d}x;$

$(10)\displaystyle\int\frac{x}{\sqrt{1-x^2}}\arcsin x\mathrm{d}x.$

6. 求下列不定积分：

$(1)\displaystyle\int\frac{\sqrt{1+\cos x}}{\sin x}\mathrm{d}x;$

$(2)\displaystyle\int\frac{\mathrm{d}x}{1+2\tan x};$

$(3)\displaystyle\int\sqrt{\frac{1-x}{1+x}}\frac{\mathrm{d}x}{x};$

$(4)\displaystyle\int\frac{1}{x}\sqrt{\frac{1+x}{x}}\mathrm{d}x;$

$(5)\displaystyle\int\frac{\mathrm{d}x}{(1+x)\sqrt{x^2+2x+3}};$

$(6)\displaystyle\int\sqrt{x^2+x+1}\mathrm{d}x;$

$(7)\displaystyle\int\frac{\mathrm{d}x}{\sqrt{x^2+x}};$

$(8)\displaystyle\int\frac{\mathrm{d}x}{\sqrt{x^2-x}};$

$(9)\displaystyle\int x\sqrt{1+2x-x^2}\mathrm{d}x;$

$(10)\displaystyle\int\frac{\mathrm{d}x}{x^2\sqrt{a^2-x^2}}(a>0).$

7. 证明下列各式：

$(1)\displaystyle\int\frac{x^2}{(a^2-x^2)^{\frac{3}{2}}}\mathrm{d}x=\frac{x}{\sqrt{a^2-x^2}}-\arcsin\frac{x}{a}+C;$

$(2)\displaystyle\int\frac{x^2}{(a^2+x^2)^{\frac{3}{2}}}\mathrm{d}x=-\frac{x}{\sqrt{a^2+x^2}}+\ln(x+\sqrt{a^2-x^2})+C;$

$(3)\displaystyle\int\frac{x^2}{(x^2-a^2)^{\frac{3}{2}}}\mathrm{d}x=-\frac{x}{\sqrt{x^2-a^2}}+\ln|x+\sqrt{x^2-a^2}|+C.$

第六章 定积分及其应用

本章我们先阐明定积分的定义与基本性质;再重点讲述微积分学基本定理,它把互为逆运算的微分学和积分学彼此联系起来,使微分学与积分学成为一个有机的整体;然后讨论定积分的计算方法以及它在几何和物理中的简单应用.

§6.1 定积分的概念与性质

一、定积分的定义

我们从一些实际问题引出定积分的概念. 这些问题的具体内容虽然各不相同,但是解决问题的思想方法和步骤却是一样的.

例 1 计算曲边梯形的面积.

设 $y=f(x)$ 为闭区间 $[a,b]$ 上的连续函数,且 $f(x) \geqslant 0$. 由曲线 $y=f(x)$,直线 $x=a, x=b$ 及 x 轴所围成的平面图形(如图 6.1 所示)称为 $f(x)$ 在 $[a,b]$ 上的**曲边梯形**,试求这曲边梯形的面积.

因为曲边梯形的高 $f(x)$ 是随 x 而变化的,所以不能直接按矩形或直角梯形的面积公式去计算它的面积. 但我们可以用平行于 y 轴的直线将曲边梯形细分为许多小曲边梯形(如图 6.2 所示),由于 $f(x)$ 为连续函数,在每个小曲边梯形中,$f(x)$ 的值变化不大,故可用 $f(x)$ 的某一个值为高的矩形面积作为这个小曲边梯形面积的近似值. 把所有这些小矩形的面积加起来,就得到原曲边梯形面积的近似值. 容易想象,曲边梯形被分得越细,所得到的近似值就越接近原曲边梯形的面积,从而运用极限的思想就为曲边梯形面积的计算提供了一种方法. 下面我们分三步进行具体讨论:

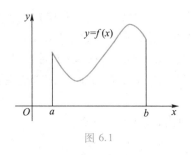

图 6.1

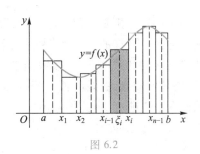

图 6.2

(1) **分割**. 在 $[a,b]$ 中任意插入 $n-1$ 个分点

$$a = x_0 < x_1 < x_2 < \cdots < x_{n-1} < x_n = b,$$

把 $[a, b]$ 分成 n 个小区间 $[x_0, x_1], [x_1, x_2], \cdots, [x_{n-1}, x_n]$, 每个小区间的长度为 $\Delta x_i = x_i - x_{i-1}$ $(i = 1, 2, \cdots, n)$.

(2) **近似求和**. 在每个小区间 $[x_{i-1}, x_i]$ $(i = 1, 2, \cdots, n)$ 上任取一点 ξ_i, 作以 $f(\xi_i)$ 为高, $[x_{i-1}, x_i]$ 为底的小矩形. 用这些小矩形的面积 $f(\xi_i)\Delta x_i$ $(i = 1, 2, \cdots, n)$ 去近似替代相应的小曲边梯形的面积, 再把这 n 个小曲边梯形面积的近似值加起来, 得到和式

$$\sum_{i=1}^{n} f(\xi_i)\Delta x_i \tag{6.1}$$

(3) **取极限**. 当上述分割越来越细(即分点越来越多, 各个小区间的长度越来越小)时, 和式(6.1)的值就越来越接近曲边梯形的面积(记作 A). 因此, 当最长的小区间的长度 $\lambda = \max\{\Delta x_1, \Delta x_2, \cdots, \Delta x_n\}$ 趋于零时, 就有

$$\sum_{i=1}^{n} f(\xi_i)\Delta x_i \to A.$$

例 2 求变速直线运动的路程.

设某物体做直线运动, 其速度 v 是时间 t 的连续函数 $v = v(t)$. 试求该物体从时刻 $t = a$ 到时刻 $t = b$ 这段时间内所经过的路程 s.

因为 $v = v(t)$ 是变量, 我们不能直接用时间乘速度来计算路程. 但我们仍可以用类似于计算曲边梯形面积的方法与步骤来解决所述问题.

(1) 用分点

$$a = t_0 < t_1 < t_2 < \cdots < t_{n-1} < t_n = b$$

把时间区间 $[a, b]$ 任意分成 n 个小区间

$$[t_0, t_1], \quad [t_1, t_2], \quad \cdots, \quad [t_{n-1}, t_n].$$

每个小区间的长度为 $\Delta t_i = t_i - t_{i-1} (i = 1, 2, \cdots, n)$.

(2) 在每个小区间 $[t_{i-1}, t_i]$ $(i = 1, 2, \cdots, n)$ 上任取一点 τ_i, 作和式

$$\sum_{i=1}^{n} v(\tau_i)\Delta t_i.$$

(3) 当分点的个数无限增加, 且使得最长的小区间的长度 $\lambda = \max\{\Delta t_1, \Delta t_2, \cdots, \Delta t_n\}$ 趋于零时, 就有

$$\sum_{i=1}^{n} v(\tau_i)\Delta t_i \to s.$$

以上两个问题分别是几何问题与物理问题, 两者的实际意义不同, 但是确定它们的量所使用的数学方法是一样的, 即归结为对某个量进行"分割、近似求和、取极限", 或者说都转化为具有特定结构的和式(6.1)的极限问题, 在自然科学和工程技术中有很多问题, 如变力沿直线做功、物体的质量、曲线的弧长等, 都需要用类似的方法去解决, 从而促使人们对这种和式的极限问题加以研究, 由此抽象出定积分的概念.

定义 6.1.1 设函数 $f(x)$ 在 $[a, b]$ 上有界, 在 (a, b) 内任取 $n-1$ 个分点

$$a = x_0 < x_1 < x_2 < \cdots < x_{n-1} < x_n = b,$$

把 $[a, b]$ 分成 n 个小区间

$$[x_0, x_1], \quad [x_1, x_2], \quad \cdots, \quad [x_{n-1}, x_n],$$

每个小区间的长度为

$$\Delta x_i = x_i - x_{i-1} \quad (i = 1, 2, \cdots, n).$$

在每个小区间 $[x_{i-1}, x_i](i=1,2,\cdots,n)$ 上任取一点 $\xi_i(x_{i-1} \leqslant \xi_i \leqslant x_i)$，作和式

$$\sum_{i=1}^{n} f(\xi_i) \Delta x_i,$$

并记 $\lambda = \max_{1 \leqslant i \leqslant n} \{\Delta x_i\}$. 如果不论对 $[a,b]$ 怎样划分，也不论小区间 $[x_{i-1}, x_i]$ 上的点 ξ_i 怎样选取，只要当 $\lambda \to 0$ 时，和式(6.1)总趋于确定的值 I，那么称这个极限值 I 为函数 $f(x)$ 在区间 $[a,b]$ 上的**定积分**，记作 $\int_a^b f(x) \mathrm{d}x$，即

$$\int_a^b f(x) \mathrm{d}x = I = \lim_{\lambda \to 0} \sum_{i=1}^{n} f(\xi_i) \Delta x_i, \tag{6.2}$$

其中 $f(x)$ 称为**被积函数**，$f(x)\mathrm{d}x$ 称为**被积表达式**，x 称为**积分变量**，$[a,b]$ 称为**积分区间**，a、b 分别称为**积分下限**和**积分上限**.

关于定积分的定义，再强调说明几点：

（1）区间 $[a,b]$ 划分的细密程度不能仅由分点个数的多少或 n 的大小来确定. 因为尽管 n 很大，但每一个小区间的长度却不一定都很小. 所以在求和式的极限时，必须要求最长的小区间的长度 $\lambda \to 0$，这时必然有 $n \to \infty$.

（2）定义中的两个"任取"意味着这是一种具有特定结构的极限，它不同于第二章讲述的函数极限. 尽管和式(6.1)随着区间的不同划分及介点的不同选取而不断变化着，但当 $\lambda \to 0$ 时，却都以唯一确定的值为极限. 这时，我们才说定积分存在.

（3）由定义可知，当 $f(x)$ 在区间 $[a,b]$ 上的定积分存在时，它的值只与被积函数 $f(x)$ 以及积分区间 $[a,b]$ 有关，而与积分变量 x 无关，所以定积分的值不会因积分变量的改变而改变，即有

$$\int_a^b f(x) \mathrm{d}x = \int_a^b f(t) \mathrm{d}t = \cdots = \int_a^b f(u) \mathrm{d}u.$$

（4）我们仅对 $a<b$ 的情形定义了定积分 $\int_a^b f(x) \mathrm{d}x$，为了今后使用方便，对 $a=b, a>b$ 的情况作如下补充规定：

当 $a=b$ 时，规定 $\int_a^b f(x) \mathrm{d}x = 0$；

当 $a>b$ 时，规定 $\int_a^b f(x) \mathrm{d}x = -\int_b^a f(x) \mathrm{d}x$.

（5）**定积分的几何意义**：根据定积分的定义，例 1 中 $f(x)$ 在 $[a,b]$ 上的曲边梯形的面积就是曲线的纵坐标 $f(x)$ 从 a 到 b 的定积分

$$A = \int_a^b f(x) \mathrm{d}x.$$

注意到，若 $f(x) \leqslant 0$，则由 $f(\xi_i) \leqslant 0$ 及 $\Delta x_i > 0$ 可知 $\int_a^b f(x) \mathrm{d}x \leqslant 0$. 这时曲边梯形位于 x 轴的下方，从而定积分 $\int_a^b f(x) \mathrm{d}x = -A$.

因此当 $f(x)$ 在区间 $[a,b]$ 上的值有正有负时，定积分 $\int_a^b f(x) \mathrm{d}x$ 的值就是曲线 $f(x)$ 与直

线 $x=a, x=b, y=0$ 所围成的几个曲边梯形面积的代数和,如图 6.3 所示.

顺便指出,例 2 中物体从时刻 a 到时刻 b 所经过的路程 s 就是速度 $v(t)$ 在时间区间 $[a,b]$ 上的定积分

$$s = \int_a^b v(t)\,\mathrm{d}t.$$

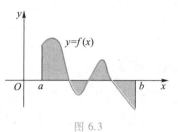

图 6.3

当 $f(x)$ 在区间 $[a,b]$ 上的定积分存在时,就称 $f(x)$ 在 $[a,b]$ 上**可积**. 下面的定理是函数可积的两个充分条件,证明从略.

定理 6.1.1 (1) 若 $f(x)$ 在 $[a,b]$ 上连续,则 $f(x)$ 在 $[a,b]$ 上可积;

(2) 若 $f(x)$ 在 $[a,b]$ 上有界,且只有有限个间断点,则 $f(x)$ 在 $[a,b]$ 上可积.

▶▶ **二、定积分的基本性质**

定理 6.1.2(积分的线性性质)

(1) 若 $f(x)$ 在 $[a,b]$ 上可积,k 为常数,则 $kf(x)$ 在 $[a,b]$ 上可积,且

$$\int_a^b kf(x)\,\mathrm{d}x = k\int_a^b f(x)\,\mathrm{d}x; \tag{6.3}$$

(2) 若 $f(x), g(x)$ 在 $[a,b]$ 上可积,则 $f(x) \pm g(x)$ 在 $[a,b]$ 上也可积,且

$$\int_a^b [f(x) \pm g(x)]\,\mathrm{d}x = \int_a^b f(x)\,\mathrm{d}x \pm \int_a^b g(x)\,\mathrm{d}x. \tag{6.4}$$

证 根据定义,有

$$\int_a^b kf(x)\,\mathrm{d}x = \lim_{\lambda \to 0} \sum_{i=1}^n kf(\xi_i)\Delta x_i = k\lim_{\lambda \to 0} \sum_{i=1}^n f(\xi_i)\Delta x_i = k\int_a^b f(x)\,\mathrm{d}x.$$

所以(6.3)式成立. 类似可证(6.4)式成立.

定理 6.1.2 的更一般的结论是

$$\int_a^b \sum_{j=1}^n k_j f_j(x)\,\mathrm{d}x = \sum_{j=1}^n k_j \int_a^b f_j(x)\,\mathrm{d}x.$$

其中 $f_j(x)(j=1,2,\cdots,n)$ 在 $[a,b]$ 上可积,$k_j(j=1,2,\cdots,n)$ 为常数. □

定理 6.1.3(积分对区间的可加性) 设 $f(x)$ 为可积函数,则

$$\int_a^b f(x)\,\mathrm{d}x = \int_a^c f(x)\,\mathrm{d}x + \int_c^b f(x)\,\mathrm{d}x, \tag{6.5}$$

对 a,b,c 任何顺序都成立.

证 先考虑 $a<c<b$ 的情形. 因为 $f(x)$ 在 $[a,b]$ 上可积,所以不论将区间 $[a,b]$ 如何划分,小区间 $[x_{i-1}, x_i]$ 上的点 ξ_i 如何选取,和式的极限总是存在的. 因此,我们把 c 始终作为一个分点,并将和式分成两部分:

$$\sum f(\xi_i)\Delta x_i = \sum_1 f(\xi_i)\Delta x_i + \sum_2 f(\xi_i)\Delta x_i,$$

其中 $\sum_1, \sum_2$ 分别为区间 $[a,c]$ 与 $[c,b]$ 上的和式. 令最长的小区间的长度 $\lambda \to 0$,上式两边取极限,即得(6.5)式.

对于其他顺序,例如 $a<b<c$,有

$$\int_a^c f(x)\,dx = \int_a^b f(x)\,dx + \int_b^c f(x)\,dx,$$

所以

$$\int_a^b f(x)\,dx = \int_a^c f(x)\,dx - \int_b^c f(x)\,dx = \int_a^c f(x)\,dx + \int_c^b f(x)\,dx.$$

(6.5)式仍成立. □

定理 6.1.4(积分的不等式性质) 若 $f(x),g(x)$ 在 $[a,b]$ 上可积,且 $f(x) \leqslant g(x)$,则

$$\int_a^b f(x)\,dx \leqslant \int_a^b g(x)\,dx. \tag{6.6}$$

证 $\displaystyle\int_a^b g(x)\,dx - \int_a^b f(x)\,dx = \int_a^b [g(x) - f(x)]\,dx$

$$= \lim_{\lambda \to 0} \sum_{i=1}^n [g(\xi_i) - f(\xi_i)]\Delta x_i.$$

由假设知 $g(\xi_i) - f(\xi_i) \geqslant 0$,且 $\Delta x_i > 0 (i = 1,2,\cdots,n)$,所以

$$\lim_{\lambda \to 0} \sum_{i=1}^n [g(\xi_i) - f(\xi_i)]\Delta x_i \geqslant 0,$$

从而有

$$\int_a^b g(x)\,dx \geqslant \int_a^b f(x)\,dx,$$

(6.6)式成立. □

从定理 6.1.4 立刻推出

推论 6.1.1 若 $f(x)$ 在 $[a,b]$ 上可积,且 $f(x) \geqslant 0$,则

$$\int_a^b f(x)\,dx \geqslant 0.$$

推论 6.1.2(定积分的估值定理) 若 $f(x)$ 在 $[a,b]$ 上可积,且存在常数 m 和 M,使得对一切 $x \in [a,b]$ 有 $m \leqslant f(x) \leqslant M$,则

$$m(b-a) \leqslant \int_a^b f(x)\,dx \leqslant M(b-a).$$

推论 6.1.3 若 $f(x)$ 在 $[a,b]$ 上可积,则 $|f(x)|$ 在 $[a,b]$ 上也可积,且

$$\left| \int_a^b f(x)\,dx \right| \leqslant \int_a^b |f(x)|\,dx.$$

这里 $|f(x)|$ 在 $[a,b]$ 上的可积性可由 $f(x)$ 的可积性推出,其证明省略.

定理 6.1.5(积分中值定理) 若 $f(x)$ 在 $[a,b]$ 上连续,则在 $[a,b]$ 上至少存在一点 ξ,使得

$$\int_a^b f(x)\,dx = f(\xi)(b-a). \tag{6.7}$$

证 因为 $f(x)$ 在 $[a,b]$ 上连续,所以 $f(x)$ 在 $[a,b]$ 上可积,且有最小值 m 和最大值 M.于是在 $[a,b]$ 上,

$$m(b-a) \leqslant \int_a^b f(x)\,dx \leqslant M(b-a),$$

或

$$m \leqslant \frac{\int_a^b f(x)\,\mathrm{d}x}{b-a} \leqslant M.$$

根据连续函数的介值定理可知,在$[a,b]$上至少存在一点ξ,使

$$\frac{\int_a^b f(x)\,\mathrm{d}x}{b-a} = f(\xi).$$

所以(6.7)式成立.

积分中值定理的几何意义如图 6.4 所示.

若$f(x)$是$[a,b]$上的非负连续函数,则$f(x)$在$[a,b]$上的曲边梯形面积等于与该曲边梯形同底,以$f(\xi)=\dfrac{\int_a^b f(x)\,\mathrm{d}x}{b-a}$为高的矩形面积. 我们把$\dfrac{\int_a^b f(x)\,\mathrm{d}x}{b-a}$称为函数$f(x)$在区间$[a,b]$上的**平均值**,这是有限个数的算术平均值的推广.

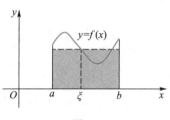

图 6.4

例 3 设$f(x)$是$[a,b]$上的连续函数,证明:若在$[a,b]$上$f(x)\geqslant 0$且$f(x)\not\equiv 0$,则

$$\int_a^b f(x)\,\mathrm{d}x > 0.$$

证 由假设知,有某$x_0 \in [a,b]$使$f(x_0)>0$. 根据函数极限的局部保号性(定理 2.2.4)推出,存在x_0的邻域$(x_0-\delta, x_0+\delta) \subset [a,b]$(当$x_0=a$或$x_0=b$时,则为右邻域或左邻域),使在其中$f(x)>\dfrac{f(x_0)}{2}$,从而有

$$\int_a^b f(x)\,\mathrm{d}x = \int_a^{x_0-\delta} f(x)\,\mathrm{d}x + \int_{x_0-\delta}^{x_0+\delta} f(x)\,\mathrm{d}x + \int_{x_0+\delta}^b f(x)\,\mathrm{d}x$$

$$\geqslant \int_{x_0-\delta}^{x_0+\delta} f(x)\,\mathrm{d}x > \frac{f(x_0)}{2} \cdot 2\delta = \delta f(x_0) > 0.$$

所以结论成立.

习题 6.1

1. 用积分表达式表示$y = \sin x$在$[0,\pi]$上与x轴围成的平面图形的面积.

2. 利用定积分定义计算积分:$\int_0^1 \mathrm{e}^x\,\mathrm{d}x$.

3. 把下列极限表示成定积分的形式,不要求计算结果:

(1) $\lim\limits_{n\to\infty}\left(\dfrac{2}{\sqrt{4n^2-1^2}}+\dfrac{2}{\sqrt{4n^2-2^2}}+\cdots+\dfrac{2}{\sqrt{4n^2-n^2}}\right)$;

(2) $\lim\limits_{n\to\infty}\sum\limits_{i=1}^n \dfrac{1}{n+\dfrac{i^2+1}{n}}$.

4. 比较下列各对积分的大小:

(1) $\displaystyle\int_1^e \ln x\,\mathrm{d}x$ 和 $\displaystyle\int_1^e \ln^2 x\,\mathrm{d}x$;

(2) $\displaystyle\int_1^2 x^2\,\mathrm{d}x$ 和 $\displaystyle\int_1^2 x^3\,\mathrm{d}x$;

(3) $\displaystyle\int_0^{\frac{\pi}{2}} \sin x\,\mathrm{d}x$ 和 $\displaystyle\int_0^{\frac{\pi}{2}} x\,\mathrm{d}x$;

(4) $\displaystyle\int_0^1 e^x\,\mathrm{d}x$ 和 $\displaystyle\int_0^1 (1+x)\,\mathrm{d}x$.

习题参考答案
与提示 6.1

5. 若 $f(x) = e^x + 2\displaystyle\int_0^1 f(x)\,\mathrm{d}x$, 求 $f(x)$.

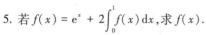

§6.2 微积分学基本定理与基本公式

若已知 $f(x)$ 在 $[a,b]$ 上的定积分存在,怎样计算这个积分值呢? 如果利用定积分的定义,由于需要计算一个和式的极限,可以想象,即使是很简单的被积函数,那也是十分困难的. 本节将通过揭示微分和积分的关系,推出一个简捷的定积分的计算公式.

一、微积分学基本定理

设函数 $f(x)$ 在区间 $[a,b]$ 上可积,则对 $[a,b]$ 中的每个 x, $f(x)$ 在 $[a,x]$ 上的定积分 $\displaystyle\int_a^x f(t)\,\mathrm{d}x$ 都存在,也就是说有唯一确定的积分值与 x 对应,从而在 $[a,b]$ 上定义了一个新的函数

$$\Phi(x) = \int_a^x f(t)\,\mathrm{d}t, \quad x \in [a,b].$$

它是以积分上限 x 为自变量的函数,称为**变上限积分**.

定理 6.2.1 设 $f(x)$ 在 $[a,b]$ 上可积,则 $\Phi(x) = \displaystyle\int_a^x f(t)\,\mathrm{d}t$ 在 $[a,b]$ 上连续.

证 任取 $x \in [a,b]$ 及 $\Delta x \neq 0$,使 $x+\Delta x \in [a,b]$. 根据积分对区间的可加性,

$$\Delta\Phi = \Phi(x+\Delta x) - \Phi(x) = \int_a^{x+\Delta x} f(t)\,\mathrm{d}t - \int_a^x f(t)\,\mathrm{d}t = \int_x^{x+\Delta x} f(t)\,\mathrm{d}t.$$

由于 $f(x)$ 在 $[a,b]$ 上可积,从而有界,即存在 $M>0$,使对一切 $x \in [a,b]$ 有 $|f(x)| \leq M$,于是

$$|\Delta\Phi| = \left|\int_x^{x+\Delta x} f(t)\,\mathrm{d}t\right| \leq M|\Delta x|.$$

故当 $\Delta x \to 0$ 时,有 $\Delta\Phi \to 0$. 所以 $\Phi(x)$ 在点 x 连续,由 $x \in [a,b]$ 的任意性即知,$\Phi(x)$ 在 $[a,b]$ 上连续. □

定理 6.2.2(原函数存在定理) 设 $f(x)$ 在 $[a,b]$ 上连续,则 $\Phi(x) = \displaystyle\int_a^x f(t)\,\mathrm{d}t$ 在 $[a,b]$ 上可导,且

$$\Phi'(x) = f(x), \quad x \in [a,b],$$

也就是说 $\Phi(x)$ 是 $f(x)$ 在 $[a,b]$ 上的一个原函数.

证 任取 $x \in [a,b]$ 及 $\Delta x \neq 0$,使 $x+\Delta x \in [a,b]$. 应用积分对区间的可加性及积分中值定理,有

$$\Delta\Phi = \Phi(x + \Delta x) - \Phi(x) = \int_x^{x+\Delta x} f(t)\,\mathrm{d}t = f(x + \theta\Delta x)\Delta x,$$

或

$$\frac{\Delta\Phi}{\Delta x} = f(x + \theta\Delta x) \quad (0 \le \theta \le 1). \tag{6.8}$$

因为 $f(x)$ 在 $[a,b]$ 上连续,所以在(6.8)中令 $\Delta x \to 0$ 取极限,得

$$\lim_{\Delta x \to 0} \frac{\Delta\Phi}{\Delta x} = f(x).$$

随之由 $x \in [a,b]$ 的任意性推知,$\Phi(x)$ 在 $[a,b]$ 上可导,且 $\Phi'(x) = f(x)$. 也就是说 $\Phi(x)$ 是 $f(x)$ 在 $[a,b]$ 上的一个原函数.　　　　　□

定理 6.2.2 回答了我们自第五章以来一直关心的原函数的存在问题,即"连续函数必有原函数"这一基本结论,并以变上限积分的形式具体地给出了连续函数 $f(x)$ 的一个原函数.

回顾微分与不定积分先后作用的结果可能相差一个常数. 这里若把 $\Phi'(x) = f(x)$ 写成

$$\frac{\mathrm{d}}{\mathrm{d}x}\int_a^x f(t)\,\mathrm{d}t = f(x),$$

或从 $\Phi'(x) = f(x)$ 推得

$$\int_a^x \Phi'(t)\,\mathrm{d}t = \int_a^x f(t)\,\mathrm{d}t = \Phi(x),$$

就能明显看出微分和变上限积分确为互逆运算. 从而使得微分和积分这两个看似互不相干的概念彼此联系起来,组成一个有机的整体. 因此定理 6.2.2 也被称为**微积分学基本定理**.

推论 6.2.1　设 $f(x)$ 在 $[a,b]$ 上连续,$\varphi(x),\psi(x)$ 在 $[\alpha,\beta]$ 上可导,且当 $x \in [\alpha,\beta]$ 时,$\varphi(x),\psi(x) \in [a,b]$,则在 $[\alpha,\beta]$ 上有

$$\frac{\mathrm{d}}{\mathrm{d}x}\int_{\psi(x)}^{\varphi(x)} f(t)\,\mathrm{d}t = f[\varphi(x)]\varphi'(x) - f[\psi(x)]\psi'(x). \tag{6.9}$$

证　令 $\Phi(x) = \int_a^x f(t)\,\mathrm{d}t$,根据积分对区间的可加性,有

$$\int_{\psi(x)}^{\varphi(x)} f(t)\,\mathrm{d}t = \int_a^{\varphi(x)} f(t)\,\mathrm{d}t - \int_a^{\psi(x)} f(t)\,\mathrm{d}t = \Phi[\varphi(x)] - \Phi[\psi(x)].$$

因为 $f(x)$ 连续,所以 $\Phi(x)$ 为可导函数,而 $\varphi(x),\psi(x)$ 在 $[\alpha,\beta]$ 上可导,故按复合函数的求导法则,就有

$$\begin{aligned}\frac{\mathrm{d}}{\mathrm{d}x}\int_{\psi(x)}^{\varphi(x)} f(t)\,\mathrm{d}t &= \Phi'[\varphi(x)]\varphi'(x) - \Phi'[\psi(x)]\psi'(x) \\ &= f[\varphi(x)]\varphi'(x) - f[\psi(x)]\psi'(x).\end{aligned}$$

所以(6.9)式成立.　　　　　□

例 1　证明:若 $f(x)$ 在 $(-\infty, +\infty)$ 上连续,且满足 $f(x) = \int_0^x f(t)\,\mathrm{d}t$,则 $f(x) \equiv 0$.

证　由假设知 $f(x) = \int_0^x f(t)\,\mathrm{d}t$ 在 $(-\infty, +\infty)$ 内可导,且

$$f'(x) = f(x).$$

上式两边同乘 e^{-x},改写为

$$[f(x)e^{-x}]' = 0, \quad x \in (-\infty, +\infty),$$

所以

$$f(x)e^{-x} = C, \quad x \in (-\infty, +\infty).$$

由于 $f(0) = 0$，定出 $C = 0$. 故在 $(-\infty, +\infty)$ 上

$$f(x) = Ce^x \equiv 0.$$

□

例 2   求 $\lim\limits_{x \to 0^+} \dfrac{\displaystyle\int_0^{x^2} \arctan\sqrt{t}\, \mathrm{d}t}{\ln(1 + x^3)}$.

解   这是一个 $\dfrac{0}{0}$ 型未定式，应用洛比达法则并利用 (6.9) 及等价无穷小替换得到

$$\lim_{x \to 0^+} \frac{\displaystyle\int_0^{x^2} \arctan\sqrt{t}\, \mathrm{d}t}{\ln(1 + x^3)} = \lim_{x \to 0^+} \frac{\displaystyle\int_0^{x^2} \arctan\sqrt{t}\, \mathrm{d}t}{x^3}$$

$$= \lim_{x \to 0} \frac{2x\arctan x}{3x^2} = \frac{2}{3}.$$

▶▶ **二、牛顿—莱布尼茨公式**

定理 6.2.3   设 $f(x)$ 在 $[a,b]$ 上连续，若 $F(x)$ 是 $f(x)$ 在 $[a,b]$ 上的一个原函数，则

$$\int_a^b f(x)\, \mathrm{d}x = F(b) - F(a). \tag{6.10}$$

证   根据原函数存在定理，$\displaystyle\int_a^x f(t)\, \mathrm{d}t$ 是 $f(x)$ 在 $[a,b]$ 上的一个原函数. 因为两个原函数之差是一个常数，所以

$$\int_a^x f(t)\, \mathrm{d}t = F(x) + C, \quad x \in [a,b].$$

上式中令 $x = a$，得 $C = -F(a)$，于是

$$\int_a^x f(t)\, \mathrm{d}t = F(x) - F(a).$$

再令 $x = b$，即得 (6.10) 式.

公式 (6.10) 就是著名的**牛顿—莱布尼茨公式**，简称 **N-L 公式**. 通常记为

$$\int_a^b f(x)\, \mathrm{d}x = F(x)\, \Big|_a^b.$$

N-L 公式进一步揭示了定积分与原函数之间的联系：$f(x)$ 在 $[a,b]$ 上的定积分等于它的任一原函数 $F(x)$ 在 $[a,b]$ 上的增量. 它把定积分的计算转化为求它的被积函数 $f(x)$ 的任意一个原函数，或者说转化为求 $f(x)$ 的不定积分，从而为我们计算定积分开辟了一条新的途径. 在这之前，我们只会从定积分的定义去求定积分的值，那是十分困难的. 因此牛顿—莱布尼茨公式也被称为**微积分学基本公式**.

例 3   计算下列定积分：

(1) $\displaystyle\int_0^{\sqrt{3}a} \frac{\mathrm{d}x}{a^2 + x^2}(a \neq 0)$；

(2) $\displaystyle\int_{-2}^{-1} \frac{\mathrm{d}x}{x}$；

$(3)\ \displaystyle\int_0^{\frac{\pi}{2}}\left|\frac{1}{2}-\sin x\right|\mathrm{d}x;$ $\qquad\qquad (4)\ \displaystyle\int_0^2 x\sqrt{4-x^2}\,\mathrm{d}x.$

解　$(1)\ \displaystyle\int_0^{\sqrt{3}a}\frac{\mathrm{d}x}{a^2+x^2}=\frac{1}{a}\arctan\frac{x}{a}\Big|_0^{\sqrt{3}a}=\frac{1}{a}\arctan\sqrt{3}=\frac{\pi}{3a}.$

$(2)\ \displaystyle\int_{-2}^{-1}\frac{\mathrm{d}x}{x}=\ln|x|\ \Big|_{-2}^{-1}=\ln 1-\ln 2=-\ln 2.$

$(3)\ \displaystyle\int_0^{\frac{\pi}{2}}\left|\frac{1}{2}-\sin x\right|\mathrm{d}x=\int_0^{\frac{\pi}{6}}\left(\frac{1}{2}-\sin x\right)\mathrm{d}x+\int_{\frac{\pi}{6}}^{\frac{\pi}{2}}\left(\sin x-\frac{1}{2}\right)\mathrm{d}x$

$\qquad\qquad =\left(\frac{x}{2}+\cos x\right)\Big|_0^{\frac{\pi}{6}}+\left(\cos x-\frac{x}{2}\right)\Big|_0^{\frac{\pi}{6}}=\sqrt{3}-1-\frac{\pi}{12}.$

(4) 先求不定积分

$$\int x\sqrt{4-x^2}\,\mathrm{d}x=-\frac{1}{2}\int\sqrt{4-x^2}\,\mathrm{d}(4-x^2)=-\frac{1}{3}(4-x^2)^{\frac{3}{2}}+C.$$

随之得

$$\int_0^2 x\sqrt{4-x^2}\,\mathrm{d}x=-\frac{1}{3}(4-x^2)^{\frac{3}{2}}\Big|_0^2=\frac{8}{3}.$$

例 4　设 $f(x)=1+\dfrac{1}{1+x^2}+x^2\displaystyle\int_0^1 f(x)\,\mathrm{d}x$，求 $\displaystyle\int_0^1 f(x)\,\mathrm{d}x.$

解　令 $\displaystyle\int_0^1 f(x)\,\mathrm{d}x=a$，则

$$f(x)=1+\frac{1}{1+x^2}+ax^2.$$

上式两边从 0 到 1 对 x 积分得

$$a=1+\frac{\pi}{4}+\frac{a}{3}.$$

解出 $a=\dfrac{3}{2}+\dfrac{3\pi}{8}$，即

$$\int_0^1 f(x)\,\mathrm{d}x=\frac{3}{2}+\frac{3\pi}{8}.$$

运用微积分学基本定理与基本公式，积分中值定理与微分中值定理可以互相推出. 例如应用微分中值定理容易证明如下积分中值定理，它改进了 §6.1 定理 6.1.5 的结论.

例 5　证明：若 $f(x)$ 在 $[a,b]$ 上连续，则在 (a,b) 内至少存在一点 ξ，使得

$$\int_a^b f(x)\,\mathrm{d}x=f(\xi)(b-a).$$

证　设 $F(x)$ 是 $f(x)$ 在 $[a,b]$ 上的一个原函数，根据牛顿—莱布尼茨公式有

$$\int_a^b f(x)\,\mathrm{d}x=F(b)-F(a).$$

由于 $F(x)$ 在 $[a,b]$ 上可导，且 $F'(x)=f(x)$，故 $F(x)$ 在 $[a,b]$ 上满足拉格朗日中值定理的条件，从而推出至少存在一点 $\xi\in(a,b)$，使

$$F(b)-F(a)=F'(\xi)(b-a).$$

即
$$\int_a^b f(x)\,\mathrm{d}x = f(\xi)(b-a), \quad \xi \in (a,b).$$

例 6 设 $f(x)$ 在 $[0,+\infty)$ 上连续,且 $f(x)>0$,证明:

$$F(x) = \frac{\displaystyle\int_0^x tf(t)\,\mathrm{d}t}{\displaystyle\int_0^x f(t)\,\mathrm{d}t}$$

在 $(0,+\infty)$ 内为单调增加函数.

证 由假设知 $F(x)$ 在 $(0,+\infty)$ 内可导,且

$$F'(x) = \frac{xf(x)\displaystyle\int_0^x f(t)\,\mathrm{d}t - f(x)\displaystyle\int_0^x tf(t)\,\mathrm{d}t}{\left(\displaystyle\int_0^x f(t)\,\mathrm{d}t\right)^2} = \frac{f(x)\cdot\displaystyle\int_0^x (x-t)f(t)\,\mathrm{d}t}{\left(\displaystyle\int_0^x f(t)\,\mathrm{d}t\right)^2}.$$

因为当 $0<t<x$ 时,$f(t)>0$,$(x-t)f(t)>0$,故由 §6.1 例 3 得知

$$\int_0^x f(t)\,\mathrm{d}t > 0, \quad \int_0^x (x-t)f(t)\,\mathrm{d}t > 0.$$

从而 $F'(x)>0$,所以 $F(x)$ 在 $(0,+\infty)$ 内为单调增加函数.

利用改进的积分中值定理(例 5)也容易推出 $F'(x)>0$,请读者自行证明

习题 6.2

1. 求函数 $F(x) = \displaystyle\int_1^x (1-\ln\sqrt{t})\,\mathrm{d}t (x>0)$ 的递减区间.

2. 求下列函数的导数:

(1) $\dfrac{\mathrm{d}}{\mathrm{d}x}\displaystyle\int_{\sin x}^{\cos x} \cos(\pi t^2)\,\mathrm{d}t$;　　　　　(2) $\dfrac{\mathrm{d}}{\mathrm{d}x}\displaystyle\int_0^x tf(x^2-t^2)\,\mathrm{d}t$.

3. 求下列极限:

(1) $\displaystyle\lim_{x\to 0}\frac{\displaystyle\int_0^{\sin x}\frac{\arctan t^2}{t}\,\mathrm{d}t}{x^2}$;　　　　　(2) $\displaystyle\lim_{x\to +\infty}\frac{\displaystyle\int_0^x (\arctan x)^2\,\mathrm{d}x}{\sqrt{x^2+1}}$.

4. 求由 $\displaystyle\int_2^y \frac{\ln t}{t}\,\mathrm{d}t + \int_0^x \frac{\sin t}{t}\,\mathrm{d}t = 0$ 所确定的隐函数 y 对自变量 x 的导数.

5. 求证:$\displaystyle\int_0^x \left(\int_0^u f(t)\,\mathrm{d}t\right)\mathrm{d}u = \int_0^x (x-u)f(u)\,\mathrm{d}u$.

6. 求函数 $f(x) = \displaystyle\int_0^{x^2}(2-t)\mathrm{e}^{-t}\,\mathrm{d}t$ 的最大值与最小值.

7. 计算下列定积分:

(1) $\displaystyle\int_{-1}^1 \frac{\mathrm{d}x}{\sqrt{4-x^2}}$;　　　　　(2) $\displaystyle\int_{\frac{\pi}{4}}^{\frac{\pi}{3}}\tan x\,\mathrm{d}x$;

(3) $\displaystyle\int_0^3 \frac{\mathrm{d}x}{3+x^2}$;　　　　　(4) $\displaystyle\int_{\frac{\pi}{4}}^{\frac{\pi}{3}} \frac{\mathrm{d}x}{\sin\frac{x}{2}\cos\frac{x}{2}}$;

$$(5) \int_{\frac{\pi}{6}}^{\frac{\pi}{4}} \cot^2 x \, dx ; \qquad\qquad (6) \int_a^b |y| \, dy \, (a < b) ;$$

$$(7) \int_1^3 \sqrt{\sqrt{x}} \, dx ; \qquad\qquad (8) \int_1^e \frac{x + \ln^3 x}{x} \, dx .$$

习题参考答案
与提示 6.2

▶▶ §6.3 定积分的换元积分法与分部积分法

运用牛顿—莱布尼茨公式计算定积分时,需要先求出被积函数的原函数,从而想到把不定积分的换元积分法与分部积分法用到定积分的计算中.

▶▶ 一、定积分的换元积分法

定理 6.3.1 设函数 $f(x)$ 在 $[a,b]$ 上连续,函数 $x = \varphi(t)$ 在 $I(I = [\alpha,\beta]$ 或 $[\beta,\alpha])$ 上有连续的导数,并且 $\varphi(\alpha) = a, \varphi(\beta) = b, a \leqslant \varphi(t) \leqslant b \, (t \in I)$,则

$$\int_a^b f(x) \, dx = \int_\alpha^\beta f[\varphi(t)] \varphi'(t) \, dt . \tag{6.11}$$

证 由于 $f(x)$ 与 $f[\varphi(t)]\varphi'(t)$ 皆为连续函数,所以它们存在原函数,设 $F(x)$ 是 $f(x)$ 在 $[a,b]$ 上的一个原函数,由复合函数的求导法则有

$$(F[\varphi(t)])' = F'(x)\varphi'(t) = f(x)\varphi'(t) = f[\varphi(t)]\varphi'(t) ,$$

可见 $F[\varphi(t)]$ 是 $f[\varphi(t)]\varphi'(t)$ 的一个原函数. 利用 N-L 公式,即得

$$\int_\alpha^\beta f[\varphi(t)]\varphi'(t) \, dt = F[\varphi(t)]\big|_\alpha^\beta = F[\varphi(\beta)] - F[\varphi(\alpha)]$$

$$= F(b) - F(a) = \int_a^b f(x) \, dx .$$

所以(6.11)式成立.

公式(6.11)称为**定积分的换元公式**. 若从左到右使用公式(代入换元),换元时应注意同时换积分限. 还要求换元 $x = \varphi(t)$ 应在单调区间上进行. 当找到新变量的原函数后不必代回原变量而直接用 N-L 公式,这正是定积分换元法的简便之处. 若从右到左使用公式(凑微分换元),则如同不定积分第一类换元法,可以不必换元,当然也就不必换积分限.

例 1 计算下列定积分:

$$(1) \int_{\frac{3}{4}}^1 \frac{dx}{\sqrt{1-x}-1} ; \qquad\qquad (2) \int_0^{\frac{1}{2}} \frac{x^2}{\sqrt{1-x^2}} \, dx ;$$

$$(3) \int_0^{\frac{\pi}{2}} x \sin x^2 \, dx ; \qquad\qquad (4) \int_0^\pi \sqrt{\sin^3 x - \sin^5 x} \, dx .$$

解 (1) 令 $\sqrt{1-x} = t$,则 $x = 1 - t^2$,$dx = -2t \, dt$,且当 t 从 0 变到 $\frac{1}{2}$ 时,x 从 1 减到 $\frac{3}{4}$. 于是

$$\int_{\frac{3}{4}}^1 \frac{dx}{\sqrt{1-x}-1} = -2 \int_{\frac{1}{2}}^0 \frac{t \, dt}{t-1} = 2 \int_0^{\frac{1}{2}} \left(1 + \frac{1}{t-1}\right) dt$$

$$= 2(t + \ln|t-1|) \Big|_0^{\frac{1}{2}} = 1 - 2\ln 2 .$$

（2）令 $x = \sin\,t$，则 $\mathrm{d}x = \cos t\mathrm{d}t$，且当 t 从 0 变到 $\dfrac{\pi}{6}$ 时，x 从 0 增到 $\dfrac{1}{2}$. 于是

$$\int_0^{\frac{1}{2}} \frac{x^2}{\sqrt{1-x^2}}\mathrm{d}x = \int_0^{\frac{\pi}{6}} \frac{\sin^2 t}{\cos t}\cos\,t\mathrm{d}t = \int_0^{\frac{\pi}{6}} \sin^2 t\mathrm{d}t$$

$$= \left(\frac{t}{2} - \frac{\sin 2t}{4} \right) \bigg|_0^{\frac{\pi}{6}} = \frac{\pi}{12} - \frac{\sqrt{3}}{8}.$$

（3）$\displaystyle\int_0^{\frac{\pi}{2}} x\sin\,x^2\mathrm{d}x = \frac{1}{2}\int_0^{\frac{\pi}{2}} \sin\,x^2\mathrm{d}x^2 = -\frac{1}{2}\cos\,x^2 \bigg|_0^{\frac{\pi}{2}} = \frac{1}{2}\left(1 - \cos\frac{\pi^2}{4} \right).$

（4）$\displaystyle\int_0^{\pi} \sqrt{\sin^3 x - \sin^5 x}\,\mathrm{d}x = \int_0^{\pi} \sin^{\frac{3}{2}} x \,|\cos\,x|\,\mathrm{d}x$

$$= \int_0^{\frac{\pi}{2}} \sin^{\frac{3}{2}} x\cos\,x\mathrm{d}x + \int_{\frac{\pi}{2}}^{\pi} \sin^{\frac{3}{2}} x(-\cos\,x)\mathrm{d}x$$

$$= \int_0^{\frac{\pi}{2}} \sin^{\frac{3}{2}} x\mathrm{d}\sin\,x - \int_{\frac{\pi}{2}}^{\pi} \sin^{\frac{3}{2}} x\mathrm{d}\sin\,x$$

$$= \frac{2}{5}\sin^{\frac{5}{2}} x \bigg|_0^{\frac{\pi}{2}} - \frac{2}{5}\sin^{\frac{5}{2}} x \bigg|_{\frac{\pi}{2}}^{\pi} = \frac{4}{5}.$$

例 2   设 $f(x)$ 在 $[-a,a]$ 上连续，证明：

$$\int_{-a}^a f(x)\mathrm{d}x = \int_0^a [f(x) + f(-x)]\mathrm{d}x.$$

特别当 $f(x)$ 为奇函数时，

$$\int_{-a}^a f(x)\mathrm{d}x = 0;$$

当 $f(x)$ 为偶函数时，

$$\int_{-a}^a f(x)\mathrm{d}x = 2\int_0^a f(x)\mathrm{d}x.$$

证   因为

$$\int_{-a}^a f(x)\mathrm{d}x = \int_{-a}^0 f(x)\mathrm{d}x + \int_0^a f(x)\mathrm{d}x,$$

在 $\displaystyle\int_{-a}^0 f(x)\mathrm{d}x$ 中，令 $x = -t$，得

$$\int_{-a}^0 f(x)\mathrm{d}x = -\int_a^0 f(-t)\mathrm{d}t = \int_0^a f(-x)\mathrm{d}x.$$

所以

$$\int_{-a}^a f(x)\mathrm{d}x = \int_0^a [f(x) + f(-x)]\mathrm{d}x.$$

当 $f(x)$ 为奇函数时，$f(-x) = -f(x)$，故 $f(x) + f(-x) = 0$，有

$$\int_{-a}^a f(x)\mathrm{d}x = 0.$$

当 $f(x)$ 为偶函数时，$f(-x) = f(x)$，故 $f(x) + f(-x) = 2f(x)$，有

$$\int_{-a}^a f(x)\mathrm{d}x = 2\int_0^a f(x)\mathrm{d}x.$$

□

例 3   计算 $\displaystyle\int_{-\frac{\pi}{3}}^{\frac{\pi}{3}} \sin^2 x [\, 1 + \ln(x + \sqrt{1 + x^2}\,)\,] \mathrm{d}x$.

解   易知 $\sin^2 x$ 是偶函数，$\ln(x + \sqrt{1 + x^2})$ 是奇函数，于是

$$\int_{-\frac{\pi}{3}}^{\frac{\pi}{3}} \sin^2 x \mathrm{d}x = 2\int_0^{\frac{\pi}{3}} \sin^2 x \mathrm{d}x = 2\left(\frac{x}{2} - \frac{\sin 2x}{4} \right) \Bigg|_0^{\frac{\pi}{3}} = \frac{\pi}{3} - \frac{\sqrt{3}}{4}.$$

$$\int_{-\frac{\pi}{3}}^{\frac{\pi}{3}} \sin^2 x \ln(x + \sqrt{1 + x^2}\,) \mathrm{d}x = 0.$$

随之得

$$\int_{-\frac{\pi}{3}}^{\frac{\pi}{3}} \sin^2 x [\, 1 + \ln(x + \sqrt{1 + x^2}\,)\,] \mathrm{d}x = \int_{-\frac{\pi}{3}}^{\frac{\pi}{3}} \sin^2 x \mathrm{d}x = \frac{\pi}{3} - \frac{\sqrt{3}}{4}.$$

例 4   设 $f(x)$ 为 $[0,1]$ 上的连续函数，证明：

（1）$\displaystyle\int_0^{\frac{\pi}{2}} f(\sin x) \mathrm{d}x = \int_0^{\frac{\pi}{2}} f(\cos x) \mathrm{d}x$；

（2）$\displaystyle\int_0^{\pi} f(\sin x) \mathrm{d}x = 2\int_0^{\frac{\pi}{2}} f(\sin x) \mathrm{d}x$；

（3）$\displaystyle\int_0^{\pi} x f(\sin x) \mathrm{d}x = \pi\int_0^{\frac{\pi}{2}} f(\sin x) \mathrm{d}x$.

证   （1）令 $x = \dfrac{\pi}{2} - t$，则 $\mathrm{d}x = -\mathrm{d}t$，且当 t 从 0 变到 $\dfrac{\pi}{2}$ 时，x 从 $\dfrac{\pi}{2}$ 减到 0. 于是

$$\int_0^{\frac{\pi}{2}} f(\sin x) \mathrm{d}x = -\int_{\frac{\pi}{2}}^0 f\left[\sin\left(\frac{\pi}{2} - t \right) \right] \mathrm{d}t = \int_0^{\frac{\pi}{2}} f(\cos t) \mathrm{d}t = \int_0^{\frac{\pi}{2}} f(\cos x) \mathrm{d}x.$$

（2）$\displaystyle\int_0^{\pi} f(\sin x) \mathrm{d}x = \int_0^{\frac{\pi}{2}} f(\sin x) \mathrm{d}x + \int_{\frac{\pi}{2}}^{\pi} f(\sin x) \mathrm{d}x$，

在 $\displaystyle\int_{\frac{\pi}{2}}^{\pi} f(\sin x) \mathrm{d}x$ 中，令 $x = \pi - t$，得

$$\int_{\frac{\pi}{2}}^{\pi} f(\sin x) \mathrm{d}x = -\int_{\frac{\pi}{2}}^0 f[\sin(\pi - t)] \mathrm{d}t = \int_0^{\frac{\pi}{2}} f(\sin t) \mathrm{d}t = \int_0^{\frac{\pi}{2}} f(\sin x) \mathrm{d}x.$$

所以

$$\int_0^{\pi} f(\sin x) \mathrm{d}x = 2\int_0^{\frac{\pi}{2}} f(\sin x) \mathrm{d}x.$$

（3）令 $x = \pi - t$，则

$$\int_0^{\pi} x f(\sin x) \mathrm{d}x = -\int_{\pi}^0 (\pi - t) f[\sin(\pi - t)] \mathrm{d}t = \int_0^{\pi} (\pi - t) f(\sin t) \mathrm{d}t$$

$$= \pi\int_0^{\pi} f(\sin x) \mathrm{d}x - \int_0^{\pi} x f(\sin x) \mathrm{d}x.$$

所以，利用（2）的结果就有

$$\int_0^{\pi} x f(\sin x) \mathrm{d}x = \frac{\pi}{2}\int_0^{\pi} f(\sin x) \mathrm{d}x = \pi\int_0^{\frac{\pi}{2}} f(\sin x) \mathrm{d}x. \qquad \square$$

例 5 计算 $\displaystyle\int_0^\pi \frac{x\sin x}{1+\cos^2 x}\mathrm{d}x.$

解 利用例 4(3) 的结果可得

$$\int_0^\pi \frac{x\sin x}{1+\cos^2 x}\mathrm{d}x = \pi\int_0^{\frac{\pi}{2}} \frac{\sin x}{1+\cos^2 x}\mathrm{d}x = -\pi\int_0^{\frac{\pi}{2}} \frac{\mathrm{d}\cos x}{1+\cos^2 x}$$

$$= -\pi\arctan(\cos x)\ \bigg|_0^{\frac{\pi}{2}} = \frac{\pi^2}{4}.$$

例 6 设 $f(x)$ 是连续的周期函数,周期为 T,证明:

$$\int_a^{a+T} f(x)\,\mathrm{d}x = \int_0^T f(x)\,\mathrm{d}x.$$

证 令 $F(a) = \displaystyle\int_a^{a+T} f(x)\,\mathrm{d}x$,则

$$F'(a) = f(a+T) - f(a) = 0,$$

故

$$F(a) = C \quad (C\ \text{为常数}).$$

上式中取 $a = 0$,得 $C = \displaystyle\int_0^T f(x)\,\mathrm{d}x.$ 所以

$$\int_a^{a+T} f(x)\,\mathrm{d}x = \int_0^T f(x)\,\mathrm{d}x. \qquad\qquad \square$$

例 7 计算 $\displaystyle\int_0^{2\pi} \sin mx\cos nx\,\mathrm{d}x\,(m,n \in \mathbf{Z},\text{且}\ m \neq n).$

解 因为 $\sin mx,\cos nx$ 都是以 2π 为周期的周期函数,且 $\sin mx$ 是奇函数,$\cos nx$ 是偶函数,所以

$$\int_0^{2\pi} \sin mx\cos nx\,\mathrm{d}x = \int_{-\pi}^{\pi} \sin mx\cos nx\,\mathrm{d}x = 0.$$

▶▶ **二、定积分的分部积分法**

定理 6.3.2 若 $u(x),v(x)$ 在 $[a,b]$ 上有连续的导数,则

$$\int_a^b u(x)v'(x)\,\mathrm{d}x = u(x)v(x)\ \bigg|_a^b - \int_a^b v(x)u'(x)\,\mathrm{d}x. \tag{6.12}$$

证 因为

$$[u(x)v(x)]' = u(x)v'(x) + u'(x)v(x), \quad a \leqslant x \leqslant b,$$

所以 $u(x)v(x)$ 是 $u(x)v'(x)+u'(x)v(x)$ 在 $[a,b]$ 上的一个原函数,应用 N-L 公式,得

$$\int_a^b [u(x)v'(x) + u'(x)v(x)]\,\mathrm{d}x = u(x)v(x)\ \bigg|_a^b,$$

利用定积分的线性性质并移项即得 (6.12) 式. $\qquad\qquad \square$

公式 (6.12) 称为**定积分的分部积分公式**,且简单地写作

$$\int_a^b u\,\mathrm{d}v = uv\ \bigg|_a^b - \int_a^b v\,\mathrm{d}u.$$

例 8 计算下列定积分:

(1) $\displaystyle\int_0^{\frac{1}{2}}\arcsin x\mathrm{d}x$;   (2) $\displaystyle\int_0^{\sqrt{3}}\ln(x+\sqrt{1+x^2})\mathrm{d}x$;

(3) $\displaystyle\int_0^{\pi}(x\sin x)^2\mathrm{d}x$;   (4) $\displaystyle\int_0^1\mathrm{e}^{-\sqrt{x}}\mathrm{d}x$.

解 (1) $\displaystyle\int_0^{\frac{1}{2}}\arcsin x\mathrm{d}x=x\arcsin x\,\Big|_0^{\frac{1}{2}}-\int_0^{\frac{1}{2}}\frac{x}{\sqrt{1-x^2}}\mathrm{d}x$

$$=\frac{1}{2}\arcsin\frac{1}{2}+\sqrt{1-x^2}\,\Big|_0^{\frac{1}{2}}=\frac{\pi}{12}+\frac{\sqrt{3}}{2}-1.$$

(2) $\displaystyle\int_0^{\sqrt{3}}\ln(x+\sqrt{1+x^2})\mathrm{d}x=x\ln(x+\sqrt{1+x^2})\,\Big|_0^{\sqrt{3}}-\int_0^{\frac{1}{2}}\frac{x}{\sqrt{1+x^2}}\mathrm{d}x$

$$=\sqrt{3}\ln(\sqrt{3}+2)-\sqrt{1+x^2}\,\Big|_0^{\sqrt{3}}=\sqrt{3}\ln(\sqrt{3}+2)-1.$$

(3) $\displaystyle\int_0^{\pi}(x\sin x)^2\mathrm{d}x=\int_0^{\pi}x^2\cdot\frac{1}{2}(1-\cos 2x)\mathrm{d}x=\frac{1}{2}\int_0^{\pi}x^2\mathrm{d}x-\frac{1}{2}\int_0^{\pi}x^2\cos 2x\mathrm{d}x$

$$=\frac{x^3}{6}\,\Big|_0^{\pi}-\frac{1}{4}\int_0^{\pi}x^2\mathrm{d}\sin 2x$$

$$=\frac{\pi^3}{6}-\frac{1}{4}x^2\sin 2x\,\Big|_0^{\pi}+\frac{1}{2}\int_0^{\pi}x\sin 2x\mathrm{d}x$$

$$=\frac{\pi^3}{6}-\frac{1}{4}\int_0^{\pi}x\mathrm{d}\cos 2x=\frac{\pi^3}{6}-\frac{1}{4}x\cos 2x\,\Big|_0^{\pi}+\frac{1}{4}\int_0^{\pi}\cos 2x\mathrm{d}x$$

$$=\frac{\pi^3}{6}-\frac{\pi}{4}.$$

(4) 令 $\sqrt{x}=t$，则

$$\int_0^1\mathrm{e}^{-\sqrt{x}}\mathrm{d}x=\int_0^1\mathrm{e}^{-t}\cdot 2t\mathrm{d}t=-2\int_0^1 t\mathrm{d}\mathrm{e}^{-t}$$

$$=-2t\mathrm{e}^{-t}\,\Big|_0^1+2\int_0^1\mathrm{e}^{-t}\mathrm{d}t=-2\mathrm{e}^{-1}-2\mathrm{e}^{-t}\,\Big|_0^1=2-\frac{4}{\mathrm{e}}.$$

例 9 (1) 证明：$\displaystyle\int_0^{\frac{\pi}{2}}\sin^n x\mathrm{d}x=\int_0^{\frac{\pi}{2}}\cos^n x\mathrm{d}x\,(n\in\mathbf{N}_+)$；

(2) 求 $I_n=\displaystyle\int_0^{\frac{\pi}{2}}\sin^n x\mathrm{d}x\Big(=\int_0^{\frac{\pi}{2}}\cos^n x\mathrm{d}x\Big)$ 的值.

解 由例 4(1) 即知(1)成立.

(2) 当 $n\geqslant 3$ 时，

$$I_n=-\int_0^{\frac{\pi}{2}}\sin^{n-1}x\mathrm{d}\cos x=-\sin^{n-1}x\cos x\,\Big|_0^{\frac{\pi}{2}}+(n-1)\int_0^{\frac{\pi}{2}}\sin^{n-2}x\cos^2 x\mathrm{d}x$$

$$=(n-1)\int_0^{\frac{\pi}{2}}\sin^{n-2}x(1-\sin^2 x)\mathrm{d}x=(n-1)I_{n-2}-(n-1)I_n.$$

所以

$$I_n = \frac{(n-1)}{n}I_{n-2}.$$

于是当 $n \geq 3$ 为奇数时,有

$$I_n = \frac{n-1}{n} \cdot \frac{n-3}{n-2} \cdot \cdots \cdot \frac{4}{5} \cdot \frac{2}{3} \cdot I_1;$$

当 $n \geq 3$ 为偶数时,有

$$I_n = \frac{n-1}{n} \cdot \frac{n-3}{n-2} \cdot \cdots \cdot \frac{3}{4} \cdot I_2.$$

容易算出

$$I_1 = \int_0^{\frac{\pi}{2}} \sin x \mathrm{d}x = 1,$$

$$I_2 = \int_0^{\frac{\pi}{2}} \sin^2 x \mathrm{d}x = \left(\frac{x}{2} - \frac{\sin 2x}{4} \right) \bigg|_0^{\frac{\pi}{2}} = \frac{\pi}{4}.$$

所以

$$I_n = \begin{cases} \dfrac{n-1}{n} \cdot \dfrac{n-3}{n-2} \cdot \cdots \cdot \dfrac{4}{5} \cdot \dfrac{2}{3}, & n \text{ 为大于 1 的正奇数}; \\ \dfrac{n-1}{n} \cdot \dfrac{n-3}{n-2} \cdot \cdots \cdot \dfrac{3}{4} \cdot \dfrac{\pi}{4}, & n \text{ 为正偶数}. \end{cases} \qquad (6.13)$$

公式(6.13)称为**沃利斯(Wallis)积分公式**,它在定积分的计算中经常被应用.

例 10　求 $J_{10} = \int_0^{\pi} x\sin^{10}x \mathrm{d}x$ 的值.

解　$J_{10} = \pi \int_0^{\frac{\pi}{2}} \sin^{10}x \mathrm{d}x = \pi \times \dfrac{9}{10} \times \dfrac{7}{8} \times \dfrac{5}{6} \times \dfrac{3}{4} \times \dfrac{\pi}{4} = \dfrac{63}{512}\pi^2.$

习题 6.3

1. 设 $f(x) = \begin{cases} x+1, & x<0, \\ 0, & x=0, \\ x^2, & x>0, \end{cases}$ 求 $\int_{-2}^0 f(x+1)\mathrm{d}x.$

2. 求下列定积分:

$(1) \int_1^2 \dfrac{\mathrm{d}x}{(4x-1)^3}\mathrm{d}x;$

$(2) \int_2^{e^2} \dfrac{1}{x\sqrt[3]{2+\ln x}}\mathrm{d}x;$

$(3) \int_0^{\frac{\pi}{2}} \cos^5 x \mathrm{d}x;$

$(4) \int_0^{\frac{\pi}{3}} \cos^2 x\sin^4 x \mathrm{d}x;$

$(5) \int_{\frac{\pi}{6}}^{\frac{\pi}{3}} \sec^3 x\tan^3 x \mathrm{d}x;$

$(6) \int_{\frac{\pi}{4}}^{\frac{\pi}{3}} \cos 2x\cos 5x \mathrm{d}x;$

$(7) \int_4^9 \dfrac{\sqrt{x}}{\sqrt{x}-1}\mathrm{d}x;$

$(8) \int_1^{\sqrt{3}} \dfrac{\mathrm{d}x}{x\sqrt{1+x^2}};$

$(9) \int_1^2 \dfrac{\sqrt{x^2-1}}{x}\mathrm{d}x;$

$(10) \int_0^{\frac{\pi}{3}} x\cos 3x \mathrm{d}x;$

（11）$\int_{-1}^{1} x\mathrm{arccot}\, x\mathrm{d}x$；

（12）$\int_{0}^{\frac{\pi}{2}} e^{-2x}\cos 2x\mathrm{d}x$；

（13）$\int_{0}^{1} x^{15}\sqrt{1+3x^8}\,\mathrm{d}x$；

（14）$\int_{0}^{\ln 5} \dfrac{e^x\sqrt{e^x-1}}{e^x+3}\mathrm{d}x$；

（15）$\int_{1}^{2} \dfrac{1}{x(1+x^n)}\mathrm{d}x$；

（16）$\int_{0}^{\pi} (x\sin x)^2\mathrm{d}x$；

（17）$\int_{-\frac{\pi}{2}}^{\frac{\pi}{2}} \dfrac{x+\sin x}{1+\cos x}\mathrm{d}x$；

（18）$\int_{-1}^{1} \dfrac{2x^2+\sin x}{1+\sqrt{1-x^2}}\mathrm{d}x$；

（19）$\int_{-\frac{\pi}{2}}^{\frac{\pi}{2}} \sqrt{\cos x-\cos^3 x}\,\mathrm{d}x$；

（20）$\int_{0}^{3} \arcsin\sqrt{\dfrac{x}{1+x}}\,\mathrm{d}x$．

3. 设 $f(x)=\displaystyle\int_{1}^{x} \dfrac{\mathrm{d}t}{\sqrt{1+t^4}}$，求 $\displaystyle\int_{0}^{1} x^2 f(x)\,\mathrm{d}x$．

4. 求 $\displaystyle\int_{0}^{1}(x-1)^2 f(x)\,\mathrm{d}x$，其中 $f(x)=\displaystyle\int_{0}^{x} e^{-y^2+2y}\mathrm{d}y$．

5. 证明：

$$\int_{0}^{a} x^3 f(x^2)\,\mathrm{d}x=\frac{1}{2}\int_{0}^{a^2} xf(x)\,\mathrm{d}x,$$

其中 $f(x)$ 为连续函数，$a>0$，并计算 $\displaystyle\int_{0}^{\sqrt{\frac{\pi}{2}}} x^3\sin(x^2)\,\mathrm{d}x$．

习题参考答案
与提示 6.3

▶▶ §6.4 反常积分

前面所说的定积分，其积分区间是有限区间且被积函数在积分区间上有界. 但在理论上或实际问题中往往需要讨论无穷区间上的"积分"或无界函数的"积分". 由于突破了定积分的限制，这种积分称为**反常积分**.

▶▶ 一、无穷限的反常积分

定义 6.4.1　设函数 $f(x)$ 在 $[a,+\infty)$ 上连续，任取 $b>a$，称极限

$$\lim_{b\to+\infty}\int_{a}^{b} f(x)\,\mathrm{d}x \tag{6.14}$$

为函数 $f(x)$ 在无穷区间 $[a,+\infty)$ 上的**反常积分**，记作 $\displaystyle\int_{a}^{+\infty} f(x)\,\mathrm{d}x$，即

$$\int_{a}^{+\infty} f(x)\,\mathrm{d}x=\lim_{b\to+\infty}\int_{a}^{b} f(x)\,\mathrm{d}x.$$

若极限（6.14）存在，则称反常积分 $\displaystyle\int_{a}^{+\infty} f(x)\,\mathrm{d}x$ **收敛**. 若极限（6.14）不存在，则称反常积分 $\displaystyle\int_{a}^{+\infty} f(x)\,\mathrm{d}x$ **发散**.

例1　讨论反常积分

$$\int_{\frac{2}{\pi}}^{+\infty} \frac{1}{x^2} \sin \frac{1}{x} dx \qquad (6.15)$$

的敛散性.

解 任取 $b > \dfrac{2}{\pi}$, 则

$$F(b) = \int_{\frac{2}{\pi}}^{b} \frac{1}{x^2} \sin \frac{1}{x} dx = -\int_{\frac{2}{\pi}}^{b} \sin \frac{1}{x} d\frac{1}{x}$$

$$= \left(\cos \frac{1}{x} \right) \Big|_{\frac{2}{\pi}}^{b} = \cos \frac{1}{b},$$

由于

$$\lim_{b \to +\infty} F(b) = \lim_{b \to +\infty} \cos \frac{1}{b} = 1,$$

故反常积分(6.15)收敛, 且

$$\int_{\frac{2}{\pi}}^{+\infty} \frac{1}{x^2} \sin \frac{1}{x} dx = 1.$$

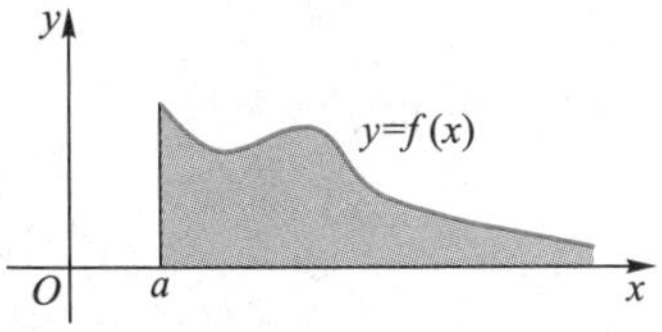

若 $f(x)$ 为 $[a, +\infty)$ 上非负连续函数, 且反常积分 $\int_a^{+\infty} f(x) dx$ 收敛, 则反常积分的值从几何上解释为由曲线

图 6.5

$y = f(x)$ 与直线 $x = a$ 及 x 轴所围向右无限延伸区域的面积(图 6.5 中阴影部分).

类似地利用极限

$$\lim_{a \to -\infty} \int_a^b f(x) dx \quad (a < b)$$

定义反常积分 $\int_{-\infty}^{b} f(x) dx$ 的敛散性.

反常积分 $\int_{-\infty}^{+\infty} f(x) dx$ 定义为

$$\int_{-\infty}^{+\infty} f(x) dx = \int_{-\infty}^{a} f(x) dx + \int_{a}^{+\infty} f(x) dx, \qquad (6.16)$$

其中 a 为任一实数. 当且仅当等号右边的两个反常积分都收敛时, 该反常积分才收敛, 否则是发散的.

例 2 计算反常积分 $\int_{-\infty}^{+\infty} \dfrac{dx}{1 + x^2}$.

解 $\int_{-\infty}^{+\infty} \dfrac{dx}{1 + x^2} = \int_{-\infty}^{0} \dfrac{dx}{1 + x^2} + \int_{0}^{+\infty} \dfrac{dx}{1 + x^2} = \lim_{a \to -\infty} \int_{a}^{0} \dfrac{dx}{1 + x^2} + \lim_{b \to +\infty} \int_{0}^{b} \dfrac{dx}{1 + x^2}$

$= \lim_{a \to -\infty} (-\arctan a) + \lim_{b \to +\infty} (\arctan b) = -\left(-\dfrac{\pi}{2} \right) + \dfrac{\pi}{2} = \pi.$

为了书写的统一与简便, 以后在反常积分的讨论中, 我们也引用定积分 N-L 公式的记法. 如例 2 可写为

$$\int_{-\infty}^{+\infty} \frac{dx}{1 + x^2} = \arctan x \Big|_{-\infty}^{+\infty} = \frac{\pi}{2} - \left(-\frac{\pi}{2} \right) = \pi.$$

例 3   计算反常积分 $\int_0^{+\infty} te^{-pt}\mathrm{d}t\,(p>0)$.

解 $\int_0^{+\infty} te^{-pt}\mathrm{d}t = -\dfrac{1}{p}\int_0^{+\infty} t\mathrm{d}e^{-pt} = -\dfrac{t}{p}e^{-pt}\Big|_0^{+\infty} + \dfrac{1}{p}\int_0^{+\infty} e^{-pt}\mathrm{d}t$

$= -\dfrac{1}{p^2}e^{-pt}\Big|_0^{+\infty} = \dfrac{1}{p^2}.$

例 4   证明反常积分

$$\int_1^{+\infty} \frac{\mathrm{d}x}{x^p} \tag{6.17}$$

当 $p>1$ 时收敛,当 $p\leqslant 1$ 时发散.

证   当 $p=1$ 时,

$$\int_1^{+\infty} \frac{\mathrm{d}x}{x} = \ln x\,\Big|_1^{+\infty} = +\infty.$$

当 $p\neq 1$ 时,

$$\int_1^{+\infty} \frac{\mathrm{d}x}{x^p} = \frac{1}{1-p}x^{1-p}\,\Big|_1^{+\infty} = \begin{cases} \dfrac{1}{1-p}, & p>1, \\[2mm] +\infty, & p<1. \end{cases}$$

所以反常积分(6.17)当 $p>1$ 时收敛,其值为 $\dfrac{1}{1-p}$;当 $p\leqslant 1$ 时发散.   □

▶▶ **二、无界函数的反常积分**

定义 6.4.2   设 $f(x)$ 在 $(a,b]$ 上连续,而在点 a 的任一右邻域内无界. 任取 $t>a$,称极限

$$\lim_{t\to a^+}\int_t^b f(x)\,\mathrm{d}x \tag{6.18}$$

为函数 $f(x)$ 在 $(a,b]$ 上的**反常积分**,记作 $\int_a^b f(x)\,\mathrm{d}x$,即

$$\int_a^b f(x)\,\mathrm{d}x = \lim_{t\to a^+}\int_t^b f(x)\,\mathrm{d}x.$$

若极限(6.18)存在,则称反常积分 $\int_a^b f(x)\,\mathrm{d}x$ **收敛**. 若极限(6.18)不存在,则称反常积分 $\int_a^b f(x)\,\mathrm{d}x$ **发散**.

在定义 6.4.2 中,$f(x)$ 在点 a 的任一右邻域内无界,这时点 a 称为函数 $f(x)$ 的**瑕点**,因此无界函数的反常积分也称为**瑕积分**.

类似地,可定义 b 为瑕点的反常积分

$$\int_a^b f(x)\,\mathrm{d}x = \lim_{t\to b^-}\int_a^t f(x)\,\mathrm{d}x,$$

其中 $f(x)$ 在 $[a,b)$ 上连续,而在点 b 的任一左邻域内无界.

若点 $c\,(a<c<b)$ 为 $f(x)$ 的瑕点,则反常积分 $\int_a^b f(x)\,\mathrm{d}x$ 定义为

$$\int_a^b f(x)\,\mathrm{d}x = \int_a^c f(x)\,\mathrm{d}x + \int_c^b f(x)\,\mathrm{d}x,$$

其中 $f(x)$ 在 $[a,c)\cup(c,b]$ 上连续,而在点 c 的任一邻域内无界. 当且仅当等号右边两个反常积分都收敛时,该反常积分才收敛,否则是发散的.

例 5　计算反常积分 $\displaystyle\int_0^a \frac{\mathrm{d}x}{\sqrt{a^2-x^2}}\ (a>0)$.

解　$x=a$ 为被积函数 $\dfrac{1}{\sqrt{a^2-x^2}}$ 的瑕点.

$$\int_0^a \frac{\mathrm{d}x}{\sqrt{a^2-x^2}} = \left(\arcsin\frac{x}{a}\right)\bigg|_0^{a^-} = \arcsin 1 = \frac{\pi}{2}.$$

例 6　讨论反常积分 $\displaystyle\int_{-1}^1 \frac{\mathrm{d}x}{x^2}$ 的敛散性.

解　$x=0$ 为被积函数 $\dfrac{1}{x^2}$ 的瑕点. 因为

$$\int_0^1 \frac{\mathrm{d}x}{x^2} = -\frac{1}{x}\bigg|_{0^+}^1 = +\infty,$$

所以反常积分 $\displaystyle\int_{-1}^1 \frac{\mathrm{d}x}{x^2}$ 发散.

例 7　证明反常积分

$$\int_0^1 \frac{\mathrm{d}x}{x^q} \tag{6.19}$$

当 $q<1$ 时收敛,当 $q\geq 1$ 时发散.

证　$x=0$ 为被积函数 $\dfrac{1}{x^q}$ 的瑕点. 当 $q=1$ 时,

$$\int_0^1 \frac{\mathrm{d}x}{x} = \ln x\bigg|_{0^+}^1 = +\infty.$$

当 $q\neq 1$ 时,

$$\int_0^1 \frac{\mathrm{d}x}{x^q} = \frac{1}{1-q}x^{1-q}\bigg|_{0^+}^1 = \begin{cases} \dfrac{1}{1-q}, & q<1, \\[2mm] +\infty, & q>1. \end{cases}$$

所以反常积分 (6.19) 当 $q<1$ 时收敛,其值为 $\dfrac{1}{1-q}$,当 $q\geq 1$ 时发散.　□

习题 6.4

1. 求下列反常积分:

(1) $\displaystyle\int_0^{+\infty} e^{-x}\,\mathrm{d}x$;

(2) $\displaystyle\int_1^{+\infty} \frac{\mathrm{d}x}{x(1+x)}$;

(3) $\displaystyle\int_{-\infty}^1 \frac{\mathrm{d}x}{x^2(1+x^2)}$;

(4) $\displaystyle\int_0^{+\infty} x e^{-x^2}\,\mathrm{d}x$;

$(5)\ \displaystyle\int_0^{+\infty} e^{-2x}\cos 3x\,\mathrm{d}x;$ $(6)\ \displaystyle\int_0^1 \frac{\mathrm{d}x}{\sqrt{x}};$

$(7)\ \displaystyle\int_0^1 \ln x\,\mathrm{d}x;$ $(8)\ \displaystyle\int_0^{\sqrt{2}} \frac{\mathrm{d}x}{\sqrt{2-x^2}}.$

2. 判断下列反常积分的敛散性:

$(1)\ \displaystyle\int_0^{+\infty} \frac{x^2}{x^4-x^2+1}\,\mathrm{d}x;$ $(2)\ \displaystyle\int_1^{+\infty} \frac{\mathrm{d}x}{x\sqrt[3]{x^2+1}};$

$(3)\ \displaystyle\int_1^2 \frac{\mathrm{d}x}{\ln^2 x};$ $(4)\ \displaystyle\int_1^{-2} \frac{\mathrm{d}x}{\sqrt[3]{x^2-3x+2}}.$

习题参考答案
与提示 6.4

§6.5 定积分的应用

    定积分是具有特定结构的和式的极限. 如果从实际问题中产生的量(几何量或物理量)在某区间 $[a,b]$ 上确定,当把 $[a,b]$ 分成若干个小区间后,在 $[a,b]$ 上的量 Q 等于各个小区间上所对应的部分量 $\Delta Q_i(i=1,2,\cdots,n)$ 之和(称量 Q 对**区间具有可加性**),我们就可以采用"分割、近似求和、取极限"的方法,通过定积分将量 Q 求出.

    现在我们来简化这个过程:在区间 $[a,b]$ 上任取一点 x,当 x 有增量 Δx(等于它的微分 $\mathrm{d}x$)时,相应地, $Q=Q(x)$ 就有增量 ΔQ,它是 Q 分布在小区间 $[x,x+\mathrm{d}x]$ 上的部分量. 若 ΔQ 的近似表达式为

$$\Delta Q \approx f(x)\,\mathrm{d}x = \mathrm{d}Q,$$

则以 $f(x)\,\mathrm{d}x$ 为被积表达式求从 a 到 b 的定积分. 即得所求量

$$Q = \int_a^b f(x)\,\mathrm{d}x.$$

这里 $\mathrm{d}Q=f(x)\,\mathrm{d}x$ 称为量 Q 的**元素**或**微元**,这种方法称为**元素法**或**微元法**. 本节我们将讲述元素法在几何与物理两方面的应用.

▶▶ 一、定积分在几何中的应用

1. 平面图形的面积

(1) 直角坐标情形.

    根据定积分的几何意义,若 $f(x)$ 是区间 $[a,b]$ 上的非负连续函数,则 $f(x)$ 在 $[a,b]$ 上的曲边梯形(图 6.1)的面积为

$$A = \int_a^b f(x)\,\mathrm{d}x.$$

    若 $f(x)$ 在 $[a,b]$ 上不都是非负的(图 6.3),则所围面积为

$$A = \int_a^b |f(x)|\,\mathrm{d}x.$$

    一般地,若函数 $f(x)$ 和 $g(x)$ 在 $[a,b]$ 上连续且满足 $f(x) \geqslant g(x)$,则由两条连续曲线 $y=f(x)$, $y=g(x)$ 与两条直线 $x=a$, $x=b$ 所围的平面图形(图 6.6)的面积元素为

$$\mathrm{d}A = [f(x)-g(x)]\,\mathrm{d}x.$$

所以

$$A = \int_a^b [f(x) - g(x)] \, dx.$$

若连续曲线的方程为 $x = \varphi(y)(\geqslant 0)$,则由它与直线 $y = c, y = d (c < d)$ 及 y 轴所围成的平面图形(图 6.7)的面积元素为

$$dA = \varphi(y) \, dy.$$

所以

$$A = \int_c^d \varphi(y) \, dy.$$

其他情形可作类似讨论,写出相应的面积元素和面积公式.

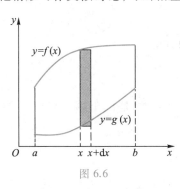

图 6.6

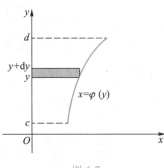

图 6.7

例 1 求由两条抛物线 $y^2 = x, y = x^2$ 所围图形(图 6.8)的面积.

解 解方程组

$$\begin{cases} y^2 = x, \\ y = x^2, \end{cases}$$

得两曲线交点的横坐标

$$x = 0 \quad \text{及} \quad x = 1.$$

所围图形的面积为

$$A = \int_0^1 (\sqrt{x} - x^2) \, dx = \left(\frac{2}{3} x^{\frac{3}{2}} - \frac{1}{3} x^3 \right) \Big|_0^1 = \frac{1}{3}.$$

例 2 求由抛物线 $y^2 = 2x + 1$ 与直线 $y = x - 1$ 所围图形(图 6.9)的面积.

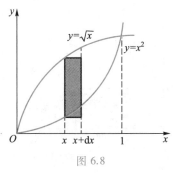

图 6.8

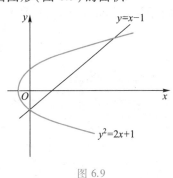

图 6.9

解 解方程组

$$\begin{cases} y^2 = 2x + 1, \\ y = x - 1, \end{cases}$$

得曲线与直线的交点 $(0,-1)$ 和 $(4,3)$.

以 y 为积分变量,则所围图形的面积为

$$A = \int_{-1}^{3} \left[y + 1 - \frac{1}{2}(y^2 - 1) \right] dy.$$

$$= \left(\frac{y^2}{2} - \frac{y^3}{6} + \frac{3}{2}y \right) \Big|_{-1}^{3} = \frac{16}{3}.$$

若以 x 为积分变量,

$$A = 2\int_{-\frac{1}{2}}^{0} \sqrt{2x + 1}\, dx + \int_{0}^{4} \left[\sqrt{2x + 1} - (x - 1) \right] dx,$$

则计算量较大. 可见,适当选取积分变量会给计算带来方便.

例 3   求椭圆 $\dfrac{x^2}{a^2} + \dfrac{y^2}{b^2} = 1$ 的面积(图 6.10).

解   由于椭圆关于 x 轴与 y 轴都是对称的,故它的面积是位于第一象限内的面积的 4 倍.

$$A = 4\int_{0}^{a} y\,dx = 4\int_{0}^{a} \frac{b}{a} \sqrt{a^2 - x^2}\, dx$$

$$= \frac{4b}{a} \left(\frac{x}{2}\sqrt{a^2 - x^2} + \frac{a^2}{2}\arcsin\frac{x}{a} \right) \Big|_{0}^{a} = \pi ab.$$

在例 3 中,若写出椭圆的参数方程

$$\begin{cases} x = a\cos t, \\ y = b\sin t \end{cases} \quad (0 \leqslant t \leqslant 2\pi),$$

应用换元公式得

$$A = 4\int_{\frac{\pi}{2}}^{0} b\sin t(-a\sin t)\,dt = 4ab\int_{0}^{\frac{\pi}{2}} \sin^2 t\,dt = 4ab \cdot \frac{\pi}{4} = \pi ab.$$

例 4   求由摆线

$$\begin{cases} x = a(t - \sin t), \\ y = a(1 - \cos t) \end{cases} \quad (0 \leqslant t \leqslant 2\pi)$$

的一拱与横轴所围图形(图 6.11)的面积.

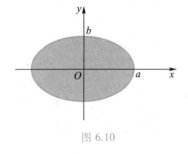

图 6.10

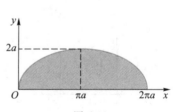

图 6.11

解 $A = \int_0^{2\pi} a(1 - \cos t) \cdot a(1 - \cos t)\mathrm{d}t$

$\qquad = a^2 \int_0^{2\pi} \left(2\sin^2 \dfrac{t}{2}\right)^2 \mathrm{d}t$

$\xrightarrow{\ \ \ \ \ 令\frac{t}{2} = \theta\ \ \ \ \ } 8a^2 \int_0^{\pi} \sin^4 \theta \mathrm{d}\theta = 16a^2 \int_0^{\frac{\pi}{2}} \sin^4 \theta \mathrm{d}\theta$

$\qquad = 16a^2 \cdot \dfrac{3}{4} \cdot \dfrac{\pi}{4} = 3\pi a^2.$

（2）极坐标情形.

设围成平面图形的一条曲边由极坐标方程

$$\rho = \rho(\theta) \quad (\alpha \leqslant \theta \leqslant \beta)$$

给出,其中 $\rho(\theta)$ 在 $[\alpha, \beta]$ 上连续且 $\rho(\theta) \geqslant 0, 0 \leqslant \beta - \alpha \leqslant 2\pi.$ 由曲线 $\rho = \rho(\theta)$ 与两条射线 $\theta = \alpha$, $\theta = \beta$ 所围成的图形称为**曲边扇形**(图 6.12). 试求这个曲边扇形的面积.

应用元素法. 取极角 θ 为积分变量,其变化区间为 $[\alpha, \beta]$. 相应于任一小区间 $[\theta, \theta + \mathrm{d}\theta]$ 的小曲边扇形面积近似于半径为 $\rho(\theta)$,中心角为 $\mathrm{d}\theta$ 的圆扇形面积,从而得曲边扇形的面积元素

$$\mathrm{d}A = \frac{1}{2}\rho^2(\theta)\mathrm{d}\theta.$$

以此为被积表达式,在闭区间 $[\alpha, \beta]$ 上作定积分,可得所求曲边扇形的面积为

$$A = \frac{1}{2}\int_\alpha^\beta \rho^2(\theta)\mathrm{d}\theta.$$

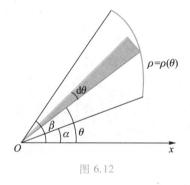

图 6.12

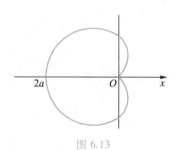

图 6.13

例 5 求心形线 $\rho = a(1 - \cos \theta)$ 所围图形(图 6.13)的面积.

解 利用对称性,所求面积为

$$A = 2\int_0^{\pi} \frac{1}{2}a^2(1 - \cos \theta)^2 \mathrm{d}\theta$$

$$= a^2 \int_0^{\pi} 4\sin^4 \frac{\theta}{2}\mathrm{d}\theta$$

$$\xrightarrow{\ \ \ \ \ 令\frac{\theta}{2} = t\ \ \ \ \ } 8a^2 \int_0^{\frac{\pi}{2}} \sin^4 t\,\mathrm{d}t.$$

$$= 8a^2 \cdot \frac{3}{4} \cdot \frac{\pi}{4} = \frac{3}{2}\pi a^2.$$

例 6 求由两曲线 $\rho = \sqrt{2}\sin\theta, \rho^2 = \cos 2\theta$ 所围图形(图 6.14)的面积.

解 解方程组

$$\begin{cases} \rho = \sqrt{2}\sin\theta, \\ \rho^2 = \cos 2\theta \end{cases} \quad (0 \leqslant \theta \leqslant \pi),$$

得

$$\theta_1 = \frac{\pi}{6}, \quad \theta_2 = \frac{5\pi}{6}.$$

利用对称性,所求面积为

$$A = 2\left[\frac{1}{2}\int_0^{\frac{\pi}{6}} (\sqrt{2}\sin\theta)^2 d\theta + \frac{1}{2}\int_{\frac{\pi}{6}}^{\frac{\pi}{4}} \cos 2\theta d\theta \right]$$

$$= 2\left(\frac{\theta}{2} - \frac{\sin 2\theta}{4} \right) \bigg|_0^{\frac{\pi}{6}} + \frac{1}{2}\sin 2\theta \bigg|_{\frac{\pi}{6}}^{\frac{\pi}{4}} = \frac{\pi}{6} + \frac{1-\sqrt{3}}{2}.$$

2. 立体体积

(1) 已知平行截面面积的立体体积.

设空间某立体夹在垂直于 x 轴的两平面 $x=a, x=b(a<b)$ 之间(图 6.15),以 $A(x)$ 表示过 $x(a<x<b)$,且垂直于 x 轴的截面面积. 若 $A(x)$ 为已知的连续函数,则相应于 $[a,b]$ 的任一小区间 $[x,x+dx]$ 上的薄片的体积近似于底面积为 $A(x)$,高为 dx 的柱体体积,从而得体积元素

$$dV = A(x)dx.$$

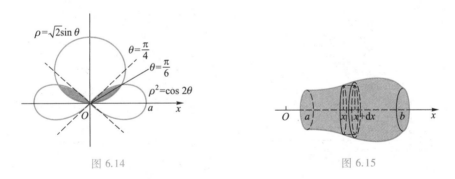

图 6.14   图 6.15

所求体积为

$$V = \int_a^b A(x)dx.$$

例 7 设有一截锥体,其高为 h,上下底均为椭圆,椭圆的轴长分别为 $2a,2b$ 和 $2A,2B$,求这截锥体的体积.

解 取截锥体的中心线为 t 轴(图 6.16),即取 t 为积分变量,其变化区间为 $[0,h]$. 在 $[0,h]$ 上任取一点 t,过 t 且垂直于 t 轴的截面面积记为 πxy. 容易算出

$$x = a + \frac{A-a}{h}t, \quad y = b + \frac{B-b}{h}t.$$

所以这截锥体的体积为

$$V = \int_0^h \pi \left(a + \frac{A-a}{h} t \right) \left(b + \frac{B-b}{h} t \right) \mathrm{d}t$$

$$= \frac{\pi h}{6} \left[aB + Ab + 2(ab + AB) \right].$$

例 8 一平面经过半径为 R 的圆柱体的底圆中心,并与底面交成 α 角(图 6.17),计算该平面截圆柱体所得立体的体积.

解 如图 6.17 所示取坐标系,则底圆的方程为

$$x^2 + y^2 = R^2.$$

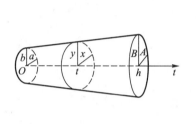

图 6.16

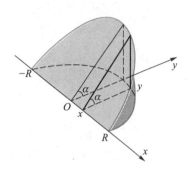

图 6.17

垂直于 x 轴的截面是直角三角形,它的两条直角边的长分别为 y 及 $y\tan \alpha$,故截面面积为

$$A(x) = \frac{1}{2}(R^2 - x^2)\tan \alpha \quad (-R \leqslant x \leqslant R).$$

利用对称性

$$V = 2\int_0^R \frac{1}{2}(R^2 - x^2)\tan \alpha \mathrm{d}x = 2\tan \alpha \left(R^2 x - \frac{1}{3}x^3 \right) \Big|_0^R = \frac{2}{3} R^3 \tan \alpha.$$

(2) 旋转体的体积.

旋转体是一类特殊的已知平行截面面积的立体,容易导出它的计算公式. 例如由连续曲线 $y = f(x)$,$x \in [a,b]$ 绕 x 轴旋转一周所得的旋转体(图 6.18). 由于过 $x (a \leqslant x \leqslant b)$,且垂直于 x 轴的截面是半径等于 $f(x)$ 的圆,截面面积为

$$A(x) = \pi f^2(x).$$

所以这旋转体的体积为

$$V = \pi \int_a^b f^2(x) \mathrm{d}x.$$

类似地,由连续曲线 $x = \varphi(y)$,$y \in [c,d]$ 绕 y 轴旋转一周所得旋转体的体积为

$$V = \pi \int_c^d \varphi^2(y) \mathrm{d}y.$$

例 9 求底面半径为 r,高为 h 的正圆锥体的体积.

解 这圆锥体可看作由直线 $y = \frac{r}{h} x$,$x \in [0,h]$ 绕 x 轴旋转一周而成(图 6.19),所求体积

为

$$V = \pi \int_0^h \left(\frac{r}{h} x \right)^2 \mathrm{d}x = \frac{\pi r^2}{h^2} \cdot \frac{x^3}{3} \bigg|_0^h = \frac{\pi}{3} r^2 h.$$

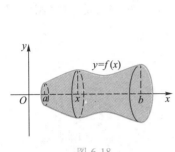

图 6.18

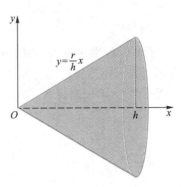

图 6.19

例 10 求由椭圆 $\dfrac{x^2}{a^2} + \dfrac{y^2}{b^2} = 1$ 绕 x 轴旋转一周而产生的旋转体的体积.

解 这个旋转椭球体可看作由半个椭圆

$$y = \frac{b}{a} \sqrt{a^2 - x^2} \quad (-a \leqslant x \leqslant a)$$

绕 x 轴旋转一周而成. 所以它的体积为

$$V = \pi \int_{-a}^a \left(\frac{b}{a} \sqrt{a^2 - x^2} \right)^2 \mathrm{d}x = \frac{2\pi b^2}{a^2} \int_0^a (a^2 - x^2) \mathrm{d}x = \frac{4}{3} \pi a b^2.$$

特别当 $a = b = R$ 时,得半径为 R 的球体的体积 $V_{球} = \dfrac{4}{3} \pi R^3$.

3. 平面曲线的弧长

设 A, B 是曲线弧上的两个端点,在弧 $\overset{\frown}{AB}$ 上依次插入 $n-1$ 个分点

$$A = M_0, M_1, \cdots, M_i, \cdots, M_{n-1}, M_n = B,$$

并依次连接相邻分点得一内接折线(图 6.20),

若当折线段的最大边长 $\lambda \to 0$ 时,折线的长度 $\displaystyle\sum_{i=1}^n |M_{i-1} M_i|$ 趋于一个确定的值 s,则称

此极限值 s 为曲线弧 $\overset{\frown}{AB}$ 的弧长,即 $s = \displaystyle\lim_{\lambda \to 0} \sum_{i=1}^n |M_{i-1} M_i|$,并称此曲线弧为可求长的.

可以证明:光滑曲线弧是可求长的.

下面应用元素法,来导出计算光滑曲线段弧长的公式.

设有一曲线弧 $\overset{\frown}{AB}$,它的方程为

$$y = f(x), \quad x \in [a, b].$$

若 $f(x)$ 在 $[a, b]$ 上有连续的导数,则弧段 $\overset{\frown}{AB}$ 是光滑的,试求这段光滑曲线的长度.

如图 6.21 所示,取 x 为积分变量,其变化区间为 $[a, b]$. 相应于 $[a, b]$ 上任一小区间 $[x$,

$x+\mathrm{d}x$]的一段弧的长度,可以用曲线在点$(x,f(x))$处切线上相应的一直线段的长度来近似代替,这直线段的长度为

$$\sqrt{(\mathrm{d}x)^2 + (\mathrm{d}y)^2} = \sqrt{1 + y'^2}\,\mathrm{d}x,$$

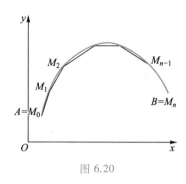

图 6.20

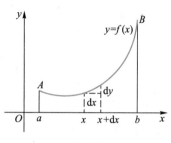

图 6.21

于是得弧长元素(即弧微分)

$$\mathrm{d}s = \sqrt{1 + y'^2}\,\mathrm{d}x,$$

因此所求的弧长为

$$s = \int_a^b \sqrt{1 + y'^2}\,\mathrm{d}x.$$

若弧段$\overset{\frown}{AB}$由参数方程

$$\begin{cases} x = x(t), \\ y = y(t) \end{cases} \quad (\alpha \leqslant t \leqslant \beta)$$

给出,其中$x(t),y(t)$在$[\alpha,\beta]$上有连续的导数,且$[x'(t)]^2+[y'(t)]^2 \neq 0$. 则弧长元素为

$$\mathrm{d}s = \sqrt{[x'(t)]^2 + [y'(t)]^2}\,\mathrm{d}t,$$

因此

$$s = \int_\alpha^\beta \sqrt{[x'(t)]^2 + [y'(t)]^2}\,\mathrm{d}t.$$

若弧段$\overset{\frown}{AB}$由极坐标方程

$$\rho = \rho(\theta) \quad (\theta_1 \leqslant \theta \leqslant \theta_2)$$

给出,其中$\rho(\theta)$在$[\theta_1,\theta_2]$上有连续的导数,则应用极坐标

$$x = \rho\cos\theta, \quad y = \rho\sin\theta,$$

$\theta_1 \leqslant \theta \leqslant \theta_2$,可得弧长元素为

$$\mathrm{d}s = \sqrt{[x'(\theta)]^2 + [y'(\theta)]^2}\,\mathrm{d}\theta = \sqrt{\rho^2 + \rho'^2}\,\mathrm{d}\theta,$$

因此

$$s = \int_{\theta_1}^{\theta_2} \sqrt{\rho^2 + \rho'^2}\,\mathrm{d}\theta.$$

例 11　求悬链线$y = \dfrac{\mathrm{e}^x + \mathrm{e}^{-x}}{2}$从$x=0$到$x=a$那一段的弧长(图 6.22).

解　$y' = \dfrac{e^x - e^{-x}}{2}$，弧长元素为

$$ds = \sqrt{1 + y'^2}\,dx$$
$$= \dfrac{e^x + e^{-x}}{2}\,dx.$$

因此

$$s = \int_0^a \dfrac{e^x + e^{-x}}{2}\,dx = \dfrac{e^a - e^{-a}}{2}.$$

例 12　在摆线 $x = a(t - \sin t)$，$y = a(1 - \cos t)$ 上求分摆线第一拱（图 6.11）成 $1 : 3$ 的点的坐标.

解　弧长元素为

$$ds = \sqrt{a^2(1 - \cos t)^2 + a^2\sin^2 t}\,dt = 2a\sin\dfrac{t}{2}\,dt.$$

设 $t = \tau$ 时，点的坐标 $(x(\tau), y(\tau))$ 分摆线第一拱成 $1 : 3$，则

$$3\int_0^\tau 2a\sin\dfrac{t}{2}\,dt = \int_\tau^{2\pi} 2a\sin\dfrac{t}{2}\,dt.$$

上式等号两边计算定积分有

$$3\left(1 - \cos\dfrac{\tau}{2}\right) = 1 + \cos\dfrac{\tau}{2},$$

解得 $\tau = \dfrac{2\pi}{3}$. 所求的点的坐标为

$$x(\tau) = \left(\dfrac{2\pi}{3} - \dfrac{\sqrt{3}}{2}\right)a, \quad y(\tau) = \dfrac{3a}{2}.$$

例 13　求阿基米德（Archimedes）螺线 $\rho = a\theta\,(a > 0)$ 相应于 θ 从 0 到 2π 的一段（图 6.23）的弧长.

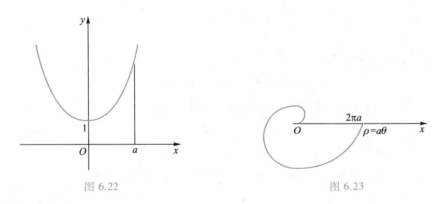

图 6.22　　　　　　　　　　　　图 6.23

解　$\rho' = a$,

$$ds = \sqrt{(a\theta)^2 + a^2}\,d\theta = a\sqrt{1 + \theta^2}\,d\theta.$$

所以

$$s = \int_0^{2\pi} a\sqrt{1 + \theta^2}\, d\theta$$

$$= a\left[\frac{\theta}{2}\sqrt{1 + \theta^2} + \frac{1}{2}\ln(\theta + \sqrt{1 + \theta^2}) \right]\Bigg|_0^{2\pi}$$

$$= a\left[\pi\sqrt{1 + 4\pi^2} + \frac{1}{2}\ln(2\pi + \sqrt{1 + 4\pi^2}) \right].$$

►► 二、定积分在物理中的应用

1. 变力沿直线所做的功

由物理学知道,若物体在做直线运动的过程中一直受与运动方向一致的常力 F 的作用,则当物体有位移 s 时,力 F 所做的功为

$$W = F \cdot s.$$

现在我们来考虑变力沿直线做功问题.

设某物体在力 F 的作用下沿 x 轴从 a 移动至 b(图 6.24),并设力 F 平行于 x 轴且为 x 的连续函数 $F = F(x)$. 相应于 $[a,b]$ 的任一小区间 $[x, x+dx]$,可以把 $F(x)$ 看作是物体经过这一小区间时所受的力. 因此功元素为

$$dW = F(x)dx.$$

所以当物体沿 x 轴从 a 移动至 b 时,作用在其上的力 $F = F(x)$ 所做的功为

$$W = \int_a^b F(x)dx.$$

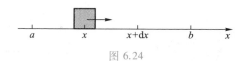

图 6.24

例 14   用铁锤将铁钉击入木板. 设木板对铁钉的阻力与铁钉击入木板的深度成正比,在击第一次时,将铁钉击入木板 1 cm,如果铁锤每次打击铁钉所做的功相等,问锤击第二次时,铁钉又击入多少?

解   设铁钉击入木板的深度为 x,所受阻力

$$f = kx \quad (k \text{ 为比例常数}).$$

铁锤第一次将铁钉击入木板 1 cm,所做的功为

$$W = \int_0^1 kx\,dx = \frac{k}{2}.$$

由于第二次锤击铁钉所做的功与第一次相等,故有

$$\int_1^x kt\,dt = \frac{k}{2},$$

其中 $x > 1$ 为两次锤击共将铁钉击入木板的深度. 上式即

$$\frac{k}{2}(x^2 - 1) = \frac{k}{2}.$$

解得 $x=\sqrt{2}$，所以第二次锤击将铁钉击入木板的深度为 $\sqrt{2}-1$ cm.

例 15 有一圆柱形大蓄水池，直径为 20 m，高为 30 m，池中盛水半满（即水深 15 m）. 求将水从池口全部抽出所做的功（取 $g=9.8$ m/s²，水的密度 $\rho=1.0\times10^3$ kg/m³）.

解 建立坐标系如图 6.25 所示. 水深区间为 $[15,30]$. 相应于 $[15,30]$ 的任一小区间 $[x,x+\mathrm{d}x]$ 的水层，其高度为 $\mathrm{d}x$，这薄层水所受的重力为 $\rho g\pi\cdot10^2\mathrm{d}x$，所以功元素

$$\mathrm{d}W=\rho g\pi\cdot10^2x\mathrm{d}x$$

从而所做的功为

$$W=\int_{15}^{30}\rho g\pi\cdot10^2x\mathrm{d}x\approx1\ 038\ 555(\mathrm{kJ}).$$

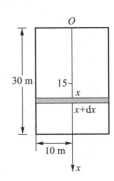

图 6.25

2. 液体的侧压力

由物理学知道，一水平放置在液体中的薄板，其面积为 A，距液面的深度为 h，则薄板一侧所受的压力为

$$P=pA,$$

其中 $p=\rho gh$ 是液体中深为 h 处的压强，ρ 为液体的密度，g 为重力加速度.

但在实际问题中，往往需要计算与液面垂直放置的薄板一侧所受的压力. 由于薄板在不同深度处压强不同，故不能直接应用上述公式进行计算，需要应用元素法解决.

例 16 一水平横放的半径为 R 的圆桶，内盛半桶密度为 ρ 的液体（图 6.26（a）），求桶的一个端面所受的侧压力.

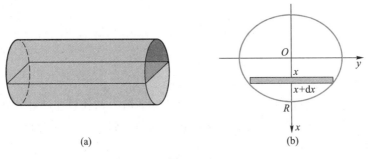

(a)   (b)

图 6.26

解 建立坐标系如图 6.26（b）所示，则半圆的方程为

$$y=\pm\sqrt{R^2-x^2}\quad(0\leqslant x\leqslant R).$$

取 x 为积分变量，它的变化区间为 $[0,R]$. 相应于 $[0,R]$ 的任一小区间 $[x,x+\mathrm{d}x]$，侧压力元素为

$$\mathrm{d}P=\rho gx\cdot2\sqrt{R^2-x^2}\mathrm{d}x,$$

故端面所受侧压力为

$$P=\int_0^R2\rho gx\sqrt{R^2-x^2}\mathrm{d}x=\frac{2g\rho}{3}R^3.$$

3. 引力

由物理学知道,质量分别为 m_1、m_2 的质点,相距为 r 的两质点间的引力的大小为

$$F = G\frac{m_1 m_2}{r^2},$$

其中 G 为引力常数,引力的方向沿着两质点的连线方向.

若要计算一根细棒对一个质点的引力,则需要应用元素法解决.

例 17 设有一长度为 l,线密度为 μ 的均匀细直棒,在其中垂线上距 a 单位处有一质量为 m 的质点 M,试计算该棒对质点 M 的引力.

解 建立坐标系如图 6.27 所示. 细棒上小段 $[y, y+\mathrm{d}y]$ 对质点的引力大小为

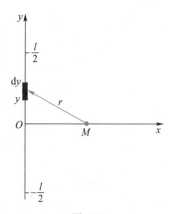

图 6.27

$$\mathrm{d}F = G\frac{m\mu\mathrm{d}y}{a^2 + y^2},$$

其中 G 为引力系数. 细棒对质点 M 引力的水平分力 F_x 的元素为

$$\mathrm{d}F_x = -G\frac{am\mu\mathrm{d}y}{(a^2 + y^2)^{\frac{3}{2}}}.$$

于是

$$
\begin{aligned}
F_x &= -\int_{-\frac{l}{2}}^{\frac{l}{2}} G\frac{am\mu\mathrm{d}y}{(a^2 + y^2)^{\frac{3}{2}}} \\
&= -2Gam\mu\int_0^{\frac{l}{2}} \frac{\mathrm{d}y}{(a^2 + y^2)^{\frac{3}{2}}} \\
&= \frac{-2Gm\mu}{a} \cdot \frac{y}{\sqrt{a^2 + y^2}}\bigg|_0^{\frac{l}{2}} \\
&= \frac{-2Gm\mu l}{a\sqrt{4a^2 + l^2}}.
\end{aligned}
$$

由对称性知,引力在垂直方向分力为

$$F_y = 0.$$

故细棒对质点 M 的引力大小为

$$F = \frac{2Gm\mu l}{a\sqrt{4a^2 + l^2}}.$$

习题 6.5

1. 求由抛物线 $y = x^2$ 与直线 $y = 2x+3$ 所围成的图形的面积.

2. 抛物线 $y^2 = 2x$ 把圆 $x^2 + y^2 \leq 8$ 分成两部分,分别求出这两部分的面积.

3. 求由抛物线 $y^2 = -4(x-1)$ 与抛物线 $y^2 = -2(x-2)$ 所围成的图形的面积.

4. 求双纽线 $\rho^2 = a^2 \cos 2\theta$ 所围图形面积.

5. 计算心形线 $\rho = a(1+\cos\theta)(a>0)$ 与圆 $\rho = a$ 所围图形的面积.

6. 有一立体,底面是半径为 R 的圆,而垂直于底面上一条固定直径的所有截面都是等边三角形,求它的体积.

7. 分别计算摆线 $\begin{cases} x = a(t-\sin t), \\ y = a(1-\cos t) \end{cases}$ $(0 \leqslant t \leqslant 2\pi)$ 与 x 轴所围图形绕 x 轴、绕 y 轴旋转而成的立体的体积.

8. 求下列曲线的弧长:

(1) $y = \ln x (\sqrt{3} \leqslant x \leqslant \sqrt{8})$;

(2) $\begin{cases} x = a(\cos t + t\sin t), \\ y = a(\sin t - t\cos t) \end{cases}$ $(a>0, 0 \leqslant t \leqslant 2\pi)$;

(3) $\rho = a(1+\cos\theta)(0 \leqslant \theta \leqslant 2\pi)$.

9. 有一弹簧,用 5 N 的力可以把它拉长 0.01 m,求把弹簧拉长 0.1 m,力所做的功.

10. 有一圆柱形大蓄水池,直径为 20 m,高为 30 m,池内盛有水,水深 27 m. 求将水从池口全部抽出所做的功(取 $g = 9.8 \text{ m/s}^2$,水的密度 $\rho = 1.0 \times 10^3 \text{ kg/m}^3$).

11. 有一等腰梯形闸门,它的上、下两条底边各长为 10 m 和 6 m,高为 20 m,计算当水面与上底边相齐时,闸门一侧所受的水压力(取 $g = 9.8 \text{ m/s}^2$,水的密度 $\rho = 1.0 \times 10^3 \text{ kg/m}^3$).

12. 有一均匀细杆,长为 l,质量为 M,在细杆的延长线上有质点 A,其质量为 m,距 l 端点的距离为 a,求

(1) 它们之间的引力;

(2) 当质点从距细杆近端点为 r_1 处移至 r_2 处时,引力所做的功.

习题参考答案
与提示 6.5

总习题六

1. 单项选择题:

(1) 设在 $[a,b]$ 上 $f(x)>0, f'(x)>0, f''(x)<0$,令

$$A_1 = \int_a^b f(x)\mathrm{d}x, \quad A_2 = f(a)(b-a), \quad A_3 = \frac{f(a)+f(b)}{2}(b-a),$$

则 ( ).

    A. $A_1 < A_2 < A_3$ B. $A_2 < A_1 < A_3$ C. $A_3 < A_1 < A_2$ D. $A_2 < A_3 < A_1$

(2) 设 $\int_1^e \frac{1}{x} f(\ln x)\mathrm{d}x = \int_a^1 f(x)\mathrm{d}x$,则 $a = ($).

    A. 0   B. 1   C. e   D. e^{-1}

(3) 设 $y = \int_0^x (t-1)^2(t-2)\mathrm{d}t$,则 $\left.\dfrac{\mathrm{d}y}{\mathrm{d}x}\right|_{x=0} = ($).

    A. -2 B. -1 C. 2   D. 1

(4) 设 $f(x)$ 连续,$F(x) = \int_0^{x^3} f(t^2)\mathrm{d}t$,则 $F'(x) = ($).

    A. $f(x^6)$ B. $x^3 f(x^6)$ C. $3x^2 f(x^6)$ D. $3x^2 f(x^3)$

(5) 设 $f(x)$ 在 $[0,1]$ 上连续且单调增加，$f\left(\dfrac{1}{5}\right)=0$，则函数 $\displaystyle\int_0^x f(t)\,\mathrm{d}t$（ ）．

    A. 在 $[0,1]$ 上单调减少   B. 在 $[0,1]$ 上单调增加

    C. 在 $(0,1)$ 内有极大值   D. 在 $(0,1)$ 内有极小值

(6) 若 $a>0$，$\displaystyle\lim_{x\to 0}\frac{1}{x-\sin x}\int_0^x \frac{t^2\,\mathrm{d}t}{\sqrt{a+t}}=\lim_{x\to\frac{\pi}{6}}\sin\left(\frac{\pi}{6}-x\right)\tan 3x$，则 a 的值为（ ）．

    A. 0   B. 6   C. 18   D. 36

(7) 反常积分 $\displaystyle\int_2^{+\infty}\frac{\mathrm{d}x}{x(\ln x)^k}$，当 k（ ）时收敛．

    A. >1 B. $\geqslant 1$ C. <1 D. $\leqslant 1$

(8) 反常积分 $I_1=\displaystyle\int_1^{+\infty}\frac{\mathrm{d}x}{x(1+x^2)}$，$I_2=\displaystyle\int_0^1\frac{\mathrm{d}x}{x(1+x^2)}$，则下述结论正确的是（ ）．

    A. I_1 收敛，I_2 收敛   B. I_1 收敛，I_2 发散

    C. I_1 发散，I_2 收敛   D. I_1 发散，I_2 发散

2. 填空题：

(1) 设 $f''(x)$ 在 $[0,1]$ 上连续且 $f(0)=1$，$f(2)=3$，$f'(2)=5$，则 $\displaystyle\int_0^1 xf''(2x)\,\mathrm{d}x=$ _____．

(2) 设 $f(x)$ 连续，且 $\displaystyle\int_0^{3x^3+1}f(t)\,\mathrm{d}t=2x$，则 $f(13)=$ _____．

(3) 设 $f(x)$ 为连续函数，且 $F(x)=\displaystyle\int_{\frac{1}{x}}^{\ln x}f(t)\,\mathrm{d}t$，则 $F'(x)=$ _____．

(4) 已知 $\displaystyle\int_0^1 f(x)\,\mathrm{d}x=1$，$f(1)=0$，则 $\displaystyle\int_0^1 xf'(x)\,\mathrm{d}x=$ _____．

(5) 设 $f(x)$ 在 $[-a,a]$ 上连续，$a\neq 0$，则 $\displaystyle\int_{-a}^a x[f(x)+f(-x)]\,\mathrm{d}x=$ _____．

(6) 设 $f(x)=\begin{cases}xe^{x^2}, & -\dfrac{1}{2}\leqslant x<\dfrac{1}{2},\\ -1, & x\geqslant\dfrac{1}{2},\end{cases}$ 则 $\displaystyle\int_{\frac{1}{2}}^2 f(x-1)\,\mathrm{d}x=$ _____．

(7) 设 $f(x)=1+\dfrac{1}{1+x^2}+x^2\displaystyle\int_0^1 f(x)\,\mathrm{d}x$，则 $\displaystyle\int_0^1 f(x)\,\mathrm{d}x=$ _____．

3. 证明下列不等式：

(1) $\dfrac{\pi}{2}<\displaystyle\int_0^{\frac{\pi}{2}}e^{\sin x}\,\mathrm{d}x<\dfrac{\pi}{2}e$；
          (2) $\dfrac{\pi}{21}<\displaystyle\int_{\frac{\pi}{4}}^{\frac{\pi}{8}}\frac{\mathrm{d}x}{1+\sin^2 x}<\dfrac{\pi}{18}$；

(3) $1<\displaystyle\int_0^1 e^x\,\mathrm{d}x<e$；
          (4) $1<\displaystyle\int_0^{\frac{\pi}{2}}\frac{\sin x}{x}\,\mathrm{d}x<\dfrac{\pi}{2}$．

4. 求下列极限：

(1) $\displaystyle\lim_{x\to+\infty}\frac{\left(\displaystyle\int_0^x e^{t^2}\,\mathrm{d}t\right)^2}{\displaystyle\int_0^x e^{2t^2}\,\mathrm{d}t}$；
          (2) $\displaystyle\lim_{x\to 0}\frac{1}{x}\int_0^x (1+\sin 2t)^{\frac{1}{t}}\,\mathrm{d}t$．

5. 设 $f(x),g(x)$ 在 $[a,b]$ 上可积，证明施瓦茨（Schwarz）不等式

$$\left(\int_a^b f(x)g(x)\,\mathrm{d}x\right)^2\leqslant\int_a^b f^2(x)\,\mathrm{d}x\cdot\int_a^b g^2(x)\,\mathrm{d}x.$$

6. 设 $f(x)$ 在 $[a,b]$ 上连续, 证明: $\int_a^b f(x)\,\mathrm{d}x = \int_a^b f(a+b-x)\,\mathrm{d}x$.

7. 证明: $\int_0^1 x^m (1-x)^n\,\mathrm{d}x = \int_0^1 x^n (1-x)^m\,\mathrm{d}x$.

8. 设 $f(x)$ 是连续函数, 证明:

(1) 若 $f(x)$ 是奇函数, 则 $\int_0^x f(t)\,\mathrm{d}t$ 是偶函数;

(2) 若 $f(x)$ 是偶函数, 则 $\int_0^x f(t)\,\mathrm{d}t$ 是奇函数.

9. 证明: $I_n = \int_0^1 \dfrac{x^n}{\sqrt{1-x^2}}\,\mathrm{d}x = \begin{cases} \dfrac{(2k-1)!!}{(2k)!!}\cdot\dfrac{\pi}{2}, & n=2k, \\[2mm] \dfrac{(2k)!!}{(2k+1)!!}, & n=2k+1. \end{cases}$

10. 设 $f(x)$ 为连续函数, 证明: $\int_0^x f(t)(x-t)\,\mathrm{d}t = \int_0^x\left(\int_0^t f(u)\,\mathrm{d}u\right)\mathrm{d}t$.

11. 求由抛物线 $y=-x^2+4x-3$ 及其在点 $(0,-3)$ 和 $(3,0)$ 处的切线所围成的图形的面积.

12. 求位于曲线 $y=\mathrm{e}^x$ 下方, 该曲线过原点的切线的左方以及 x 轴上方之间的图形的面积.

13. 求由抛物线 $y^2=4ax$ 与过焦点的弦所围成的图形面积的最小值.

14. 求半径为 R, 高为 h 的球冠的体积 $(h\le R)$.

15. 计算半立方抛物线 $y^2=\dfrac{2}{3}(x-1)^3$ 被抛物线 $y^2=\dfrac{x}{3}$ 截得的一段弧的长度.

16. 设有一半径为 10 m 的半球形蓄水池, 池中蓄满了水, 求把水从池口全部抽出所做的功.

17. 半径为 r 的球沉入水中, 球的上部与水面相切, 球的密度与水相同, 现将球从水中取出, 需做多少功?

习题参考答案
与提示六

18. 有一矩形闸门, 底边长 2 m, 高为 3 m, 水面超过门顶 2 m, 求闸门上所受的水压力.

19. 设质点 A 的质量为 m, 试求如下给出的细棒对质点 A 的引力:

(1) 长度为 l, 线密度为 ρ 的均匀细直棒, A 与棒的一端垂直距离为 a;

(2) 半径为 R, 圆心角为 φ, 线密度为 ρ 的圆弧形均匀细直棒, 质点 A 位于圆心处.

第七章 常微分方程

本章我们主要讲述微分方程的基本概念,一阶微分方程的初等解法,可降阶的高阶微分方程及常系数线性微分方程的求解方法,并举例说明其应用.

§7.1 基本概念

一、微分方程的基本概念

利用数学手段研究自然现象和社会现象,或解决工程技术问题,一般先要建立数学模型,再对数学模型进行简化和求解,最后结合实际问题对结果进行分析和讨论. 数学模型常见的表达方式是包含自变量和未知函数的方程,在很多情况下未知函数的导数(或微分)也会在方程中出现,于是便自然地称这类方程为微分方程.

定义 7.1.1 含有自变量、未知函数及其某些导数的方程称为**微分方程**. 只含一个自变量的微分方程称为**常微分方程**,自变量多于一个的微分方程称为**偏微分方程**. 微分方程中实际出现的未知函数的导数的最高阶数称为微分方程的**阶**.

于是 n 阶常微分方程的一般形式是

$$F(x, y, y', \cdots, y^{(n)}) = 0, \tag{7.1}$$

其中 F 是 $n+2$ 个变元的已知函数,且 $y^{(n)}$ 一定出现.(注意,这里我们仅引用了多元函数的记号,它是一元函数记号在形式上的推广). 例如,下面的方程都是常微分方程:

$$y' = -\frac{x}{y}, \tag{7.2}$$

$$y' = 1 + y^2, \tag{7.3}$$

$$y'' + \omega^2 y = 0 \quad (\omega > 0 \text{ 是常数}), \tag{7.4}$$

它们的阶数分别为 $1, 1, 2$.

本章只讨论常微分方程,并简称为微分方程或方程.

定义 7.1.2 设函数 $y = \varphi(x)$ 在区间 I 上连续,且有直到 n 阶的导数,若把 $y = \varphi(x)$ 及其相应的各阶导数代入方程(7.1),得到关于 x 的恒等式,即在 I 上,

$$F(x, \varphi(x), \varphi'(x), \cdots, \varphi^{(n)}(x)) \equiv 0,$$

则称 $y = \varphi(x)$ 为方程(7.1)在区间 I 上的**解**,若由关系式 $\Phi(x, y) = 0$ 所确定的隐函数是方程(7.1)的解,则称 $\Phi(x, y) = 0$ 为方程(7.1)的**隐式解**.

例如,由定义 7.1.2 可以直接验证:

(1) 函数 $y = \sqrt{1-x^2}$ 和 $y = -\sqrt{1-x^2}$ 都是方程(7.2)在区间 $(-1, 1)$ 上的解,而 $x^2 + y^2 = 1$ 是

它的隐式解.

（2）函数 $y=\tan x$ 是方程（7.3）在区间 $\left(-\dfrac{\pi}{2},\dfrac{\pi}{2}\right)$ 上的一个解，而 $y=\tan(x-C)$ 是方程

（7.3）在区间 $\left(C-\dfrac{\pi}{2},C+\dfrac{\pi}{2}\right)$ 上的解，其中 C 为任意常数.

（3）函数 $y=3\cos\omega x,y=4\sin\omega x$ 都是方程（7.4）在区间 $(-\infty,+\infty)$ 上的解，而且对任意常数 C_1 和 C_2,

$$y=C_1\cos\omega x+C_2\sin\omega x$$

也是方程（7.4）在区间 $(-\infty,+\infty)$ 上的解.

今后对解与隐式解不加区别，统称它们为解. 一般情况下也不再指明解的定义区间.

从上面的讨论可知，微分方程的解可以包含一个或几个任意常数（与方程的阶数有关），而有的解不含任意常数. 为了加以区别，给出如下定义：

定义 7.1.3 方程（7.1）的含有 n 个独立的任意常数 $C_1,C_2,\cdots,C_n$ 的解

$$y=\varphi(x,C_1,C_2,\cdots,C_n),$$

称为它的**通解**. 不含任意常数的解称为它的**特解**.

这里说 n 个任意常数是独立的，其含义是指它们不能合并而使得任意常数的个数减少. 例如，对于两个任意常数的情形，设函数 $\varphi(x),\psi(x)$ 在区间 I 上有定义，若在 I 上 $\dfrac{\varphi(x)}{\psi(x)}\not\equiv$ 常数或 $\dfrac{\psi(x)}{\varphi(x)}\not\equiv$ 常数，则称函数 $\varphi(x),\psi(x)$ 在 I 上**线性无关**，这时易知表达式

$$y=C_1\varphi(x)+C_2\psi(x)$$

中的两个任意常数 C_1,C_2 是独立的.

若在 I 上 $\dfrac{\varphi(x)}{\psi(x)}\equiv$ 常数或 $\dfrac{\psi(x)}{\varphi(x)}\equiv$ 常数，则称函数 $\varphi(x),\psi(x)$ 在 I 上**线性相关**.

例 1 验证：函数 $y=C_1\cos\omega x+C_2\sin\omega x$ 是方程（7.4）的通解，其中 C_1,C_2 为任意常数.

证
$$y'=-C_1\omega\sin\omega x+C_2\omega\cos\omega x,$$
$$y''=-C_1\omega^2\cos\omega x-C_2\omega^2\sin\omega x,$$

将 y,y'' 的表达式代入方程（7.4），则在区间 $(-\infty,+\infty)$ 上

$$y''+\omega^2 y=-C_1\omega^2\cos\omega x-C_2\omega^2\sin\omega x+\omega^2(C_1\cos\omega x+C_2\sin\omega x)\equiv 0,$$

所以对任意常数 $C_1,C_2,y=C_1\cos\omega x+C_2\sin\omega x$ 都是方程（7.4）的解，又由于

$$\frac{\cos\omega x}{\sin\omega x}\not\equiv 常数\quad(x\neq k\pi,k\in\mathbf{Z}),$$

即 C_1,C_2 是两个独立的任意常数，因此 $y=C_1\cos\omega x+C_2\sin\omega x$ 是方程（7.4）的通解. □

类似可以验证 $y=A\sin(\omega x+B)$（A,B 为任意常数）也是方程（7.4）的通解. 而 $y=3\cos\omega x$ 和 $y=4\sin\omega x$ 则是方程（7.4）的两个特解.

定义 7.1.4 为了确定方程（7.1）的特解而给出的附加条件称为**定解条件**，求方程（7.1）的满足定解条件的特解的问题称为**定解问题**. 方程（7.1）的一种常用的定解条件是**初值条件**，它的一般提法是

$$y(x_0) = y_0, \quad y'(x_0) = y_0^{(1)}, \quad \cdots, \quad y^{(n-1)}(x_0) = y_0^{(n-1)}, \tag{7.5}$$

其中 $x_0, y_0, y_0^{(1)}, \cdots, y_0^{(n-1)}$ 是任给的 $n+1$ 个常数.

求方程(7.1)满足初值条件(7.5)的解的问题称为**初值问题**或**柯西问题**.

例如, $y = 3\cos \omega x$ 是初值问题

$$\begin{cases} y'' + \omega^2 y = 0, \\ y(0) = 3, \quad y'(0) = 0 \end{cases}$$

的解, 而 $y = 4\sin \omega x$ 是初值问题

$$\begin{cases} y'' + \omega^2 y = 0, \\ y(0) = 3, \quad y'(0) = 4\omega \end{cases}$$

的解. 它们都是在求得方程的通解以后, 再利用初值条件定出通解中的任意常数而得出. 这种做法是具有一般性的. 可以证明: 对于在一定范围内给出的 $n+1$ 个常数: $x_0, y_0, y_0^{(1)}, \cdots,$ $y_0^{(n-1)}$, 利用通解表达式及初值条件(7.5)便可确定通解中的 n 个任意常数 $C_1, C_2, \cdots, C_n$, 从而得到相应的初值问题的解.

例 2 一曲线通过点 $(1,2)$, 在该曲线上任意点处的切线斜率为 $2x$, 求该曲线的方程.

解 设所求曲线的方程为 $y = y(x)$, 则 $y = y(x)$ 满足初值问题

$$\begin{cases} \dfrac{\mathrm{d}y}{\mathrm{d}x} = 2x, \\ y(1) = 2. \end{cases}$$

解微分方程得

$$y = x^2 + C.$$

由初值条件定出 $C = 1$. 故所求曲线的方程为

$$y = x^2 + 1.$$

例 3 列车在平直的线路上以 20 m/s 的速度行驶, 当制动时列车获得加速度 -0.4 m/s^2, 问开始制动后多少时间列车才能停住? 以及列车在这段时间内行驶了多少路程?

解 设制动后 t s 行驶 s m, $s = s(t)$, 则

$$\frac{\mathrm{d}^2 s}{\mathrm{d}t^2} = -0.4,$$

且 $s = s(t)$ 满足

$$s(0) = 0, \quad v(0) = \frac{\mathrm{d}s}{\mathrm{d}t}\bigg|_{t=0} = 20.$$

方程两边对 t 积分一次得

$$v = \frac{\mathrm{d}s}{\mathrm{d}t} = -0.4t + C_1.$$

由 $v(0) = 20$ 得 $C_1 = 20$, 于是

$$v = \frac{\mathrm{d}s}{\mathrm{d}t} = -0.4t + 20.$$

上式两边再对 t 积分一次得

$$s = -0.2t^2 + 20t + C_2.$$

又由 $s(0) = 0$,得 $C_2 = 0$,故

$$s = -0.2t^2 + 20t.$$

开始制动到列车完全停住所需的时间为

$$t = \frac{20}{0.4} = 50(\text{s}).$$

列车在这段时间内行驶了

$$s = -0.2 \times 50^2 + 20 \times 50 = 500(\text{m}).$$

▶▶ **二、微分方程及其解的几何解释**

考虑一阶微分方程

$$y' = f(x, y), \tag{7.6}$$

其中 $f(x, y)$ 是平面区域 D 内给定的连续函数.

方程(7.6)的解 $y = \varphi(x)$ $(x \in I)$ 在平面上的图形是一条光滑曲线,称它为方程(7.6)的一条**积分曲线**,记作 Γ.

任取一点 $P_0(x_0, y_0) \in \Gamma$,即 $x_0 \in I, y_0 = \varphi(x_0)$. 由于 $y = \varphi(x)$ 满足方程(7.6),故根据导数的几何意义可知,曲线 Γ 在点 P_0 的切线斜率为

$$\varphi'(x_0) = f(x_0, \varphi(x_0)) = f(x_0, y_0).$$

这说明曲线 Γ 上任一点处的切线斜率恰好等于方程等号右边函数 $f(x, y)$ 在该点的函数值.

这样,在区域 D 内每一点 $P(x, y)$,都可以作一个以函数 $f(x, y)$ 在该点的值为斜率的小线段来表明积分曲线(如果存在的话)在该点的切线方向. 区域 D 连同所有这些小线段称为方程(7.6)的**方向场**.

现在我们可以对微分方程(7.6)及其解作出几何解释:给定方程(7.6),就相当于给定平面区域 D 内的一个方向场,反之给定区域 D 内的一个方向场,就相当于给定一个形如(7.6)的方程. 方程(7.6)的解所对应的积分曲线就是区域 D 内这样的一条曲线:在它所经过的每一点都与方向场**吻合**,即曲线上每一点的切线方向都与方向场在该点的方向一致. 求解初值问题

$$\begin{cases} y' = f(x, y), \\ y(x_0) = y_0, \end{cases}$$

就是求一条经过点 (x_0, y_0) 并与方向场吻合的光滑曲线.

以上这种几何解释,无论在理论上还是在实用上都有很大的价值. 从理论上说,它把作为解析对象的微分方程及其解与作为几何对象的方向场及积分曲线沟通起来,从而建立了数与形的联系,这就为我们从几何的角度去分析和思考微分方程的理论问题找到了入口. 从实用上说,我们可以通过作出方向场来画出积分曲线的大概图形. 这在无法(或无必要)求出解的精确表达式时,使我们能从微分方程本身的特有性质去推断出它的解的某些属性,从而使所讨论的问题在一定程度上获得解决.

例 4 证明:与微分方程

$$4x^2 y' - y^2 = xy^3 \tag{7.7}$$

的积分曲线关于坐标原点 $(0, 0)$ 中心对称的曲线,也是方程(7.7)的积分曲线.

证　设 $y=\varphi(x)\,(a<x<b)$ 是方程(7.7)的一条积分曲线,以 $-x$ 代 x,$-y$ 代 y,得 $y=\varphi(x)$ 关于原点中心对称的曲线 $-y=\varphi(-x)$,即

$$y=-\varphi(-x).$$

由于 $y=\varphi(x)$ 满足方程(7.7),故有

$$4x^2[\varphi'(x)]^2-[\varphi(x)]^2\equiv x\varphi^3(x)\quad(a<x<b).$$

上式中,以 $-x$ 代 x,得

$$4(-x)^2[\varphi'(-x)]^2-[\varphi(-x)]^2\equiv(-x)[\varphi(-x)]^3\quad(-b<x<-a),$$

或将它改写为

$$4x^2[-\varphi(-x)]'^2-[-\varphi(-x)]^2\equiv x[-\varphi(-x)]^3\quad(-b<x<-a).$$

可见 $y=-\varphi(-x)$ 亦满足方程(7.7). 所以它也是方程(7.7)的一条积分曲线.　□

习题 7.1

1. 验证:函数 $y=\sqrt{1-x^2}$,$y=-\sqrt{1-x^2}$ 都是方程

$$y'=-\frac{x}{y}$$

在区间 $(-1,1)$ 内的解,而 $x^2+y^2=1$ 是它的隐式解.

2. 验证: $y=A\sin(\omega+B)$(A,B 为任意常数)是方程

$$y''+\omega^2y=0$$

的通解.

3. 验证: $y=\tan x$ 是初值问题

$$y'=1+y^2,\quad y\left(\frac{\pi}{4}\right)=1$$

的解.

4. 求方程

$$\frac{\mathrm{d}y}{\mathrm{d}x}=\frac{2}{x^2}$$

的通解.

5. 求解初值问题

$$\begin{cases}y''+4y=0,\\ y(0)=1,\quad y'(0)=2.\end{cases}$$

6. 已知一曲线通过点 $(1,0)$,且该曲线上任意点 (x,y) 处的切线斜率为 x^2,求该曲线的方程.

习题参考答案
与提示 7.1

►§7.2　一阶微分方程的初等解法

一阶微分方程可以表示为导数形式与微分形式,所谓**初等解法**就是把微分方程的求解问题化为积分问题,因此又称**初等积分法**. 虽然能用初等积分法求解的方程属特殊类型,但它们却经常出现在实际应用中,同时掌握这些方法与技巧,也为今后研究新问题提供借鉴和参考. 下面我们先讨论方程的导数形式,随后考虑微分形式.

一、变量分离方程

形如

$$\frac{dy}{dx} = f(x)g(y) \tag{7.8}$$

的方程称为**变量分离方程**,其中 $f(x)$ 和 $g(y)$ 都是连续函数.

当 $g(y) \neq 0$ 时,把(7.8)改写为

$$\frac{dy}{g(y)} = f(x)\,dx,$$

称为**分离变量**. 两边积分,得到通解(隐式通解)

$$\int \frac{dy}{g(y)} = \int f(x)\,dx + C. \tag{7.9}$$

这里我们把积分常数 C 明确写出来,而把 $\int \frac{dy}{g(y)}$, $\int f(x)\,dx$ 分别理解为 $\frac{1}{g(y)}$ 和 $f(x)$ 的一个确定的原函数. 在微分方程求解中,常作这样的理解.

若存在 y_0,使 $g(y_0) = 0$,则直接验证可知 $y = y_0$ 也是方程(7.8)的解(称为**常数解**). 一般而论,这种解会在分离变量时丢失,且可能不含于通解(7.9)中,应注意补上这些可能丢失的解.

例 1   求方程

$$\frac{dy}{dx} + P(x)y = 0 \tag{7.10}$$

的通解,其中 $P(x)$ 为连续函数.

解   分离变量

$$\frac{dy}{y} = -P(x)\,dx,$$

两边积分得

$$\ln|y| = -\int P(x)\,dx + \ln C_1 \quad (C_1 > 0).$$

解得

$$y = Ce^{-\int P(x)\,dx} \quad (C = \pm C_1 \neq 0).$$

此外 $y = 0$ 是方程的常数解,它可并入上式中(取 $C = 0$). 所以方程(7.10)的通解为

$$y = Ce^{-\int P(x)\,dx}, \tag{7.11}$$

其中 C 为任意常数.

例 2   解方程

$$\sqrt{1 - y^2} = 3x^2 yy'.$$

解   分离变量

$$\frac{y\,dy}{\sqrt{1 - y^2}} = \frac{dx}{3x^2},$$

两边积分得通解

$$- \sqrt{1 - y^2} = - \frac{1}{3x} + C,$$

即

$$\sqrt{1 - y^2} - \frac{1}{3x} + C = 0.$$

此外,由 $1 - y^2 = 0$ 找到方程的两个特解 $y = \pm 1$,但它们不能并入通解.

▶▶ 二、齐次方程

形如

$$\frac{\mathrm{d}y}{\mathrm{d}x} = \varphi\left(\frac{y}{x}\right) \tag{7.12}$$

的方程称为**齐次方程**,其中 $\varphi(u)$ 为连续函数.

令 $\frac{y}{x} = u$,或 $y = ux$,则

$$\frac{\mathrm{d}y}{\mathrm{d}x} = x\frac{\mathrm{d}u}{\mathrm{d}x} + u,$$

代入 (7.12) 得

$$x\frac{\mathrm{d}u}{\mathrm{d}x} + u = \varphi(u),$$

或

$$\frac{\mathrm{d}u}{\mathrm{d}x} = \frac{\varphi(u) - u}{x}.$$

这是一个变量分离方程,然后可按变量分离方程求解.

例 3 解方程

$$\frac{\mathrm{d}y}{\mathrm{d}x} = 2\sqrt{\frac{y}{x}} + \frac{y}{x}.$$

解 令 $y = ux$,代入方程得

$$x\frac{\mathrm{d}u}{\mathrm{d}x} + u = 2\sqrt{u} + u,$$

即

$$x\frac{\mathrm{d}u}{\mathrm{d}x} = 2\sqrt{u}. \tag{7.13}$$

分离变量并积分,得 (7.13) 的通解

$$\sqrt{u} = \ln|x| + C.$$

此外,$u = 0$ 也是 (7.13) 的解. 代回原变量得原方程的通解

$$\sqrt{\frac{y}{x}} = \ln|x| + C$$

及特解
$$y = 0 \quad (x \neq 0).$$

例 4 解方程
$$y' = -\frac{x}{y} + \sqrt{1 + \left(\frac{x}{y}\right)^2}.$$

解 令 $\frac{x}{y} = v$, 或 $x = vy$, 则 $\frac{dx}{dy} = y\frac{dv}{dy} + v$. 代入方程得
$$y\frac{dv}{dy} + v = \frac{1}{-v + \sqrt{1 + v^2}},$$

即
$$y\frac{dv}{dy} = \sqrt{1 + v^2}.$$

分离变量并积分, 就有
$$\ln(v + \sqrt{1 + v^2}) + \ln C_1 = \ln|y| \quad (C_1 > 0).$$

于是
$$y = C(v + \sqrt{1 + v^2}) \quad (C = \pm C_1 \neq 0),$$

即
$$y^2 - 2Cvy = C^2,$$

代回原变量得方程的通解
$$y^2 = 2C\left(x + \frac{C}{2}\right),$$

其中 $C \neq 0$ 为任意常数.

形如
$$\frac{dy}{dx} = f\left(\frac{a_1 x + b_1 y + c_1}{a_2 x + b_2 y + c_2}\right) \tag{7.14}$$

的方程可化为齐次方程或变量分离方程, 其中 $f(u)$ 是连续函数, $a_i, b_i, c_i (i = 1, 2)$ 都是常数, 且 $a_1^2 + a_2^2 \neq 0, b_1^2 + b_2^2 \neq 0, c_1^2 + c_2^2 \neq 0$.

分两种情形讨论:

(1) $\begin{vmatrix} a_1 & b_1 \\ a_2 & b_2 \end{vmatrix} = 0$.

若 $a_2 \neq 0$, 则 $b_2 \neq 0$, 因为如果 $b_2 = 0$, 由于 $\begin{vmatrix} a_1 & b_1 \\ a_2 & b_2 \end{vmatrix} = -a_2 b_1 = 0$, 推出 $b_1 = 0$. 与假设 b_1, b_2 不同时为零相矛盾, 从而有
$$\frac{a_1}{a_2} = \frac{b_1}{b_2} = k \quad (\text{常数}).$$

令 $a_2 x + b_2 y = u$, 得

$$\frac{\mathrm{d}u}{\mathrm{d}x} = a_2 + b_2 f\left(\frac{ku + c_1}{u + c_2}\right),$$

这是变量分离方程.

若 $a_2 = 0$, 则 $a_1 \neq 0$, 由 $\begin{vmatrix} a_1 & b_1 \\ a_2 & b_2 \end{vmatrix} = a_1 b_2 = 0$, 推出 $b_2 = 0$. 从而 $b_1 \neq 0$. 令 $a_1 x + b_1 y = u$, 得

$$\frac{\mathrm{d}u}{\mathrm{d}x} = a_1 + b_1 f\left(\frac{u + c_1}{c_2}\right).$$

亦为变量分离方程.

（2）$\begin{vmatrix} a_1 & b_1 \\ a_2 & b_2 \end{vmatrix} \neq 0.$

这时方程组

$$\begin{cases} a_1 x + b_1 y + c_1 = 0, \\ a_2 x + b_2 y + c_2 = 0 \end{cases}$$

有唯一解 $x = \alpha, y = \beta$.

作平移变换 $X = x - \alpha, Y = y - \beta$, 代入方程 (7.14), 得

$$\frac{\mathrm{d}Y}{\mathrm{d}X} = f\left(\frac{a_1 X + b_1 Y}{a_2 X + b_2 Y}\right),$$

这是齐次方程, 然后可按齐次方程求解.

例 5 解方程

$$\frac{\mathrm{d}y}{\mathrm{d}x} = \frac{x - y + 5}{x - y - 2}.$$

解 令 $x - y = u$, 则

$$\frac{\mathrm{d}u}{\mathrm{d}x} = 1 - \frac{u + 5}{u - 2},$$

即

$$\frac{\mathrm{d}u}{\mathrm{d}x} = \frac{-7}{u - 2}.$$

分离变量并积分, 得

$$\frac{u^2}{2} - 2u = -7x + \frac{C}{2},$$

即

$$u^2 - 4u + 14x = C.$$

代回原变量得通解

$$x^2 + y^2 - 2xy + 10x + 4y = C.$$

例 6 解方程

$$\frac{\mathrm{d}y}{\mathrm{d}x} = \frac{2x + 3y + 1}{3x + 2y - 1}.$$

解 解方程组

$$\begin{cases} 2x + 3y + 1 = 0, \\ 3x + 2y - 1 = 0, \end{cases}$$

得 $x = 1, y = -1.$

令 $X = x - 1, Y = y + 1,$ 代入方程得

$$\frac{\mathrm{d}Y}{\mathrm{d}X} = \frac{2X + 3Y}{3X + 2Y}.$$

又令 $\dfrac{Y}{X} = u,$ 有

$$X\frac{\mathrm{d}u}{\mathrm{d}X} + u = \frac{2 + 3u}{3 + 2u},$$

即

$$X\frac{\mathrm{d}u}{\mathrm{d}X} = \frac{2(1 - u^2)}{3 + 2u}. \tag{7.15}$$

分离变量得

$$\frac{2}{X}\mathrm{d}X + \frac{2u + 3}{u^2 - 1}\mathrm{d}u = 0,$$

由此积分得

$$\ln X^2 + \ln|u^2 - 1| + \frac{3}{2}\ln\left|\frac{u - 1}{u + 1}\right| = \frac{\ln C_1}{2},$$

从而有

$$X^4(u^2 - 1)^2\left(\frac{u - 1}{u + 1}\right)^3 = C \quad (C = \pm C_1 \neq 0),$$

或

$$X^4(u - 1)^5 = C(u + 1).$$

此外,由 $1 - u^2 = 0$ 找到(7.15)的两个特解 $u = \pm 1,$其中 $u = 1$ 可并入上式(取 $C = 0$). 代回原变量,得原方程的通解

$$(y - x + 2)^5 = C(y + x),$$

其中 C 为任意常数. 而由 $u = -1$ 代回原变量找到原方程的一个特解 $y = -x.$

▶▶ **三、一阶线性方程**

一阶线性方程的一般形式为

$$\frac{\mathrm{d}y}{\mathrm{d}x} + P(x)y = Q(x), \tag{7.16}$$

其中 $P(x)$、$Q(x)$ 为连续函数. 当 $Q(x) \equiv 0$ 时,(7.16)成为

$$\frac{\mathrm{d}y}{\mathrm{d}x} + P(x)y = 0,$$

即(7.10)式,称它为**齐次线性微分方程**,当 $Q(x) \not\equiv 0$ 时,(7.16)称为**非齐次线性微分方程**.

本节例1已求出方程(7.10)的通解,即(7.11)式,

$$y = Ce^{-\int P(x)dx}.$$

现在我们运用**常数变易法**来求非齐次线性方程(7.16)的通解:将(7.11)中的常数 C 改变为 x 的待定函数 $u=u(x)$,对方程(7.16)作变换

$$y = ue^{-\int P(x)dx}, \tag{7.17}$$

把(7.17)代入方程(7.16)有

$$u'e^{-\int P(x)dx} - uP(x)e^{-\int P(x)dx} + P(x)ue^{-\int P(x)dx} = Q(x),$$

化简得

$$u' = Q(x)e^{\int P(x)dx}.$$

两边积分

$$u = \int Q(x)e^{\int P(x)dx}dx + C,$$

将它代入(7.17)即得非齐次线性方程(7.16)的通解

$$y = e^{-\int P(x)dx}\left(\int Q(x)e^{\int P(x)dx}dx + C\right). \tag{7.18}$$

公式(7.18)称为非齐次线性方程(7.16)的**常数变易公式**,它可改写为如下两项之和:

$$y = Ce^{-\int P(x)dx} + e^{-\int P(x)dx}\int Q(x)e^{\int P(x)dx}dx,$$

其中等号右端第一项是对应的齐次线性方程(7.10)的通解,第二项是非齐次线性方程(7.16)的一个特解(在(7.18)中取 $C=0$ 得到). 由此可知一阶线性微分方程解的结构,即一阶非齐次线性方程的通解等于对应的齐次线性方程的通解与非齐次方程的一个特解之和.

具体求解可按上述常数变易法的过程进行,也可直接代公式(7.18).

例 7 求解微分方程

$$\frac{dy}{dx} - \frac{2y}{x+1} = (x+1)^{\frac{5}{2}}.$$

解 代入常数变易公式(7.18)得

$$\begin{aligned}
y &= e^{\int \frac{2}{x+1}dx}\left[\int (x+1)^{\frac{5}{2}}e^{-\int \frac{2}{x+1}dx}dx + C\right]\\
&= (x+1)^2\left[\int (x+1)^{\frac{1}{2}}dx + C\right]\\
&= (x+1)^2\left[\frac{2}{3}(x+1)^{\frac{3}{2}} + C\right].
\end{aligned}$$

例 8 求解微分方程

$$\frac{dy}{dx} = \frac{y}{2x - y^2}.$$

解 将方程改写为

$$\frac{dx}{dy} - \frac{2}{y}x = -y.$$

这是以 x 为未知函数的一阶线性方程,通解为

$$x = e^{\int \frac{2}{y}dy}\left(-\int ye^{-\int \frac{2}{y}dy}dy + C\right) = y^2(C - \ln|y|).$$

此外, $y=0$ 是原方程的一个特解.

形如

$$\frac{\mathrm{d}y}{\mathrm{d}x} + P(x)y = Q(x)y^n \quad (n \neq 0,1) \tag{7.19}$$

的方程称为**伯努利(Bernoulli)方程**, 其中 $P(x), Q(x)$ 为连续函数.

方程(7.19)两边同乘 y^{-n}, 得

$$y^{-n}\frac{\mathrm{d}y}{\mathrm{d}x} + P(x)y^{1-n} = Q(x).$$

令 $z = y^{1-n}$, 得到以 z 为未知函数的一阶线性方程

$$\frac{\mathrm{d}z}{\mathrm{d}x} + (1-n)P(x)z = (1-n)Q(x).$$

此外, 当 $n>0$ 时, $y=0$ 也是方程(7.19)的一个特解.

例 9 求解微分方程

$$\frac{\mathrm{d}y}{\mathrm{d}x} + xy = x^3y^3.$$

解 方程两边同乘 y^{-3}, 得

$$y^{-3}\frac{\mathrm{d}y}{\mathrm{d}x} + xy^{-2} = x^3,$$

或

$$\frac{\mathrm{d}y^{-2}}{\mathrm{d}x} - 2xy^{-2} = -2x^3.$$

所以

$$\begin{aligned}
y^{-2} &= e^{x^2}\left(-\int 2x^3 e^{-x^2}\mathrm{d}x + C\right) \\
&= e^{x^2}(x^2 e^{-x^2} + e^{-x^2} + C) \\
&= x^2 + 1 + Ce^{x^2}.
\end{aligned}$$

方程的通解为

$$y^2(x^2 + 1 + Ce^{x^2}) = 1.$$

此外, $y=0$ 是方程的一个特解.

从求解上述几种类型的方程中可以体会到求解微分方程的一种方法:对于所给微分方程,总是设法通过变形或适当的变量代换将它转化为变量分离方程或一阶线性方程来求解,以此扩充可求解方程的类型. 这种方法通常也称为**变量代换法**.

例 10 求解下列微分方程:

(1) $\dfrac{\mathrm{d}y}{\mathrm{d}x} = \dfrac{y^2}{y-e^x}$; 　　　　(2) $x\dfrac{\mathrm{d}y}{\mathrm{d}x} - y = 2x^2 y(y^2 - x^2)$;

(3) $\dfrac{\mathrm{d}y}{\mathrm{d}x} = \cos(y-x)$; 　　　　(4) $y'e^{-x} + y^2 - 2ye^x = 1 - e^{2x}$.

解 (1) 将方程改写为

$$\frac{\mathrm{d}x}{\mathrm{d}y} = \frac{1}{y} - \frac{1}{y^2}\mathrm{e}^x.$$

上式两边同乘 e^{-x},得

$$\mathrm{e}^{-x}\frac{\mathrm{d}x}{\mathrm{d}y} = \frac{1}{y}\mathrm{e}^{-x} - \frac{1}{y^2},$$

或

$$\frac{\mathrm{d}\mathrm{e}^{-x}}{\mathrm{d}y} + \frac{1}{y}\mathrm{e}^{-x} = \frac{1}{y^2}.$$

所以

$$\mathrm{e}^{-x} = \mathrm{e}^{-\int \frac{1}{y}\mathrm{d}y}\left(\int \frac{1}{y^2}\mathrm{e}^{\int \frac{1}{y}\mathrm{d}y}\mathrm{d}y + C\right) = \frac{1}{y}(\ln|y| + C).$$

方程的通解为

$$y = (\ln|y| + C)\mathrm{e}^x.$$

此外,$y = 0$ 是方程的一个特解.

(2) 原方程即

$$\frac{\mathrm{d}y}{\mathrm{d}x} = \left(\frac{1}{x} - 2x^3\right)y + 2xy^3.$$

上式两边同乘 y^{-3},得

$$y^{-3}\frac{\mathrm{d}y}{\mathrm{d}x} = \left(\frac{1}{x} - 2x^3\right)y^{-2} + 2x,$$

或

$$\frac{\mathrm{d}y^{-2}}{\mathrm{d}x} = \left(4x^3 - \frac{2}{x}\right)y^{-2} - 4x.$$

所以

$$y^{-2} = \frac{\mathrm{e}^{x^4}}{x^2}\left(-\int 4x \cdot x^2 \mathrm{e}^{-x^4}\mathrm{d}x + C\right) = \frac{\mathrm{e}^{x^4}}{x^2}(\mathrm{e}^{-x^4} + C).$$

方程的通解为

$$x^2 - y^2 = Cy^2\mathrm{e}^{x^4}.$$

此外,$y = 0$ 是方程的一个特解.

(3) 令 $y - x = u$,将方程化为

$$\frac{\mathrm{d}u}{\mathrm{d}x} = \cos u - 1.$$

分离变量并积分,得

$$\cot\frac{u}{2} = x + C.$$

代回原变量得方程的通解

$$\cot\frac{y - x}{2} = x + C.$$

此外,方程有常数解

$$y = x + 2k\pi \quad (k \in \mathbf{Z}).$$

（4）方程可改写为

$$(y' - e^x) = -e^x(y - e^x)^2.$$

易知 $y = e^x$ 是它的一个特解. 令 $z = y - e^x$, 得

$$z' = -e^x z^2.$$

分离变量并积分, 得

$$\frac{1}{z} = e^x + C,$$

或

$$z = \frac{1}{e^x + C}.$$

所以方程的通解为

$$y = e^x + \frac{1}{e^x + C}.$$

此外, 方程有一个特解 $y = e^x$.

▶▶ 四、微分形式的方程

一阶微分方程也常以微分形式出现, 从而可以进行微分运算, 运用凑微分法求出方程的通解. 例如, 微分方程

$$2xy^3 dx + 3x^2 y^2 dy = 0,$$

等号左边恰好写成 $d(x^2 y^3)$, 因此求得该方程的通解

$$x^2 y^3 = C.$$

例 11 求下列微分方程的通解:

（1）$2xy dx + (x^2 + 1) dy = 0$;

（2）$(x^2 + y) dx + (x - 2y) dy = 0$;

（3）$\left(\cos x + \frac{1}{y} \right) dx + \left(\frac{1}{y} - \frac{x}{y^2} \right) dy = 0.$

解 （1）分项组合, 得

$$(2xy dx + x^2 dy) + dy = 0,$$

或

$$d(x^2 y + y) = 0.$$

所以方程的通解为

$$x^2 y + y = C.$$

（2）分项组合, 得

$$x^2 dx - 2y dy + (y dx + x dy) = 0,$$

或

$$d\left(\frac{x^3}{3} - y^2 + xy \right) = 0.$$

所以方程的通解为

$$\frac{x^3}{3} - y^2 + xy = C.$$

（3）分项组合，得

$$\cos x \mathrm{d}x + \frac{1}{y}\mathrm{d}y + \frac{y\mathrm{d}x - x\mathrm{d}y}{y^2} = 0,$$

或

$$\mathrm{d}\left(\sin x + \ln|y| + \frac{x}{y}\right) = 0.$$

所以方程的通解为

$$\sin x + \ln|y| + \frac{x}{y} = C.$$

我们还可以通过对方程本身变形，结合运用微分运算的法则和技巧，或辅以适当的变量代换，达到凑微分的效果. 为此需要掌握一些简单的微分表达式，如

$$y\mathrm{d}x + x\mathrm{d}y = \mathrm{d}(xy), \quad \frac{x\mathrm{d}y - y\mathrm{d}x}{x^2} = \mathrm{d}\left(\frac{y}{x}\right),$$

$$\frac{y\mathrm{d}x - x\mathrm{d}y}{y^2} = \mathrm{d}\left(\frac{x}{y}\right), \quad \frac{x\mathrm{d}y - y\mathrm{d}x}{x^2 + y^2} = \mathrm{d}\left(\arctan\frac{y}{x}\right).$$

例 12　求解下列微分方程：

（1）$y\mathrm{d}x + (y-x)\mathrm{d}y = 0$；　　　　（2）$(x-y)\mathrm{d}x + (x+y)\mathrm{d}y = 0$；

（3）$(x+y^3)\mathrm{d}x + (x^3+y)\mathrm{d}y = 0.$

解　（1）方程两边同乘 $\dfrac{1}{y^2}$，改写为

$$\frac{y\mathrm{d}x - x\mathrm{d}y}{y^2} + \frac{\mathrm{d}y}{y} = 0,$$

或

$$\mathrm{d}\left(\frac{x}{y} + \ln|y|\right) = 0.$$

所以方程的通解为

$$\frac{x}{y} + \ln|y| = C.$$

（2）分项组合，得

$$x\mathrm{d}x + y\mathrm{d}y + (x\mathrm{d}y - y\mathrm{d}x) = 0,$$

或

$$\frac{1}{2}\mathrm{d}(x^2 + y^2) + (x\mathrm{d}y - y\mathrm{d}x) = 0.$$

上式两边同乘 $\dfrac{1}{x^2+y^2}$，得

$$\frac{\mathrm{d}(x^2 + y^2)}{2(x^2 + y^2)} + \frac{x\mathrm{d}y - y\mathrm{d}x}{x^2 + y^2} = 0,$$

由此积分,得方程的通解

$$\frac{1}{2}\ln(x^2 + y^2) + \arctan\frac{y}{x} = C.$$

（3）分项组合,得

$$(x\mathrm{d}x + y\mathrm{d}y) + x^3 y^3 \left(\frac{\mathrm{d}x}{x^3} + \frac{\mathrm{d}y}{y^3}\right) = 0,$$

运用微分运算,得

$$\frac{1}{2}\mathrm{d}(x^2 + y^2) - \frac{1}{2}x^3 y^3 \mathrm{d}\left(\frac{1}{x^2} + \frac{1}{y^2}\right) = 0,$$

或

$$\mathrm{d}(x^2 + y^2) = (xy)^3 \mathrm{d}\frac{x^2 + y^2}{(xy)^2}.$$

令 $u = x^2 + y^2$，$v = xy$，上式写为

$$\mathrm{d}u = v^3 \mathrm{d}\frac{u}{v^2},$$

或

$$\mathrm{d}u = v\mathrm{d}u - 2u\mathrm{d}v.$$

分离变量

$$\frac{2\mathrm{d}v}{v - 1} = \frac{\mathrm{d}u}{u},$$

两边积分,化简得

$$(v - 1)^2 = Cu.$$

所以方程的通解为

$$(xy - 1)^2 = C(x^2 + y^2).$$

有人曾专门按导数形式去求解一阶微分方程,也有人曾试图按微分形式统一处理. 但经验表明:单纯采用一种形式总有其不便与困难. 求解中我们应特别注意这两种形式的互相转化,灵活运用各种求解方法.

例 13 求解下列微分方程:

（1）$\dfrac{\mathrm{d}y}{\mathrm{d}x} = \dfrac{4x^3 - 2xy^3 + 2x}{3x^2 y^2 - 6y^5 + 3y^2}$;　　　　　　（2）$(x - y^2)\mathrm{d}x + y(1 + x)\mathrm{d}y = 0.$

解 （1）改写成微分形式

$$(4x^3 - 2xy^3 + 2x)\mathrm{d}x - (3x^2 y^2 - 6y^5 + 3y^2)\mathrm{d}y = 0.$$

分项组合,得

$$(4x^3 + 2x)\mathrm{d}x + (6y^5 - 3y^2)\mathrm{d}y - (2xy^3\mathrm{d}x + 3x^2 y^2\mathrm{d}y) = 0.$$

从而有

$$\mathrm{d}(x^4 + x^2 + y^6 - y^3 - x^2 y^3) = 0.$$

所以方程的通解为

$$x^4 + x^2 + y^6 - y^3 - x^2 y^3 = C.$$

（2）将方程改写为导数形式

$$\frac{\mathrm{d}y}{\mathrm{d}x} = \frac{y^2 - x}{y(1 + x)},$$

或

$$\frac{\mathrm{d}y^2}{\mathrm{d}x} = \frac{2}{1 + x} y^2 - \frac{2x}{1 + x}.$$

这是以 y^2 为未知量的一阶线性方程，通解为

$$\begin{aligned}
y^2 &= (1 + x)^2 \left(-\int \frac{2x}{1 + x} \cdot \frac{\mathrm{d}x}{(1 + x)^2} + C \right) \\
&= (1 + x)^2 \left(\int x \mathrm{d} \frac{1}{(1 + x)^2} + C \right) \\
&= (1 + x)^2 \left[\frac{x}{(1 + x)^2} + \frac{1}{1 + x} + C \right] \\
&= 2x + 1 + C(1 + x)^2.
\end{aligned}$$

习题 7 2

1. 求解下列微分方程：

（1）$(1 + y^2)\mathrm{d}x = x\mathrm{d}y$；

（2）$y' = \sqrt{\dfrac{1 + y^2}{1 - x^2}}$；

（3）$y' = \dfrac{xy + y}{x + xy}$；

（4）$y' = \mathrm{e}^{x - y}$；

（5）$y'\sin x = y\ln y$；

（6）$x\dfrac{\mathrm{d}y}{\mathrm{d}x} = y\ln \dfrac{y}{x}$；

（7）$3xy^2\mathrm{d}y = (2y^3 - x^3)\mathrm{d}x$；

（8）$y' = \dfrac{y}{x} + \tan \dfrac{y}{x}$；

（9）$y' = \left(\dfrac{y}{x}\right)^2 + \dfrac{y}{x}$；

（10）$y' - 2y = \mathrm{e}^{-x}$；

（11）$y' + y\cos x = \mathrm{e}^{-\sin x}$；

（12）$\dfrac{\mathrm{d}y}{\mathrm{d}x} + \dfrac{y}{x} = y^2\ln x$；

（13）$\dfrac{\mathrm{d}y}{\mathrm{d}x} = (x - y)^2 + 1$；

（14）$\dfrac{\mathrm{d}y}{\mathrm{d}x} = \dfrac{1}{(x + y)^2}$；

（15）$(3x^2 + 6xy^2)\mathrm{d}x + (6x^2 y + 4y^3)\mathrm{d}y = 0$；

（16）$(y - 3x^2)\mathrm{d}x - (4y - x)\mathrm{d}y = 0$；

（17）$(x + 2y)\mathrm{d}x + x\mathrm{d}y = 0$；

（18）$(y\mathrm{e}^x + 2\mathrm{e}^x + y^2)\mathrm{d}x + (\mathrm{e}^x + 2xy)\mathrm{d}y = 0$.

2. 求下列微分方程满足初值条件的特解：

$(1) \begin{cases} (1+e^x)yy' = e^x, \\ y(1) = 1; \end{cases}$ $\qquad$ $(2) \begin{cases} xy\mathrm{d}x + (x^2+1)\mathrm{d}y = 0, \\ y(0) = 1; \end{cases}$

$(3) \begin{cases} (x^2-1)y' + 2xy - \cos x = 0, \\ y(0) = 1; \end{cases}$ $\qquad$ $(4) \begin{cases} y\mathrm{d}x = -(x+x^2y^2)\mathrm{d}y, \\ y(1) = 1. \end{cases}$

习题参考答案
与提示 7.2

3. 设 $f(x)$ 在 $[0, +\infty)$ 上连续，且 $\lim\limits_{x \to +\infty} f(x) = 0$，求证：方程 $\dfrac{\mathrm{d}y}{\mathrm{d}x} + y = f(x)$ 的任一解 $y = y(x)$ 均有 $\lim\limits_{x \to +\infty} y(x) = 0$.

4. 设连续函数 $f(x)$ 满足：$\displaystyle\int_0^x f(t)\,\mathrm{d}t = x + \int_0^x tf(x-t)\,\mathrm{d}t$，求函数 $f(x)$.

§7.3 一阶微分方程的应用举例

应用微分方程解决实际问题的步骤是：

（1）分析问题，建立相应的微分方程，并提出定解条件；

（2）求定解问题；

（3）利用所得结果解释实际问题.

对于步骤（1）所涉及的基本方法有按规律列方程，微元分析法及模拟近似法，下面我们通过举例分别阐述它们的具体运用.

一、按规律列方程

在数学、力学、物理、化学等学科中已有许多经过实践或实验检验的规律或定律，如牛顿冷却定律、牛顿运动定律、物质放射性的规律、电路问题中的基尔霍夫（Kirchhoff）第二定律、曲线的切线性质等，它们都涉及某些函数的变化率，由此所列出的关系式自然就是包含自变量、未知函数及其某些导数的微分方程.

例 1（冷却问题） 把一个加热到 50℃ 的物体，放到 20℃ 的恒温环境中冷却，求物体的变化规律.

解 根据牛顿冷却定律：温度为 u 的物体，在温度为 u_0 的周围环境中冷却的速率与温差 $u - u_0$ 成正比. 在冷却过程中，设物体在时刻 t 的温度为 $u = u(t)$，物体冷却的速率就是其温度对时间的变化率 $\dfrac{\mathrm{d}u}{\mathrm{d}t}$. 于是由冷却定律可得

$$\frac{\mathrm{d}u}{\mathrm{d}t} = -k(u - 20), \tag{7.20}$$

这里 $k > 0$ 为比例常数，上式等号右边出现负号，是因为随时间 t 的增加，温度 u 在减少，即当 $u > 20$ 时，$\dfrac{\mathrm{d}u}{\mathrm{d}t} < 0$.

此外，$u = u(t)$ 应满足初值条件

$$u(0) = 50. \tag{7.21}$$

解初值问题（7.20）、（7.21），得所求温度的变化规律

$$u = 20 + 30\mathrm{e}^{-kt}.$$

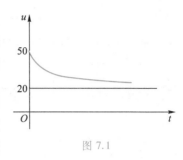

图 7.1

可见, 物体的冷却是按指数规律变化的(图 7.1). 当 t 增加时, 温度开始时下降较快, 以后逐渐变慢而趋于环境温度.

例 2 (物体在空气中的下落)   假设质量为 m 的物体在空气中下落, 初速度为零. 并假设空气阻力与下落速度的平方成正比, 阻尼系数为 $k>0$, 求下落速度 $v=v(t)$ 的变化规律.

解   不妨设重力 mg (g 为重力加速度)的方向为正, 则空气阻力为 $-kv^2$, 由牛顿第二定律, 可得

$$m\frac{\mathrm{d}v}{\mathrm{d}t} = mg - kv^2. \tag{7.22}$$

此外 $v=v(t)$ 应满足初值条件

$$v(0) = 0.$$

将方程(7.22)分离变量

$$\frac{\mathrm{d}v}{g - \dfrac{k}{m}v^2} = \mathrm{d}t,$$

或

$$\frac{\mathrm{d}v}{\dfrac{mg}{k} - v^2} = \frac{k}{m}\mathrm{d}t.$$

两边积分, 得

$$\frac{1}{2\sqrt{\dfrac{mg}{k}}}\ln\left|\frac{\sqrt{\dfrac{mg}{k}} + v}{\sqrt{\dfrac{mg}{k}} - v}\right| = \frac{k}{m}t + \frac{1}{2\sqrt{\dfrac{mg}{k}}}\ln C_1 \quad (C_1 > 0).$$

化简得

$$\frac{\sqrt{\dfrac{mg}{k}} + v}{\sqrt{\dfrac{mg}{k}} - v} = C\mathrm{e}^{2at} \quad \left(C = \pm C_1 \neq 0, a = \sqrt{\frac{kg}{m}}\right).$$

由初值条件 $v(0)=0$ 可定出 $C=1$. 把 $C=1$ 代入上式, 并从中解出 v, 得所求变化规律

$$v = \sqrt{\frac{mg}{k}}\,\frac{\mathrm{e}^{2at} - 1}{\mathrm{e}^{2at} + 1}.$$

例 3 (R—L 电路)   设有电路如图 7.2 所示, 其中电阻 R、电感 L、电源电动势 E 都是常数. 原来电路中没有电流,

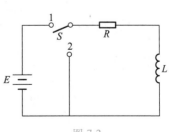

图 7.2

当把开关 S 拨到 1 处后,电路中的电流逐渐增加,设 $t=t_0$ 时又将开关 S 倒向 2,则电路中电流又逐渐减少,试求电路中的电流 I 随时间 t 的变化规律.

解 (1) S 拨到 1 处($0 \leqslant t \leqslant t_0$)时,电阻 R、电感 L 与电源 E 串联成一闭合回路,各元件上电压降分别为 RI、$L\dfrac{\mathrm{d}I}{\mathrm{d}t}$、$-E$,由基尔霍夫第二定律,得

$$RI + L\frac{\mathrm{d}I}{\mathrm{d}t} - E = 0,$$

或

$$\frac{\mathrm{d}I}{\mathrm{d}t} + \frac{R}{L}I = \frac{E}{L}. \tag{7.23}$$

此外 $I=I(t)$ 应满足初值条件

$$I(0) = 0. \tag{7.24}$$

解初值问题(7.23)、(7.24),得

$$I = \frac{E}{R}\left(1 - \mathrm{e}^{-\frac{R}{L}t}\right).$$

(2) S 倒向 2 处($t \geqslant t_0$)后,回路只由电阻 R 与电感 L 串联而成,故有

$$\frac{\mathrm{d}I}{\mathrm{d}t} + \frac{R}{L}I = 0,$$

且满足初值条件

$$I(t_0) = \frac{E}{R}\left(1 - \mathrm{e}^{-\frac{R}{L}t_0}\right) \overset{\triangle}{=} I_0.$$

解上述初值问题,得

$$I = I_0 \mathrm{e}^{-\frac{R}{L}(t-t_0)}.$$

所以 $I=I(t)$ 的表达式为

$$I = \begin{cases} \dfrac{E}{R}\left(1 - \mathrm{e}^{-\frac{R}{L}t}\right), & 0 \leqslant t < t_0, \\ I_0 \mathrm{e}^{-\frac{R}{L}(t-t_0)}, & t \geqslant t_0. \end{cases}$$

例 4(几何问题) 求一曲线,使其上任一点的切线与 x 轴的交点到切点的距离等于该交点到坐标原点的距离.

解 设所求曲线的方程为 $y=y(x)$,如图 7.3 所示,其上任一点 $P(x,y)$ 处的切线方程为

$$Y - y = y'(X - x),$$

其中 (X,Y) 是切线上的动点.上式中令 $Y=0$,得切线的横截距为 $x-\dfrac{y}{y'}$.由题意,得

$$\left(\frac{y}{y'}\right)^2 + y^2 = \left(x - \frac{y}{y'}\right)^2,$$

或

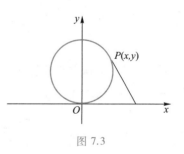

图 7.3

$$y' = \frac{2xy}{x^2 - y^2}.\qquad(7.25)$$

将(7.25)改写为微分形式

$$2xy\mathrm{d}x - (x^2 - y^2)\mathrm{d}y = 0,$$

分项组合,得

$$2xy\mathrm{d}x - x^2\mathrm{d}y + y^2\mathrm{d}y = 0.$$

上式两边同乘 $\dfrac{1}{y^2}$,得到

$$\mathrm{d}\left(\frac{x^2}{y} + y\right) = 0.$$

所以

$$\frac{x^2}{y} + y = C.$$

或

$$x^2 + \left(y - \frac{C}{2}\right)^2 = \frac{C^2}{4}.$$

这是圆心在 y 轴上且与 x 轴相切于原点的圆族.

▶▶ 二、微元分析法

用微元分析法来建立微分方程实际上是寻求一些微元(或元素)之间的关系式. 在建立这些关系式时也要用到某已知规律或定律,与前述方法不同之处在于,这里是对这些微元来应用规律或定律的.

例 5(溶液的混合问题)   一容器内盛有 100 L 盐水,其中含盐 10 kg,今用 2 L/min 的速率将净水注入容器,并不断进行搅拌,使混合液迅速达到均匀,同时混合液以同样速率流出容器,问在任一时刻 t 容器内含盐量是多少?

解   设在时刻 t,容器内含盐量为 $Q = Q(t)$. 经过时间 $\mathrm{d}t$ 后,流出容器的溶液量为 $2\mathrm{d}t$,从而流出的盐量近似为 $\dfrac{Q}{100} \cdot 2\mathrm{d}t$,其中 $\dfrac{Q}{100}$ 为混合液在时刻 t 的浓度,而流入容器的盐量为 0. 于是得容器内含盐量 Q 的微元

$$\mathrm{d}Q = -\frac{Q}{100} \cdot 2\mathrm{d}t,$$

即

$$\frac{\mathrm{d}Q}{\mathrm{d}t} = -\frac{1}{50}Q.\qquad(7.26)$$

此外 $Q = Q(t)$ 满足初值条件

$$Q(0) = 10.\qquad(7.27)$$

解初值问题(7.26)、(7.27),得

$$Q = 10\mathrm{e}^{-\frac{1}{50}t}.$$

例 6(水的流出问题)　有一横截面积为 A，高为 H 的圆柱形贮水桶(图 7.4)，桶内盛满了水，底部有一横截面积为 B 的小孔放水，设水从小孔流出的速度为 $\sqrt{2gh}$(h 为水桶内水面的高度，g 为重力加速度)，求水从小孔流出过程中桶内水面高度随时间变化的规律，并求将水全部放空所需的时间.

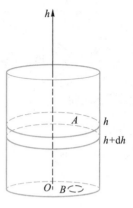

图 7.4

解　设在时刻 t，水面高度为 $h=h(t)$，经过时间 $\mathrm{d}t$，水面高度为 $h+\mathrm{d}h$($\mathrm{d}h<0$). 则在时间间隔 $[t,t+\mathrm{d}t]$ 内，水面高度下降了($-\mathrm{d}h$)，相应失去的一薄层水的体积微元为

$$\mathrm{d}V=-A\mathrm{d}h.$$

而在这段时间内水从小孔流出的体积微元

$$\mathrm{d}V=B\sqrt{2gh}\,\mathrm{d}t,$$

从而有

$$-A\mathrm{d}h=B\sqrt{2gh}\,\mathrm{d}t,$$

或

$$\mathrm{d}t=-\frac{A}{B\sqrt{2g}}h^{-\frac{1}{2}}\mathrm{d}h. \tag{7.28}$$

此外 $h=h(t)$ 应满足初值条件

$$h(0)=H. \tag{7.29}$$

解初值问题(7.28)、(7.29)，得所求的变化规律

$$t=\frac{A}{B}\sqrt{\frac{2}{g}}(\sqrt{H}-\sqrt{h}).$$

令 $h=0$，代入上式即得将水全部放空所需的时间

$$t^{*}=\frac{A}{B}\sqrt{\frac{2H}{g}}.$$

▶▶　三、模拟近似法

在生物、医学、经济等学科的实际问题中，所反映的现象往往是很复杂的. 为了研究它们，需要在不同的假设下去模拟实际现象. 这个过程当然是近似的，所建立的数学模型，例如微分方程模型，也是作了各种近似和简化. 因此，模型的结果是否具有实际意义或满足实际要求，只有通过实践去检验.

例 7(单种群模型与人口问题)　动植物种群本身是离散变量，但由于突然增加或减少的只是单一个体或少数几个个体，与全体数量相比，这种增量是很微小的，所以我们可以近似地假设大规模种群随时间是连续变化，进而可以应用微分方程这一数学工具来研究.

英国人马尔萨斯(Malthus)认为人口增长率(出生率与死亡率之差)为常数，即单位时间内人口增量与人口总量成正比. 设在时间 t，人口总数为 $P=P(t)$，则有马尔萨斯模型

$$\begin{cases}\dfrac{\mathrm{d}P}{\mathrm{d}t}=aP(a>0),\\ P(t_0)=P_0.\end{cases}$$

这个初值问题的解为

$$P = P_0 e^{a(t-t_0)},$$

它表明人口按指数曲线增长,这一理论已被实践证明是错误的.

1837 年,荷兰生物数学家韦吕勒(Verhulst)考虑了有影响增长率的竞争项的模拟,得出容易理解的下述单种群数学模型:

$$\begin{cases} \dfrac{\mathrm{d}P}{\mathrm{d}t} = (a - bP)P, \\ P(t_0) = P_0. \end{cases}$$

其中正常数 a 和 b 称为**生命系数**.

为了解此初值问题,可先将上述伯努利方程改写为

$$P^{-2} \frac{\mathrm{d}P}{\mathrm{d}t} = aP^{-1} - b,$$

或

$$\frac{\mathrm{d}P^{-1}}{\mathrm{d}t} = -aP^{-1} + b.$$

代入一阶线性方程的常数变易公式,得

$$P^{-1} = \mathrm{e}^{-at}\left(\int b\mathrm{e}^{at}\mathrm{d}t + C\right) = \frac{b}{a} + C\mathrm{e}^{-at},$$

再利用 $P(t_0) = P_0$ 定出 $C = \dfrac{a-bP_0}{aP_0}\mathrm{e}^{at_0}$,从而得到上述初值问题的解

$$P = \frac{aP_0 e^{a(t-t_0)}}{a - bP_0 + bP_0 e^{a(t-t_0)}}. \tag{7.30}$$

习题 7.3

1. 某放射性物质的衰变有如下的规律:衰变速度与它的现存量成正比. 由经验材料得知,该放射性物质经过 1 600 年后,只剩下原始量 R_0 的一半,试求衰变过程中该物质的存量 R 与时间 t 的函数关系.

2. 质量 1 kg 的质点受外力作用下做直线运动,此外力大小与时间成正比,与质点运动的速度大小成反比,在 $t = 10$ s 时,速度为 50 m/s,外力为 4 N,问从运动开始经过了 1 min,这质点的速度是多少?

3. 求一曲线,使其切线在纵轴上的截距等于切点的横坐标.

4. 一车间的容积为 10 800 m³,空气中含有 0.12% 的 CO_2(以容积计算),现以新鲜空气(其中含有 0.04% 的 CO_2)输入,问每分应输入多少立方米新鲜空气,才能使 10 min 后车间的空气中 CO_2 的含量不超过 0.06%(假定输入的空气与车间的混浊空气混合得很快,因而车间的空气随时保持均匀).

习题参考答案
与提示 7.3

§7.4 可降阶的高阶微分方程

二阶及二阶以上的微分方程统称为**高阶微分方程**. 求解高阶方程的一种常用的方法就是设法降低方程的阶数. 如果能把它降低为一阶方程, 我们就有可能运用 §7.2 所讲的方法. 本节讨论几种可降阶的高阶方程类型.

一、$y^{(n)} = f(x)$ 型的方程

形如

$$y^{(n)} = f(x) \tag{7.31}$$

的方程不显含未知函数 y 及其导数 $y', y'', \cdots, y^{(n-1)}$, 故可通过逐次积分求出通解.

在 (7.31) 等号两边对 x 积分一次, 得

$$y^{(n-1)} = \int f(x) \, dx + C_1.$$

再对 x 积分一次

$$y^{(n-2)} = \int \left[\int f(x) \, dx + C_1 \right] dx + C_2$$

$$= \int \left[\int f(x) \, dx \right] dx + C_1 x + C_2.$$

依次通过 n 次积分, 可得方程 (7.31) 含有 n 个任意常数的通解.

例 1 求下列微分方程的通解:

$$y'' = \frac{1}{(1 + x^2)^{\frac{3}{2}}}.$$

解 方程两边对 x 积分, 得

$$y' = \int \frac{dx}{(1 + x^2)^{\frac{3}{2}}} + C_1 = \int \frac{dx}{\sqrt{1 + x^2}} - \int \frac{x^2 \, dx}{(1 + x^2)^{\frac{3}{2}}} + C_1$$

$$= \int \frac{dx}{\sqrt{1 + x^2}} + \int x \, d\frac{1}{\sqrt{1 + x^2}} + C_1$$

$$= \frac{x}{\sqrt{1 + x^2}} + C_1,$$

再对 x 积分得方程的通解

$$y = \sqrt{1 + x^2} + C_1 x + C_2,$$

其中 C_1, C_2 为任意常数.

二、$y'' = f(x, y')$ 型的方程

形如

$$y'' = f(x, y') \tag{7.32}$$

的方程不显含未知函数 y, 若取 y' 为新的未知函数, 可使方程 (7.32) 降低一阶.

令 $y' = p$, 则 $y'' = p'$, 方程 (7.32) 化为
$$p' = f(x, p).$$
这是以 p 为未知函数的一阶微分方程, 若已求出它的通解
$$p = \varphi(x, C_1),$$
即
$$y' = \varphi(x, C_1).$$
再对 x 积分一次, 便得方程 (7.32) 的通解
$$y = \int \varphi(x, C_1) \mathrm{d}x + C.$$

例 2 求解微分方程
$$y'' = 1 + y'^2.$$

解 令 $y' = p$, 则
$$p' = 1 + p^2.$$
分离变量并积分得
$$\arctan p = x + C_1,$$
即
$$y' = \tan(x + C_1).$$
所以方程的通解为
$$y = -\ln|\cos(x + C_1)| + C_2.$$

例 3 设有一均匀、柔软的绳索, 两端固定, 绳索仅受重力作用而下垂. 求该绳索在平衡状态下的曲线方程.

解 取坐标系如图 7.5 所示, 设曲线的方程为 $y = y(x)$. 考察最低点 A 到任意点 $M(x, y)$ 间的一段弧段 $\overset{\frown}{AM}$ 的受力情况. 设绳索的线密度为 ρ, 该弧段的长度为 s, 则弧段 $\overset{\frown}{AM}$ 所受重力为 $\rho g s$. 由于绳索是柔软的, 故在点 A 处的张力沿水平的切线方向, 其大小设为 H; 在点 M 处的张力沿该点处曲线的切线方向, 设其倾角为 θ, 其大小为 T. 按平衡条件有

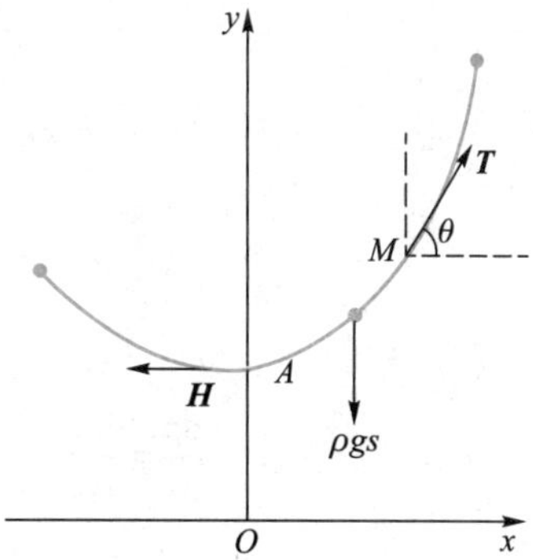

图 7.5

$$T\sin\theta = \rho g s, \quad T\cos\theta = H.$$
两式相除得
$$\tan\theta = \frac{1}{a}s \left(a = \frac{H}{\rho g}\right),$$
故有
$$y' = \frac{1}{a}\int_0^x \sqrt{1 + y'^2}\,\mathrm{d}x.$$
在上式两边对 x 求导, 便得 $y = y(x)$ 所应满足的微分方程
$$y'' = \frac{1}{a}\sqrt{1 + y'^2}. \tag{7.33}$$

设 $|OA| = a$，则 $y = y(x)$ 满足初值条件
$$y(0) = a, \quad y'(0) = 0.$$

令 $y' = p$，则 $y'' = p'$，方程 (7.33) 化为
$$\frac{\mathrm{d}p}{\sqrt{1 + p^2}} = \frac{1}{a}\mathrm{d}x.$$

两边积分得
$$\ln(p + \sqrt{1 + p^2}) = \frac{x}{a} + C_1,$$

或写为
$$\operatorname{arsinh} p = \frac{x}{a} + C_1.$$

由条件 $p(0) = y'(0) = 0$ 得 $C_1 = 0$. 于是
$$y' = \sinh\frac{x}{a},$$

对 x 积分得
$$y = a\cosh\frac{x}{a} + C_2.$$

又由条件 $y(0) = a$ 得 $C_2 = 0$. 因此该绳索在平衡状态下的曲线方程为
$$y = \frac{a}{2}\left(\mathrm{e}^{\frac{x}{a}} + \mathrm{e}^{-\frac{x}{a}}\right).$$

这曲线称为**悬链线**，因其图形与悬在两端的绳索在均匀引力作用下掉下来的形状相似而得名.

▶▶ **三、$y'' = f(y, y')$ 型的方程**

形如
$$y'' = f(y, y') \tag{7.34}$$
的方程不显含自变量 x，以 y 为新方程的自变量，y' 为新未知函数，可使方程 (7.34) 降低一阶.

令 $y' = p$，则 $y'' = \dfrac{\mathrm{d}p}{\mathrm{d}x} = \dfrac{\mathrm{d}p}{\mathrm{d}y} \cdot \dfrac{\mathrm{d}y}{\mathrm{d}x} = p\dfrac{\mathrm{d}p}{\mathrm{d}y}$，方程 (7.34) 化为
$$p\frac{\mathrm{d}p}{\mathrm{d}y} = f(y, p).$$

这是以 y 为自变量，p 为未知函数的一阶微分方程，若已求出它的通解
$$p = \psi(y, C_1),$$

即
$$y' = \psi(y, C_1).$$

分离变量并积分，便得方程 (7.34) 的通解
$$\int\frac{\mathrm{d}y}{\psi(y, C_1)} = x + C_2.$$

例 4 求解微分方程

$$yy'' + y'^2 = 0. \tag{7.35}$$

解　令 $y'=p$,则 $y''=p\dfrac{\mathrm{d}p}{\mathrm{d}y}$,代入方程得

$$yp\frac{\mathrm{d}p}{\mathrm{d}y} + p^2 = 0,$$

或

$$y\frac{\mathrm{d}p}{\mathrm{d}y} + p = 0.$$

注意变形后未丢失解, $p=0$ 仍是方程的解. 解得

$$p = \frac{C}{y},$$

即

$$y' = \frac{C}{y}.$$

分离变量并积分得

$$y^2 = C_1 x + C_2 \quad (C_1 = 2C).$$

方程(7.35)可运用凑微分法求解:将(7.35)改写为

$$(yy')' = 0,$$

进而有

$$\left(\frac{y^2}{2}\right)'' = 0,$$

或

$$(y^2)'' = 0.$$

对 x 积分两次即得

$$y^2 = C_1 x + C_2.$$

我们也可以通过对方程本身变形,结合运用微分运算的法则和技巧,从而达到凑微分的效果.

例 5　求解微分方程

$$yy'' - y'^2 = 0.$$

解　方程两边同乘 $\dfrac{1}{y^2}$,得

$$\frac{yy'' - y'^2}{y^2} = 0,$$

或

$$\left(\frac{y'}{y}\right)' = 0,$$

进而有

$$(\ln|y|)'' = 0.$$

对 x 积分两次得

$$\ln|y| = C_1 x + C_2.$$

此外 $y=0$ 也是方程的解. 如果把通解表示为

$$y = Ce^{C_1 x},$$

其中 C, C_1 为任意常数,那么特解 $y=0$ 也并入其中.

例 6 一条长度为 a 的均匀链条放置在一水平而无摩擦的桌面上,使链条在桌边悬挂下来的长为 $b(0<b<a)$,问链条全部滑离桌面需要多长时间?

解 设在时刻 t,链条在桌边悬挂下来的长 $x=x(t)$,以 ρ 表示链条的密度,按牛顿第二定律,可得

$$\rho a \frac{\mathrm{d}^2 x}{\mathrm{d}t^2} = \rho g x.$$

$$\frac{\mathrm{d}^2 x}{\mathrm{d}t^2} = \frac{g}{a} x. \tag{7.36}$$

令 $v = \dfrac{\mathrm{d}x}{\mathrm{d}t}$,则 $\dfrac{\mathrm{d}^2 x}{\mathrm{d}t^2} = v \dfrac{\mathrm{d}v}{\mathrm{d}x}$,(7.36) 化为

$$v \frac{\mathrm{d}v}{\mathrm{d}x} = \frac{g}{a} x.$$

由假设知

$$v(b) = 0. \tag{7.37}$$

从 (7.36)、(7.37) 两式解得

$$v = \sqrt{\frac{g}{a}} \sqrt{x^2 - b^2},$$

$$\frac{\mathrm{d}x}{\mathrm{d}t} = \sqrt{\frac{g}{a}} \sqrt{x^2 - b^2}.$$

并且

$$x(0) = b.$$

又从以上两式解得

$$t = \sqrt{\frac{a}{g}} \ln\left(\frac{x + \sqrt{x^2 - b^2}}{b}\right).$$

链条全部滑离桌面所需时间为

$$T = \sqrt{\frac{a}{g}} \ln\left(\frac{a + \sqrt{a^2 - b^2}}{b}\right).$$

习题 7.4

1. 求解下列微分方程:

(1) $y''' = e^{-x} + \cos x - 1$;　　　　(2) $(1+x^2) y'' = 1$;

（3）$xy'' + y' = 4x$；　　　　（4）$yy'' + 2y'^2 = 0$；

（5）$yy'' - y'^2 + y'^3 = 0$；　　（6）$y'' + \sqrt{1 - y'^2} = 0$.

2. 求解下列初值问题：

（1）$\begin{cases} y'' - 2y'^2 = 0, \\ y(0) = 0, \quad y'(0) = -1; \end{cases}$　　（2）$\begin{cases} yy'' + y'^2 = 0, \\ y(0) = 1, \quad y'(0) = \dfrac{1}{2}. \end{cases}$

习题参考答案
与提示 7.4

3. 一质量为 m 的物体在大气中降落，初速度为零，空气阻力与速度的平方成正比，求该物体的运动规律.

§7.5　高阶线性微分方程

在微分方程理论中，线性微分方程占有重要的地位. 这不仅因为它的理论很完美，而且也因为它是进一步研究非线性微分方程的基础. 同时线性微分方程本身在物理、力学及工程技术等领域中应用十分广泛. 本节我们以二阶线性方程为例，先说明线性方程解的结构，然后进行解法的讨论.

二阶线性微分方程的一般形式为

$$y'' + p(x)y' + q(x)y = f(x),　　　　　　　(7.38)$$

其中 $p(x)$，$q(x)$ 和 $f(x)$ 都是某区间 I 上的连续函数. 当 $f(x) \equiv 0$ 时，(7.38)成为

$$y'' + p(x)y' + q(x)y = 0.　　　　　　　(7.39)$$

称它为**二阶齐次线性微分方程**，当 $f(x) \not\equiv 0$ 时，(7.38)称为**二阶非齐次线性微分方程**.

一、齐次线性微分方程

明显看出，$y = 0(x \in I)$ 是方程(7.39)的解（称为零解），且容易说明方程(7.39)的解具有线性性质.

定理 7.5.1（叠加原理）　若 $y_1(x)$，$y_2(x)$ 是方程(7.39)的两个解，则

$$y = C_1 y_1(x) + C_2 y_2(x)　　　　　　　(7.40)$$

也是方程(7.39)的解，其中 C_1，C_2 为任意常数.

证　将 $y = C_1 y_1(x) + C_2 y_2(x)$ 代入方程(7.39)等号的左边，得

$$[C_1 y_1''(x) + C_2 y_2''(x)] + p(x)[C_1 y_1'(x) + C_2 y_2'(x)] + q(x)[C_1 y_1(x) + C_2 y_2(x)]$$
$$= C_1[y_1'' + p(x)y_1' + q(x)y_1] + C_2[y_2'' + p(x)y_2' + q(x)y_2] \equiv 0(x \in I),$$

所以对任给的常数 C_1，C_2，$y = C_1 y_1(x) + C_2 y_2(x)$ 是方程(7.39)的解.　　□

利用 §7.1 所说的两函数在区间 I 上线性相关与线性无关的概念，可以进一步讨论方程(7.39)的解的结构.

若方程(7.39)的两个解 $y_1(x)$，$y_2(x)$ 是线性相关的，且设 $\dfrac{y_1(x)}{y_2(x)} \equiv C(x \in I, C$ 为常数$)$，则

$$y_1(x) \equiv C y_2(x) \quad (x \in I),$$

从而(7.40)式可改写为

$$y = C_1 y_1(x) + C_2 y_2(x) = (C_1 C + C_2)y_2(x) \quad (x \in I),$$

上式表明,(7.40)式中的两个任意常数 C_1, C_2 能合并为一个任意常数 $C_1C + C_2 \triangleq \tilde{C}$,所以 (7.40)式不能成为方程(7.39)的通解.

若方程(7.39)的两个解 $y_1(x)$, $y_2(x)$ 是线性无关的,且设 $\dfrac{y_1(x)}{y_2(x)} \not\equiv C$ ($x \in I$, C 为常数),则 (7.40)式中的两个任意常数 C_1, C_2 不能合并,故按 §7.1 通解的定义,得到如下定理:

定理 7.5.2(齐次线性方程的通解结构定理) 若 $y_1(x)$, $y_2(x)$ 是方程(7.39)的两个线性无关的解,则它的通解可表示为
$$y = C_1 y_1(x) + C_2 y_2(x),$$
其中 C_1, C_2 为任意常数.

定理 7.5.2 的结论对于 n 阶齐次线性方程
$$y^{(n)} + a_1(x)y^{(n-1)} + \cdots + a_{n-1}(x)y' + a_n(x)y = 0 \tag{7.41}$$
同样成立. 这里 $a_i(x)$ ($i = 1, 2, \cdots, n$) 都是某区间 I 上的连续函数.

推论 7.5.1 若 $y_1(x)$, $y_2(x)$, $\cdots$, $y_n(x)$ 是方程(7.41)的 n 个线性无关的解,则它的通解可表示为
$$y = C_1 y_1(x) + C_2 y_2(x) + \cdots + C_n y_n(x),$$
其中 C_1, C_2, $\cdots$, C_n 为任意常数.

▶▶ **二、非齐次线性微分方程**

在 §7.2 我们已经知道,一阶非齐次线性方程的通解等于它的一个特解与对应的齐次线性方程的通解之和. 这种线性微分方程解的结构,对于二阶及二阶以上的线性微分方程同样成立.

定理 7.5.3(非齐次线性方程的通解结构定理) 设 $\bar{y}(x)$ 是二阶非齐次线性方程(7.38)的一个特解,$Y(x)$ 是对应的齐次线性方程(7.39)的通解,则(7.38)的通解可表示为
$$y = Y(x) + \bar{y}(x).$$

证 将 $y = Y(x) + \bar{y}(x)$ 代入方程(7.38)等号的左边,得
$$[Y''(x) + \bar{y}''(x)] + p(x)[Y'(x) + \bar{y}'(x)] + q(x)[Y(x) + \bar{y}(x)]$$
$$= [Y''(x) + p(x)Y'(x) + q(x)Y(x)] + [\bar{y}''(x) + p(x)\bar{y}'(x) + q(x)\bar{y}(x)]$$
$$\equiv f(x) \quad (x \in I),$$
故 $y = Y(x) + \bar{y}(x)$ 是方程(7.38)的解. 又 $Y(x)$ 是(7.39)的通解,它含有两个独立的任意常数,因此 $y = Y(x) + \bar{y}(x)$ 是非齐次线性方程(7.38)的通解. □

定理 7.5.4 若 $\bar{y}_1(x)$ 和 $\bar{y}_2(x)$ 分别是方程
$$y'' + p(x)y' + q(x)y = f_1(x)$$
和
$$y'' + p(x)y' + q(x)y = f_2(x)$$
的特解,则 $y = \bar{y}_1(x) + \bar{y}_2(x)$ 是方程
$$y'' + p(x)y' + q(x)y = f_1(x) + f_2(x)$$
的特解.

直接验证可知定理 7.5.4 的结论成立. 该定理也称为二阶非齐次线性微分方程解的叠加

原理.

定理 7.5.3 和定理 7.5.4 均可推广到 n 阶非齐次线性方程

$$y^{(n)} + a_1(x)y^{(n-1)} + \cdots + a_{n-1}(x)y' + a_n(x)y = f(x) \qquad (7.42)$$

的情形,这里 $a_i(x)(i=1,2,\cdots,n)$ 和 $f(x)$ 都是某区间 I 上的连续函数.

推论 7.5.2 设 $y_1(x), y_2(x), \cdots, y_n(x)$ 是与方程(7.42)对应的齐次线性方程(7.41)的 n 个线性无关的解,$\bar{y}(x)$ 是方程(7.42)的一个特解,则方程(7.42)的通解可表示为

$$y = C_1 y_1(x) + C_2 y_2(x) + \cdots + C_n y_n(x) + \bar{y}(x),$$

其中 $C_1, C_2, \cdots, C_n$ 为任意常数.

例 1 已知微分方程 $y'' + p(x)y' + q(x)y = f(x)$ 有三个解 $y_1 = x, y_2 = \mathrm{e}^x, y_3 = \mathrm{e}^{2x}$,求此方程满足初值条件 $y(0)=1, y'(0)=3$ 的解.

解 由假设知 $y_2 - y_1, y_3 - y_1$ 是对应的齐次线性方程的解,且

$$\frac{y_2 - y_1}{y_3 - y_1} = \frac{\mathrm{e}^x - x}{\mathrm{e}^{2x} - x} \not\equiv \text{常数},$$

从而是两个线性无关的解,故原方程的通解为

$$y = C_1(\mathrm{e}^x - x) + C_2(\mathrm{e}^{2x} - x) + x.$$

代入初值条件 $y(0)=1, y'(0)=3$,定出 $C_1 = -1, C_2 = 2$,得所求的特解

$$y = 2\mathrm{e}^{2x} - \mathrm{e}^x.$$

▶▶ 三、常数变易法

若已知与方程(7.38)对应的齐次线性方程(7.39)的通解

$$y = C_1 y_1(x) + C_2 y_2(x),$$

则类似于一阶线性方程的情形,我们可以运用常数变易法求出非齐次线性方程(7.38)的通解.

将通解中的任意常数 C_1, C_2 改变为 x 的待定函数 $v_1(x), v_2(x)$,设(7.38)的解有如下形式:

$$y = v_1(x)y_1(x) + v_2(x)y_2(x). \qquad (7.43)$$

把(7.43)代入(7.38)得到一个满足方程(7.38)的基本条件,但由于有两个待定函数,需要再补充一个条件. 理论上,补充的条件可自由选取,只要它与基本条件联立能确定 $v_1(x), v_2(x)$ 即可. 为使 y', y'' 的表达式简明,可令

$$v_1'(x)y_1(x) + v_2'(x)y_2(x) = 0. \qquad (7.44)$$

这样在(7.43)式等号两边对 x 逐次求导,得到

$$y' = v_1(x)y_1'(x) + v_2(x)y_2'(x).$$

$$y'' = v_1'(x)y_1'(x) + v_2'(x)y_2'(x) + v_1(x)y_1''(x) + v_2(x)y_2''(x).$$

把 y, y', y'' 的表达式代入方程(7.38),并注意到 $y_1(x), y_2(x)$ 是对应的齐次线性方程(7.39)的解,就有

$$v_1'(x)y_1'(x) + v_2'(x)y_2'(x) = f(x). \qquad (7.45)$$

因为 $y_1(x), y_2(x)$ 线性无关,方程组(7.44)、(7.45)关于 $v_1'(x), v_2'(x)$ 的系数行列式

$$W(x) = \begin{vmatrix} y_1(x) & y_2(x) \\ y_1'(x) & y_2'(x) \end{vmatrix} \neq 0,$$

从而解出

$$v_1'(x) = -\frac{y_2(x)}{W(x)}f(x), \quad v_2'(x) = \frac{y_1(x)}{W(x)}f(x).$$

积分得

$$v_1(x) = -\int \frac{y_2(x)}{W(x)}f(x)\,\mathrm{d}x + C_1, \quad v_2(x) = \int \frac{y_1(x)}{W(x)}f(x)\,\mathrm{d}x + C_2.$$

所以非齐次线性方程(7.38)的通解为

$$y = C_1 y_1(x) + C_2 y_2(x) + \bar{y}(x),$$

其中

$$\bar{y}(x) = -y_1(x)\int \frac{y_2(x)}{W(x)}f(x)\,\mathrm{d}x + y_2(x)\int \frac{y_1(x)}{W(x)}f(x)\,\mathrm{d}x,$$

是方程(7.38)的一个特解,上式中两个不定积分均表示其被积函数的一个确定的原函数(一般取积分常数为零).

例 2 求微分方程

$$y'' - \frac{x}{x-1}y' + \frac{1}{x-1}y = x - 1$$

的通解,已知与它对应的齐次线性方程的两个线性无关的解为 x, e^x.

解 令 $y = xv_1(x) + \mathrm{e}^x v_2(x)$,从方程组

$$\begin{cases} xv_1' + \mathrm{e}^x v_2' = 0, \\ v_1' + \mathrm{e}^x v_2' = x - 1 \end{cases}$$

中解出 $v_1' = -1, v_2' = x\mathrm{e}^{-x}$,积分得

$$v_1 = r_1 - x, \quad v_2 = r_2 - (x+1)\mathrm{e}^{-x},$$

所以

$$y = r_1 x + r_2 \mathrm{e}^x - (x^2 + x + 1).$$

方程的通解可表示为

$$y = C_1 x + C_2 \mathrm{e}^x - (x^2 + 1),$$

其中 C_1, C_2 为任意常数.

习题 7.5

1. 下列函数组在其定义区间内哪些是线性无关的?

(1) $x, 3x$;　　　　　　　　　(2) $\mathrm{e}^{-2x}, \mathrm{e}^{-x}$;

(3) $\mathrm{e}^{x^2}, x\mathrm{e}^{x^2}$;　　　　　　　(4) $\mathrm{e}^x \cos 2x, \mathrm{e}^x \sin 2x$;

(5) $\cos 4x, \sin 4x$;　　　　　(6) $\ln x^2, \ln x$.

2. 用常数变易法求方程

$$y'' + y = \frac{1}{\cos x}$$

的通解.

3. 验证 e^{x^2}, xe^{x^2} 是微分方程 $y'' - 4xy' + (4x^2 - 2)y = 0$ 的解,并写出该方程的通解.

4. 已知 e^x 是齐次线性微分方程

$$(2x - 1)y'' - (2x + 1)y' + 2y = 0$$

的一个解,求此方程的通解.

习题参考答案
与提示 7.5

§7.6 高阶常系数线性微分方程

本节我们以二阶常系数齐次线性方程为例,讨论高阶常系数线性方程.

一、二阶常系数齐次线性方程

二阶常系数齐次线性方程的一般形式为

$$y'' + ay' + by = 0, \tag{7.46}$$

其中 a, b 为常数.

明显看出 $y = 0 (-\infty < x < +\infty)$ 是方程(7.46)的解(称为零解). 根据方程(7.46)的特点及指数函数 $e^{\lambda x}$ 的特性,试求(7.46)如下形式的特解:

$$y = e^{\lambda x},$$

其中 λ 是待定的(实或复)常数. 将 $y = e^{\lambda x}$ 代入(7.46),可得

$$e^{\lambda x}(\lambda^2 + a\lambda + b) = 0.$$

因为 $e^{\lambda x} \neq 0$,所以

$$\lambda^2 + a\lambda + b = 0. \tag{7.47}$$

这样,对于二次代数方程(7.47)的每一个根 λ, $e^{\lambda x}$ 就是方程(7.46)的一个解.(7.47)称为方程(7.46)的**特征方程**,它的根称为(7.46)的**特征根**. 按照特征根的不同,我们分三种情况讨论:

(1) 两个相异实根 λ_1 和 λ_2.

这时 $e^{\lambda_1 x}$ 和 $e^{\lambda_2 x}$ 是(7.46)的两个特解. 因为

$$\frac{e^{\lambda_1 x}}{e^{\lambda_2 x}} \neq \text{常数},$$

所以它们是线性无关的,于是

$$y = C_1 e^{\lambda_1 x} + C_2 e^{\lambda_2 x}.$$

就是(7.46)的通解,其中 C_1, C_2 为任意常数.

(2) 两个相等的实根 $\lambda_1 = \lambda_2 = -\dfrac{a}{2}$.

这时我们只能得到(7.46)的一个特解 $y_1 = e^{\lambda_1 x}$,为求与其线性无关的另一个特解 y_2,应要求

$$\frac{y_2}{y_1} = u,$$

这里 $u = u(x)$ 为待定函数(不是常数). 将 $y_2 = uy_1 = ue^{\lambda_1 x}$ 代入(7.46),整理得

$$(y_1'' + ay_1' + by_1)u + (2y_1' + ay_1)u' + y_1 u'' = 0. \tag{7.48}$$

由于 y_1 是(7.46)的解,且 $\lambda_1\left(=\lambda_2=-\dfrac{a}{2}\right)$ 是特征方程的重根,有

$$y_1'' + ay_1' + by_1 = 0,$$
$$2y_1' + ay_1 = (2\lambda_1 + a)e^{\lambda_1 x} = 0.$$

故(7.48)化为

$$u'' = 0.$$

解得

$$u = C_1 x + C_2.$$

于是可取 $C_1=1,C_2=0$,即取 $u=x,y_2=xe^{\lambda_1 x}$,使得 $\dfrac{y_2}{y_1}=x\not\equiv$ 常数. 所以方程(7.46)的通解为

$$y = e^{\lambda x}(C_1 + C_2 x),$$

其中 $\lambda=\lambda_1=\lambda_2=-\dfrac{a}{2}$.

(3) 一对共轭复根 $\lambda_1=\alpha+i\beta,\lambda_2=\alpha-i\beta(\beta\neq0)$.

这时

$$y_1 = e^{(\alpha+i\beta)x}, \quad y_2 = e^{(\alpha-i\beta)x}$$

是方程(7.46)的两个特解. 利用欧拉公式 $e^{ix}=\cos x+i\sin x$,改写

$$y_1 = e^{\alpha x}(\cos\beta x + i\sin\beta x),$$
$$y_2 = e^{\alpha x}(\cos\beta x - i\sin\beta x),$$

则

$$\frac{1}{2}(y_1 + y_2) = e^{\alpha x}\cos\beta x,$$

$$\frac{1}{2i}(y_1 - y_2) = e^{\alpha x}\sin\beta x.$$

根据定理 7.5.1, $e^{\alpha x}\cos\beta x,e^{\alpha x}\sin\beta x$ 也是(7.46)的两个特解,且

$$\frac{e^{\alpha x}\cos\beta x}{e^{\alpha x}\sin\beta x} = \cot\beta x \not\equiv \text{常数},$$

所以它们还是线性无关的. 从而得到(7.46)的通解

$$y = e^{\alpha x}(C_1\cos\beta x + C_2\sin\beta x).$$

于是,我们可以按照方程(7.46)的特征根的情况写出该方程的通解:

特征方程 $\lambda^2+a\lambda+b=0$ 的两个根 λ_1,λ_2	微分方程 $y''+ay'+by=0$ 的通解
两个不相等的实根 λ_1,λ_2	$y=C_1 e^{\lambda_1 x}+C_2 e^{\lambda_2 x}$
两个相等的实根 $\lambda=\lambda_1=\lambda_2=-\dfrac{a}{2}$	$y=e^{\lambda x}(C_1+C_2 x)$
一对共轭复根 $\lambda_{1,2}=\alpha\pm i\beta$	$y=e^{\alpha x}(C_1\cos\beta x+C_2\sin\beta x)$

例 1　求下列微分方程的通解：

（1）$y'' - 5y' + 6y = 0$；　　　　　　（2）$y'' + 4y' + 4y = 0$；

（3）$y'' + y' + y = 0$.

解　（1）特征方程

$$\lambda^2 - 5\lambda + 6 = 0$$

有两个相异实根 $\lambda_1 = 2, \lambda_2 = 3$，方程的通解为

$$y = C_1 e^{2x} + C_2 e^{3x}.$$

（2）特征方程

$$\lambda^2 + 4\lambda + 4 = 0$$

有两个相等实根 $\lambda_1 = \lambda_2 = -2$. 方程的通解为

$$y = e^{-2x}(C_1 + C_2 x).$$

（3）特征方程

$$\lambda^2 + \lambda + 1 = 0$$

有一对共轭复根 $\lambda_{1,2} = -\dfrac{1}{2} \pm i\dfrac{\sqrt{3}}{2}$. 方程的通解为

$$y = e^{-\frac{x}{2}}\left(C_1 \cos\frac{\sqrt{3}}{2}x + C_2 \sin\frac{\sqrt{3}}{2}x\right).$$

上述结果可直接推广到 $n(n>2)$ 阶常系数齐次线性方程的情形. 例如方程

$$y^{(4)} - y = 0$$

的特征根有两个实根 $\lambda_1 = 1, \lambda_2 = -1$ 及一对共轭复根 $\lambda_{3,4} = \pm i$，所以通解为

$$y = C_1 e^x + C_2 e^{-x} + C_3 \cos x + C_4 \sin x.$$

▶▶ **二、二阶常系数非齐次线性方程**

二阶常系数非齐次线性方程的一般形式为

$$y'' + ay' + by = f(x), \tag{7.49}$$

其中 a, b 为常数，$f(x)$ 为连续函数.

我们可以先求出与（7.49）对应的齐次线性方程（7.46）的通解，再利用常数变易法求出（7.49）的特解或通解，但由 §7.5 知道，这往往需要进行比较复杂的积分运算.

当 $f(x)$ 具有某种特殊形式时，例如

$$f(x) = a_0 x^m + a_1 x^{m-1} + \cdots + a_m \quad (x \text{ 的 } m \text{ 次多项式}),$$

应用**待定系数法**：预设（7.49）的特解为

$$\bar{y} = A_0 x^m + A_1 x^{m-1} + \cdots + A_m,$$

其中系数 $A_0, A_1, \cdots, A_m$ 为待定常数，再将预设特解代入方程（7.49）使其成为恒等式. 这时由于等式左右两边同为 x 的 m 次多项式，比较同次幂的系数即可确定待定常数 $A_0, A_1, \cdots, A_m$，而不必作积分计算.

显然，能够正确地预设特解所具有的形式是应用待定系数法求解的关键. 下面讨论函数 $f(x)$ 的两种常见类型.

1. $f(x) = P_m(x)\mathrm{e}^{\mu x}$ 型

这里 $P_m(x)$ 表示 x 的 m 次多项式, μ 是(实或复)常数.

设特解形式为

$$\bar{y} = Q(x)\mathrm{e}^{\mu x}, \tag{7.50}$$

其中 $Q(x)$ 为待定多项式.

将(7.50)代入方程(7.49),得到

$$Q''(x) + (2\lambda + p)Q'(x) + (\lambda^2 + p\lambda + q)Q(x) = P_m(x). \tag{7.51}$$

分三种情况讨论如下:

(1) 当 μ 不是(7.46)的特征根时,则 $\mu^2 + p\mu + q \neq 0$,比较(7.51)等号两边多项式的次数可知 $Q(x)$ 应为 x 的 m 次待定多项式,故可设特解形式为

$$\bar{y} = Q_m(x)\mathrm{e}^{\mu x},$$

(2) 当 μ 是(7.46)的单特征根时,则 $\mu^2 + p\mu + q = 0$,但 $2\mu + p \neq 0$,比较(7.51)等号两边多项式的次数可知 $Q'(x)$ 应为 x 的 m 次待定多项式,故可设特解形式为

$$\bar{y} = xQ_m(x)\mathrm{e}^{\mu x},$$

(3) 当 μ 是(7.46)的重特征根时,则 $\mu^2 + p\mu + q = 0$,且 $2\mu + p = 0$,比较(7.51)等号两边多项式的次数可知 $Q''(x)$ 应为 x 的 m 次待定多项式,故可设特解形式为

$$\bar{y} = x^2 Q_m(x)\mathrm{e}^{\mu x}.$$

综合上述,若 μ 是(7.46)的 $k(k=0,1,2)$ 重特征根,则方程(7.49)的特解可设为

$$\bar{y} = x^k Q_m(x)\mathrm{e}^{\mu x},$$

其中 $Q_m(x)$ 也是 x 的 m 次多项式,系数待定.

例 2 求微分方程

$$y'' - 2y' - 3y = 3x + 1 \tag{7.52}$$

的通解.

解 特征方程 $\lambda^2 - 2\lambda - 3 = 0$ 有两个实根 $\lambda_1 = 3, \lambda_2 = -1$,可得齐次线性方程的通解

$$Y(x) = C_1\mathrm{e}^{3x} + C_2\mathrm{e}^{-x}.$$

由于 $\mu = 0$ 不是特征根,故设特解 $\bar{y} = Ax + B$. 将它代入方程(7.52),得

$$-2A - 3B - 3Ax = 3x + 1.$$

由此定出 $A = -1, B = \dfrac{1}{3}$. 所以方程(7.52)的通解为

$$y = C_1\mathrm{e}^{3x} + C_2\mathrm{e}^{-x} - x + \frac{1}{3}.$$

例 3 求微分方程

$$y'' - 2y' - 3y = \mathrm{e}^{-x} \tag{7.53}$$

的通解.

解 特征方程 $\lambda^2 - 2\lambda - 3 = 0$ 有两个实根 $\lambda_1 = 3, \lambda_2 = -1$. 可得对应的齐次线性方程的通解

$$Y(x) = C_1\mathrm{e}^{3x} + C_2\mathrm{e}^{-x}.$$

由于 $\mu = -1$ 是单特征根,故设特解

$$\overline{y} = Axe^{-x}.$$

将它代入方程(7.53)定出

$$A = -\frac{1}{4}.$$

所以方程的通解为

$$y = C_1 e^{3x} + C_2 e^{-x} - \frac{1}{4} x e^{-x}.$$

2. $f(x) = \left[A_n(x) \cos \beta x + B_l(x) \sin \beta x \right] e^{\alpha x}$ 型

这里 $A_n(x), B_l(x)$ 分别是 x 的 n 次和 l 次的实系数多项式, α, β 都是实数 ($\beta \neq 0$).

当 $\alpha \pm i\beta$ 不是(7.46)的特征根时, 可设方程(7.49)的特解形式为

$$\overline{y} = \left[C_m(x) \cos \beta x + D_m(x) \sin \beta x \right] e^{\alpha x};$$

当 $\alpha \pm i\beta$ 是(7.46)的特征根时, 则设方程(7.49)的特解应设为

$$\overline{y} = x \left[C_m(x) \cos \beta x + D_m(x) \sin \beta x \right] e^{\alpha x},$$

其中 $m = \max\{n, l\}$, 而 m 次多项式 $C_m(x)$ 和 $D_m(x)$ 的系数待定. 详细讨论从略.

例 4   求微分方程

$$y'' + 4y' + 4y = \cos 2x$$

的通解.

解   由例 1(2)知对应齐次线性方程的通解

$$Y(x) = (C_1 + C_2 x) e^{-2x}.$$

由于 $\pm 2i$ 不是特征根, 故设特解

$$\overline{y} = A \cos 2x + B \sin 2x.$$

将它代入方程并化简得

$$-8A \sin 2x + 8B \cos 2x = \cos 2x.$$

由此定出 $A = 0, B = \frac{1}{8}$. 所以方程的通解为

$$y = (C_1 + C_2 x) e^{-2x} + \frac{1}{8} \sin 2x.$$

以上结果也可以直接推广到 $n(n>2)$ 阶常系数非齐次线性方程的情形.

例 5   求微分方程

$$y''' + 3y'' + 3y' + y = (x - 5) e^{-x} \tag{7.54}$$

的通解.

解   特征方程 $\lambda^3 + 3\lambda^2 + 3\lambda + 1 = 0$ 有一个三重根 $\lambda = -1$, 可得对应的齐次线性方程的通解

$$Y(x) = (C_1 + C_2 x + C_3 x^2) e^{-x}.$$

由于 $\mu = -1$ 是三重特征根, 故设特解

$$\overline{y} = x^3 (Ax + B) e^{-x} = (Ax^4 + Bx^3) e^{-x}.$$

将它代入方程(7.54)并化简得

$$24Ax + 6B = x - 5.$$

所以

$$A = \frac{1}{24}, \quad B = -\frac{5}{6},$$

方程的通解为

$$y = \left(C_1 + C_2 x + C_3 x^2 - \frac{5}{6} x^3 + \frac{1}{24} x^4 \right) e^{-x}.$$

习题 7.6

1. 求下列微分方程的通解：

（1）$y'' - 2y' - 8y = 0$；

（2）$y'' - 8y' + 16y = 0$；

（3）$y'' - 4y' + 6y = 0$；

（4）$y^{(4)} - 2y''' + 5y'' = 0$；

（5）$y'' - 2y' - 3y = 3x + 1$；

（6）$y'' - 5y' + 6y = x e^{2x}$；

（7）$y'' + 4y' + 4y = \cos 2x$；

（8）$y'' - 2y' + 5y = e^x \sin 2x$.

2. 求下列微分方程满足初值条件的特解：

（1）$\begin{cases} y'' - 3y' - 4y = 0, \\ y(0) = 0, \quad y'(0) = -5; \end{cases}$

（2）$\begin{cases} y'' + 25y = 0, \\ y(0) = 2, \quad y'(0) = 5; \end{cases}$

（3）$\begin{cases} y'' - y = 4x e^x, \\ y(0) = 0, \quad y'(0) = 1; \end{cases}$

（4）$\begin{cases} y'' + y + \sin 2x = 0, \\ y(\pi) = 1, \quad y'(\pi) = 1. \end{cases}$

习题参考答案
与提示 7.6

总习题七

1. 单项选择题：

（1）设 $y_1(x)$ 和 $y_2(x)$ 是一阶非齐次线性微分方程 $\dfrac{dy}{dx} + P(x)y = Q(x)$ 的两个不同的解，C 是任意常数，则方程的通解是（　　）.

    A. $C[y_1(x) - y_2(x)] + y_1(x)$

    B. $C[y_1(x) + y_2(x)] + y_1(x)$

    C. $C y_1(x) + y_2(x)$

    D. $C y_2(x) + [y_1(x) - y_2(x)]$

（2）设 $y = e^x(C_1 + C_2 x)$ 为某二阶常系数齐次线性微分方程的通解，则该方程为（　　）.

    A. $y'' + 2y' + y = 0$

    B. $y'' + y = 0$

    C. $y'' - 2y' + y = 0$

    D. $y'' - y = 0$

（3）设 $y = e^x$ 是微分方程 $y'' + Q(x)y = 0$ 的一个特解，则该方程的通解为（　　）.

    A. $y = C_1 + C_2 e^x$

    B. $y = C_1 e^x + C_2 e^{-x}$

    C. $y = C_1 e^x + C_2 x e^x$

    D. $y = C_1 e^{-x} + C_2 x e^{-x}$

（4）已知二阶常系数非齐次线性微分方程有三个特解 $y = 1, y = x$ 和 $y = x^2$，则该方程的通解为（　　），其中 C_1, C_2 为任意常数.

    A. $y = C_1(x - 1) + C_2(x^2 - 1) + 1$

    B. $y = C_1 x + C_2 x^2 + 1$

    C. $y = C_1(x - 1) + C_2(x^2 - 1)$

    D. $y = C_1 x + C_2 x^2$

（5）微分方程 $y'' - y' - 2y = x e^{-x}$ 的特解形式可设为（　　），其中 A, B 为待定常数.

    A. $A x e^{-x}$

    B. $(Ax + B) e^{-x}$

    C. $A x^2 e^{-x}$

    D. $(A x^2 + B x) e^{-x}$

2. 填空题：

（1）微分方程 $\sqrt{1-y^2}=3x^2yy'$ 的通解为_____，其中 C 为任意常数.

（2）微分方程 $\dfrac{\mathrm{d}y}{\mathrm{d}x}=2\sqrt{\dfrac{y}{x}}+\dfrac{y}{x}$ 的通解为_____，其中 C 为任意常数.

（3）微分方程 $y'=\dfrac{2y-x^2}{x}$ 的通解为_____，其中 C 为任意常数.

（4）微分方程 $(2x+y-4)\mathrm{d}x+(x+y-1)\mathrm{d}y=0$ 的通解为_____.

（5）微分方程 $2xy\mathrm{d}x+(x^2+y^2)\mathrm{d}y=0$ 满足初值条件 $y\big|_{x=0}=1$ 的解为_____.

3. 求解下列微分方程：

（1）$\dfrac{\mathrm{d}y}{\mathrm{d}x}+\dfrac{\mathrm{e}^{y+3x}}{y}=0$；

（2）$\dfrac{\mathrm{d}y}{\mathrm{d}x}=\dfrac{1+y^2}{xy+x^3y}$；

（3）$\dfrac{\mathrm{d}y}{\mathrm{d}x}=\dfrac{2x+3y+4}{4x+6y+5}$；

（4）$\dfrac{\mathrm{d}y}{\mathrm{d}x}=\dfrac{2x-y+1}{x-2y+1}$.

4. 求解下列微分方程：

（1）$\dfrac{\mathrm{d}y}{\mathrm{d}x}=\dfrac{y}{x+y^3}$；

（2）$x\dfrac{\mathrm{d}y}{\mathrm{d}x}+y=x^3$；

（3）$\dfrac{\mathrm{d}y}{\mathrm{d}x}=\dfrac{6}{x}y-xy^2$；

（4）$\dfrac{\mathrm{d}y}{\mathrm{d}x}=\dfrac{1}{xy+x^3y^3}$.

5. 求解下列微分方程：

（1）$y\mathrm{d}x-(x+y^3)\mathrm{d}y=0$；

（2）$(y-1-xy)\mathrm{d}x+x\mathrm{d}y=0$；

（3）$(x+2y)\mathrm{d}x+x\mathrm{d}y=0$；

（4）$(y\cos x-x\sin x)\mathrm{d}x+(y\sin x+x\cos x)\mathrm{d}y=0$.

6. 求解下列微分方程.

（1）$\left(xy\mathrm{e}^{\frac{x}{y}}+y^2\right)\mathrm{d}x-x^2\mathrm{e}^{\frac{x}{y}}\mathrm{d}y=0$；

（2）$y^2(x\mathrm{d}x+y\mathrm{d}y)+x(y\mathrm{d}x-x\mathrm{d}y)=0$；

（3）$\dfrac{\mathrm{d}y}{\mathrm{d}x}+\dfrac{1+xy^3}{1+x^3y}=0$；

（4）$4x^2(y'-y^2)=1$.

7. 求解下列微分方程：

（1）$y''+(1+y'^2)^{\frac{3}{2}}=0$；

（2）$y^3y''-1=0$；

（3）$y''=\dfrac{1}{\sqrt{y}}$；

（4）$y''=y'^3+y'$.

8. 求解下列微分方程：

（1）$y'''-y=0$；

（2）$y^{(4)}+2y''+y=0$；

（3）$y^{(4)}-2y'''+y''=0$；

（4）$y^{(4)}+5y''-36y=0$.

9. 求解下列微分方程：

（1）$2y''+5y'=5x^2-2x-1$；

（2）$y''+3y'+2y=3\mathrm{e}^{-x}$；

（3）$y''+y=\mathrm{e}^x+\sin x$；

（4）$y''-y'=\sin^2 x$.

习题参考答案
与提示七

读者意见反馈

为收集对教材的意见建议,进一步完善教材编写并做好服务工作,读者可将对本教材的意见建议通过如下渠道反馈至我社。

咨询电话 400-810-0598
反馈邮箱 hepsci@pub.hep.cn
通信地址 北京市朝阳区惠新东街4号富盛大厦1座
          高等教育出版社理科事业部
邮政编码 100029